Creazione

e

creatività scientifica

Paul Haffner

GRACEWING

1° Edizione 2009
Pubblicato da

Gracewing
2, Southern Avenue,
Leominster
Herefordshire
HR6 0QF
GB-Inghilterra
www.gracewing.co.uk

ISBN 978 085244 225 8

I. Paul Michael Haffner
1. Creazione ; 2. Teologia ; 3. Filosofia

© 2009 Paul Michael Haffner

Tutti i diritti riservati. Nessuna parte di quest'opera può essere riprodotta, memorizzata o trasmessa in alcuna forma, e con alcun mezzo, elettronico, meccanico, in fotocopia, in supporto magnetico o in altro modo, senza autorizzazione scritta dell'Editore.

In copertina: Tarantula nebula.

Prefazione

La nostra opera tratta le relazioni fra la scienza, la filosofia e la teologia, in forma di uno studio di frontiera. Sarebbe indicata una previa formazione nelle scienze naturali, soprattutto per quanto concerne la fisica e la cosmologia, pur non essendo indispensabile in quanto il testo contiene in sé le nozioni scientifiche basilari, di necessario supporto strumentale ma non di analisi specialistica. Lo scopo del testo è quello di fornire un commentario filosofico-teologico sugli sviluppi recenti nel campo scientifico, accanto a quello di offrire una chiave per studiare la relazione fra la visione del cosmo derivata dalla fisica e dalla biologia e quella di stampo filosofico e teologico. Per quanto riguarda la nozione di scienza si parlerà di scienze naturali, per esempio la fisica e la biologia; il processo scientifico è caratterizzato dall'*osservazione empirica*, cui fa seguito la formulazione di una *ipotesi*. Questa ipotesi viene assoggettata ad ulteriore sperimentazione, per stabilire una teoria o delle teorie, che saranno alla base della formulazione di una *legge* scientifica. E per la nozione della «creazione», si parlerà dell'atto di creare il cosmo da parte di Dio, la sua Provvidenza nel custodirlo ed anche la realtà (cosmo) creata.

Secondo il metodo applicato in questo studio, il testo è stato suddiviso in cinque capitoli. Prima, si elabora un'analisi della storia e della nascita della scienza. Poi, segue una descrizione dettagliata degli interventi del Magistero Papale. Nell'ultima parte del testo dopo l'esame dei testi in cui i Pontefici hanno trattato del rapporto tra scienza e fede, concedendo alla scienza la dignità che essa merita, si è passati ad analizzare dall'interno il fenomeno della creazione e del Big Bang. In questo senso si è cercato di far comprendere come il Big Bang e le teorie dell'evoluzione possano essere compatibili con le Sacre Scritture e con la creazione divina. Così si ritiene che questo testo possa essere di grande utilità nella comprensione dei rapporti tra mondo fisico e mondo divino, mediandoli con l'interpretazione realista, come ben è evidenziato nel terzo capitolo.

Quest'opera è stata realizzata per i miei studenti dell'Ateneo Pontificio Regina Apostolorum e della Pontificia Università Gregoriana. Furono loro ad offrire molti spunti per chiarire i temi di questo libro. La Dottoressa Giovanna Di Stefano ha letto il testo e mi ha dato molti consigli utili. Infine, l'opera è resa pubblica proprio nella Festa di Sant'Alberto Magno, una festa che ha molto da dire sul rapporto fra fede e scienza.

Roma, 15 novembre 2009,
Festa di Sant'Alberto Magno

Abbreviazioni

AAS =	*Acta Apostolicae Sedis. Commentarium officiale.*
	Roma: Typis Poliglottis Vaticanis, 1909– .

CCC =	*Catechismo della Chiesa Cattolica.*
	Città del Vaticano: LEV, 1992.

DISF =	G. Tanzella–Nitti e A. Strumia, *Dizionario Interdisciplinare di Scienza e Fede*.
	Roma: Urbaniana University Press–Città Nuova, 2002.

DP =	*Discorsi indirizzati dai Sommi Pontefici Pio XI, Pio XII, Giovanni XXIII, Paolo VI, Giovanni Paolo II alla Pontificia Accademia delle Scienze dal 1936 al 1986.*
	Vatican City: Pontifical Academy of Sciences, 1986.

DS =	H. Denzinger. *Enchiridion Symbolorum, Definitionum et Declarationum de rebus fidei et morum.*
	Edizione bilingue di P. Hünermann. Bologna: EDB, 1995.

EV =	*Enchiridion Vaticanum*. Documenti ufficiali della Chiesa. Bologna: EDB.

IG =	*Insegnamenti di Giovanni Paolo II.* Vatican City: Vatican Polyglot Press, 1978–2005.
IP =	*Insegnamenti di Paolo VI.* Vatican City: Vatican Polyglot Press, 1963–1978.
OR =	*L'Osservatore Romano*, edizione quotidiana.
PG =	J.P. Migne. *Patrologiae cursus completus, series graeca.* 161 vols. Paris: 1857–1866.
PL =	J.P. Migne. *Patrologiae cursus completus, series latina.* 221 vols. Paris: 1844–1864.

Capitolo 1

La scuola della storia

> *È noto che quando finalmente la scienza trovò la strada di un progresso illimitato era ampiamente diffusa una dottrina che afferma l'esistenza di uno svolgimento lineare da un inizio assoluto, la creazione di tutto, a una fine assoluta.*
>
> S. L. Jaki, *La Strada della Scienza e le Vie verso Dio.*

La presenza della scienza nella nostra vita e la moltitudine delle sue applicazioni tecnologiche ci sono così familiari da darle tutte per scontate. Eppure non troviamo nulla di simile nelle grandi civiltà del passato: lo sviluppo delle scienze è storicamente una caratteristica esclusiva della civiltà occidentale. In quelle antiche troviamo certamente strutture sociali altamente sviluppate, grandi città, uomini e donne di grande cultura, magnifiche opere architettoniche, la lavorazione del metallo, l'arte della ceramica e anche la filosofia, il teatro e la letteratura. Ma della scienza quale oggi la conosciamo, nessuna traccia. È necessario mettere in chiaro fin d'ora in modo più particolareggiato che cosa intendiamo precisamente per scienza moderna.

Quando parliamo di scienza moderna, occorre distinguere tra la scienza primitiva, vale a dire le conoscenze che si acquisiscono con strumenti empirici, e la scienza moderna, che invece si basa su una comprensione dettagliata, specifica, di come funziona la materia attraverso le equazioni differenziali. E praticamente questa è una scoperta unica nel suo genere, conseguita dalla nostra civiltà dell'Europa occidentale.

Gli storici della scienza, e gli storici in generale, si chiedono anche perché la scienza si sviluppò nell'Europa cristiana del secondo millennio e non in altre parti del mondo o altre civiltà e culture, nelle quali vi erano eguali condizioni materiali favorevoli al suo emergere. La risposta è che elemento determinante non sono le condizioni materiali, ma lo spirito col quale ci si pone di fronte al mondo. La domanda riguarda, allora, cosa presieda a questo spirito. Si sono cercati elementi e condizioni, concludendo che l'elemento decisivo è giudicare o credere il mondo: buono, razionale, ordinato; non ciclico ma aperto alle novità; ordinato e contingente; con un suo ordine conoscibile anche mediante prove ed esperimenti; sia dipendente e contingente; potrebbe essere diverso da come è; scopribile e comprensibile per la mente umana. Questi aspetti sono tutti indispensabili. Mancandone qualcuno, la scienza moderna non sarebbe stata possibile. Questi fattori dipendono da una visione cristiana del creato. Le radici cristiane della scienza moderna sono poco conosciute. Chi ne mise per primo in luce l'evidenza fu il fisico francese Pierre Duhem (1861-1916); in seguito Stanley L. Jaki (1924-2009) ha evidenziato ancora di più le radici cristiane della creatività scientifica.

1.1 Pierre Duhem

Pierre Maurice Marie Duhem nacque a Parigi il 9 giugno 1861, primo di quattro figli, da Joseph, commerciante originario delle Fiandre, e da Marie Alexandrine. L'ambiente domestico trasmise al giovane Pierre una precisa impronta cristiana e un profondo senso del dovere, che ne segneranno radicalmente sia la vita privata sia quella professionale. Ancora fanciullo, fu testimone della «Comune di Parigi» (1871), che lo impressionerà indelebilmente—più che per i suoi tentativi di stabilire un ordine più umano rispetto a quello reale—soprattutto per la violenza che da essa derivò. Nei primi anni 1870, si iscrisse al «Collegio Stanislas», prestigioso istituto cattolico parigino che prepara all'ingresso nelle grandi «Écoles». Qui Duhem matura la sua vocazione per la fisica teorica. Nel 1882—primo della sua classe—è ammesso all'École Normale Supérieure di Parigi, dove avrà come compagno il futuro matematico Jacques Hadamard (1865–1963). Ben presto la sua attenzione si rivolge alla termodinamica e alle sue applicazioni, un settore al quale rimarrà sempre legato. Nel 1887, quando divenne lettore alla facoltà di Scienze dell'università di Lille—dove insegnerà per alcuni anni idrodinamica, elasticità e acustica—Duhem fu già noto nei circoli scientifici per le sue originali ricerche sul potenziale termodinamico. Nel 1890 sposa Marie–Adèle Chayet, che perderà nel 1892, dopo la nascita della figlia Hélène, con la quale passerà il resto della sua vita. A trentadue anni è nominato professore nella facoltà di Scienze dell'università di Bordeaux, in attesa di una cattedra in un grande istituto superiore a Parigi, naturale esito della sua brillante carriera scientifica, che però non gli verrà mai concessa; sarà lui stesso in seguito a rifiutare la nomina a insegnante di storia della Scienza al Collège de France, dichiarando di sentirsi un fisico e non uno storico. Tre anni prima della morte, avvenuta a Cabrespine, nel dipartimento dell'Aude, il 14 settembre 1916, sarà chiamato come membro non residente all'Accademia delle Scienze di Parigi. «Mente essenzialmente sistematica—ha detto di lui il premio Nobel per la fisica Louis de Broglie (1892–1987)—, era attratto dai metodi dell'assiomatica che formulano postulati con l'obiettivo di derivare mediante ragionamenti rigorosi conclusioni inattaccabili». Per questa sua propensione all'astrazione, Duhem respinge ogni tentativo di «visualizzazione» dei concetti della fisica, proposta dalla nascente teoria atomica. È tuttavia attento ai problemi applicativi, in particolare nel campo della chimica fisica, dov'è fra i primi, in Francia, a esaminare e a presentare in dettaglio le idee di Willard Gibbs (1839–1903) sulla regola delle fasi. Autore prolifico, lascia qualche centinaio di lavori, fra i quali spicca il *Traité d'ènergétique générale*, del 1911, compendio dei suoi studi.

La figura di Duhem, sviluppatasi all'epoca del positivismo, non è rilevante solo dal punto di vista strettamente scientifico. La vasta erudizione, ma soprattutto la preoccupazione di chiarire e di rendere sempre più coerente il quadro concettuale nel quale si svolge il lavoro del ricercatore, lo portano a occuparsi anche del significato dell'impresa scientifica, a riflettere sul valore e sui limiti delle teorie fisiche e a cercare nella storia le origini e, se per quanto possibile, il percorso di quell'avventura intellettuale che è, appunto, l'impresa scientifica. Benché si sia sempre professato «fisico teorico», Duhem ha svolto, parallelamente all'attività accademica, una poderosa indagine epistemologica e storica.

L'opera nella quale ha esposto la sua idea di scienza è certamente *La teoria fisica: il suo oggetto e la sua struttura*, del 1906, ma preparata con una lunga serie di articoli fin dal tempo dell'insegnamento a Lille, fra il 1887 e il 1893. Alla seconda edizione, del 1914, aggiunse in appendice *La fisica del credente*, lunga e articolata risposta alle critiche mosse alla sua «filosofia scientifica», giudicata appunto espressione della «fisica di un credente». Gli attacchi allo «spiritualismo» e al «dogma», che caratterizzano il dibattito epistemologico negli anni in cui Duhem è attivo sulla scena accademica, sono il frutto di quella «filosofia positiva» elaborata proprio in Francia, intorno alla metà del secolo XIX, da Auguste Comte (1798-1857) e presto accolta nel resto dell'Europa con il nome di positivismo, in cui l'esaltazione del «fatto empirico» s'accompagna a un forte risentimento anti-metafisico, un vigoroso ripudio del «chimerico» in favore del reale (e dell'utile).

A fare del positivismo anche una mentalità, verso la fine del secolo XIX, concorrono le suggestioni del metodo scientifico e le strabilianti applicazioni tecnologiche: è il tempo della teoria evoluzionista di Charles Darwin (1809-1882), del canale di Suez, nel 1869, e della torre Eiffel, nel 1889. Il clima di generale entusiasmo intorno alla scienza, talora «ingenuo», anticipa e prefigura un'epoca in cui «la scienza organizzerà Dio stesso», secondo il celebre motto del positivista Ernest Renan (1823-1892).

A questa tendenza, che prepara lo scientismo contemporaneo, Duhem oppone una concezione della teoria fisica nella quale sono precisati i limiti del metodo scientifico e ne sono messi in evidenza i profondi legami storici e concettuali con il pensiero realista. Come i positivisti, egli condivide l'attenzione per il «fatto» e per la legge, o «teoria fisica», che lo descrive in un dato contesto, precisando però che «la teoria fisica non è né una spiegazione metafisica, né un insieme di leggi generali di cui esperienza e induzione hanno stabilito la verità. Si tratta di una costruzione artificiale costruita con grandezze matematiche; la relazione delle grandezze con le nozioni astratte scaturite dall'esperienza è soltanto quella che hanno i segni con i significanti». Per questa visione «utilitaristica» della relazione fra il fenomeno e la sua descrizione Duhem, insieme al matematico Henri Poincaré (1854–1912), viene considerato il fondatore del convenzionalismo e, in qualche modo, avvicinato all'empirismo critico di Ernst Mach (1838–1916).

Ma, mentre l'empirismo critico evolve secondo un ambizioso—e mai concluso—programma di ricostruzione del discorso scientifico in termini esclusivamente logici, in modo da evitare ambiguità e problemi di tipo metafisico, per Duhem (che in ciò rivela la sua matrice cattolica) la distinzione fra fenomeno e teoria fisica non costituisce né una contraddizione né un'imbarazzante scelta di campo: essa è semplicemente l'espressione di due diversi livelli di realtà, entrambi veri nel loro ordine. Anzi, il formalismo matematico, se pure non coincide—kantianamente—con la realtà in sé, ne rispecchia comunque le relazioni fondamentali. Certo, una grandezza fisica e la realtà che rappresenta non sono la stessa cosa, e su questa distinzione si fonda l'osservazione che «in sé e per essenza ogni principio di fisica teorica è inutilizzabile nelle discussioni metafisiche o teologiche». Dunque, domande come «il principio di conservazione dell'energia è compatibile con il libero arbitrio?» sono prive di senso perché quel principio «non è in alcun modo un'affermazione certa e generale relativa agli oggetti concreti». Ma l'ordine ontologico soggiacente ai fenomeni, che per il metafisico è oggetto di ricerca e punto di partenza, per il fisico deve costituire il criterio d'orientamento e il punto d'arrivo. Il fisico, infatti, è come portato naturalmente ad affermare che sotto i dati sensibili, i soli accessibili ai suoi procedimenti di studio, si nascondono realtà la cui essenza è inafferrabile da questi stessi procedimenti, che le realtà si dispongono secondo un certo ordine di cui la scienza fisica non potrebbe avere una osservazione diretta. Egli afferma che la teoria fisica, attraverso i suoi successivi perfezionamenti, tende tuttavia a disporre le leggi sperimentali secondo un ordine sempre più simile a quello trascendente, con il quale si classificano le realtà, che con ciò la teoria fisica si incammina gradualmente verso la sua forma limite che è quella di una classificazione naturale.

Lontano dagli esiti difformi del positivismo, dai circoli viziosi indotti dalla ricerca di un'improbabile ed ardita autofondazione, Duhem giunge al nucleo profondo della sua epistemologia: se «nessun metodo scientifico porta in sé la piena e completa giustificazione, né potrebbe, con i suoi soli princìpi, rendere conto di tutti questi principi», se «la fisica teorica si fonda su postulati che non si possono autorizzare se non con ragioni estranee alla fisica», il fisico deve rivolgersi altrove per trovare quella certezza della conoscenza senza cui tutto il suo discorso logico sarebbe privato della capacità di trasmettere anche solo un barlume di verità. La metafisica dà ragione dei fondamenti della fisica, ma la certezza dei risultati della scienza non dipende dalla consapevolezza che di questa articolazione lo scienziato possegga: «appartiene alla metafisica dar ragione dei fondamenti, evidenti per se stessi, sui quali riposa la fisica; ma lo studio di tali fondamenti non aggiunge nulla alla loro certezza e alla loro evidenza nel dominio della fisica.»¹ Allo stesso tempo, il lavoro dello scienziato incontra un ordine di cose che trascende la scienza stessa, al punto da poter affermare che «sarebbe irragionevole lavorare al progresso della teoria fisica se essa non fosse il riflesso sempre più chiaro e preciso di una metafisica; la convinzione in un ordine trascendente la fisica rappresenta la sola ragion d'essere della teoria fisica.»²

Il presupposto indimostrabile, immediato ed evidente su cui si fonda il potere logico della ragione e che garantisce ogni riflessione razionale è, per Duhem, il senso comune. Questo aspetto del suo pensiero, indicando il realismo dello scienziato francese, si fonda, fra l'altro, sull'accettazione di quell'appoggio che il senso comune offre alla conoscenza scientifica propriamente detta: «Ho creduto mio dovere di studioso e di cristiano quello di essere un apostolo del senso comune, unico fondamento di ogni certezza scientifica, filosofica e religiosa.»³ Per Duhem, senso comune e conoscenza scientifica vengono edificati sugli stessi princìpi:

> Le fondamenta di ciascuno di questi edifici sono formate da nozioni che si ha la pretesa di comprendere, benché non si possa definirle, di princìpi che si ritengono ben stabiliti, nonostante il fatto che non se ne possa offrire alcuna dimostrazione. Queste nozioni e questi princìpi sono formati dal senso comune. Senza questa base di senso comune, per nulla scientifica, nessuna scienza

---

[1] P. DUHEM, «Physique et métaphysique» in *Revue des questions scientifiques* 34 (1893), p.64

[2] P. DUHEM, *La teoria fisica: il suo oggetto e la sua struttura*, Il Mulino, Bologna 1978, p.373.

[3] S. L. JAKI, *Pie rre Duhem, homme de science et de foi*, Beauchesne, Paris 1990, p.89.

potrebbe reggere; da essa deriva tutta la sua solidità.[4]

Duhem ritiene di riconoscere quella faticosa ricerca d'ordine e d'unità, che caratterizza, quasi come «un desiderio irresistibile», il lavoro scientifico, nella storia delle dottrine fisiche. Animato dalla sola intenzione di svolgere un'indagine storica, senza finalità direttamente apologetiche, egli intraprende, agli inizi del secolo XX, una ricerca archivistica di proporzioni che, ancor oggi, lasciano esterrefatti. Senza assistenti, senza nessuno degli odierni ausili della ricerca, afflitto da un tremore progressivo alla mano destra, compila in breve tempo centoventi quaderni di duecento pagine ciascuno, con brani estratti da un centinaio di manoscritti medievali, rintracciati nelle più svariate biblioteche e librerie francesi, specialmente parigine, individuate con estrema difficoltà per l'assenza di cataloghi e di repertori generali. Da questo materiale vedrà la luce il monumentale *Le Système du monde. Histoire des doctrines cosmologiques de Platon à Copernic*, pensato in dieci volumi, lasciato incompiuto all'ottavo per la morte dell'autore, pubblicato dal 1913 al 1954 con lunghi intervalli. La documentazione storica duhemiana veniva a smentire uno dei cliché più consolidati della storiografia progressista, quello secondo cui il cristiano «distacco dal mondo» avrebbe congelato l'interesse per l'indagine naturale che fu proprio del mondo greco. Duhem avverte, invece, che la scienza greca aveva già perduto molto della sua vivacità al tempo in cui il cristianesimo era diventato un fattore socio–culturale importante e che, in genere, il mancato sviluppo della scienza presso tutte le culture antiche, quella greca inclusa, doveva avere una causa

---

[4] *Ibid..*

estranea al cristianesimo. Il tratto comune a quelle civiltà era la concezione circolare del tempo, che rinchiudeva il cosmo e l'esistenza umana in un perpetuo ciclo di nascita–morte–rinascita, senza inizio né fine e sostanzialmente privo di senso, ovvero l'esatto opposto di quanto può suscitare curiosità scientifica: «per condannarlo e gettarlo a mare come una mostruosa superstizione, doveva venire il cristianesimo», scrive Duhem. Ne segue, dunque, che il cristianesimo non ha inibito la ricerca scientifica, ma anzi l'ha animata, conferendole una vivacità che col tempo era andata perduta.

Nel 1913, quando Duhem pubblica il terzo volume degli *Études sur Léonard de Vinci, ceux qu'il a lus et ceux qui l'ont lu*, è ormai consapevole che la sua indagine storica gli ha fornito la prova documentale delle radici medievali della scienza di Isaac Newton (1642–1727), radici ritrovate nella dottrina non aristotelica dell'*impetus* professata alla Sorbona dai *doctores parisienses* e riportata dal più eminente fra loro, Giovanni Buridano (1300 ca.–1358 ca.), nei commentari al *De Caelo* e alla *Fisica* di Aristotele (384–322 a.C.). In essa Duhem riconosce chiaramente un'anticipazione della prima legge di Newton, o legge del moto inerziale, e nella meccanica parigina del secolo XIV il segno della fecondità del tradizionale atteggiamento cristiano verso il cosmo, che, dall'Antico Testamento fino ai Padri e alla Scolastica, ha posto le condizioni del sapere scientifico dei secoli successivi: «come potrebbe un cristiano non essere grato a Dio per tutto questo?», egli si interroga stupito. Il cristianesimo—e, nella fattispecie, il ricorso a Dio—serve a Duhem per trovare una risposta che, da sola, la scienza non è in grado di fornire all'uomo, a dispetto di quel che invece riteneva Comte e, sulla sua scia, il nutrito stuolo dei positivisti che, in nome del progresso e del dato di fatto, avevano bandito ogni realtà metafisica (Dio compreso). Metafisica e scienza sono invece da Duhem tenute separate: solo così ciascuna di esse può saldamente rimanere valida, cosa che, evidentemente, non può avvenire se le si mischiano indebitamente o se si proclama dogmaticamente la superiorità della scienza sulla metafisica (come fanno i positivisti).

1.2 Stanley Jaki

Stanley L. Jaki nasce a Györ, nell'Ungheria nord–occidentale, il 17 agosto 1924. Terminate le scuole superiori, a diciotto anni entra nell'ordine benedettino e il 13 maggio 1944 fa la professione religiosa. Dopo aver completato gli studi universitari in filosofia, teologia e matematica, fu inviato dal suo ordine a Roma nel settembre del 1947 per perfezionare gli studi di teologia e poi tornare in Ungheria per insegnare la teologia nell'Abbazia di Pannonhalma.[5] Intanto il 29 giugno 1948 fu ordinato sacerdote. Nel dicembre dell'anno 1950 conseguì la sua tesi in teologia sistematica al Pontificio Istituto San Anselmo a Roma con il titolo *Les tendances nouvelles de l'ecclésiologie*. La tesi è stata ripubblicata nell'anno 1963 durante il Concilio Vaticano II. Per il terrore del regime comunista il suo ordine non gli ha permesso di rientrare in Ungheria. Frattanto ha ottenuto l'invito di recarsi nell'abbazia di San Vincenzo in Latrobe, in Pennsylvania, per insegnare la teologia sistematica e la

---

[5] Si veda S. L. JAKI, *A Mind's Matter: An Intellectual Autobiography* Eerdmans, Grand Rapids, MI 2002, p.13. L'Abbazia territoriale di Pannonhalma è il simbolo della cittadina di Pannonhalma, sede dell'ordine Benedettino, nonché uno dei più vecchi monumenti storici dell'intera Ungheria. Si trova nei pressi della città, sulla cima di un colle alto 280 m. Si crede che San Martino di Tours sia nato ai piedi di questa collina, a causa del suo nome originale, Monte di San Martino.

lingua francese che conosceva molto bene. Nel 1951 è negli Stati Uniti d'America—di cui prenderà la nazionalità—per insegnare teologia sistematica e contemporaneamente seguire corsi di storia americana, letteratura, matematica e scienze allo scopo di ottenere il riconoscimento degli studi universitari compiuti in Ungheria.

Da quel momento i suoi interessi si spostano decisamente verso la storia e la filosofia della scienza, che diventeranno il campo principale della sua multiforme attività intellettuale e della sua abbondante produzione scientifica. Occorre spiegare perché Jaki ha scelto, dopo la teologia, lo studio della fisica e della storia della fisica. Questo suo amore e talento per lo studio della fisica ha le sue radici nella famiglia da cui Jaki proviene e in cui è cresciuto.[6] Uno dei sui parenti vicini, lo zio di sua madre, Gustzáv Szabó, era rettore dell'Istituto ungherese di tecnologia a Budapest. Il suo fratello maggiore, benedettino come lui e laureato all'università di Budapest, insegnava per anni fisica e matematica presso la scuola benedettina. L'amore per la storia risale alla sua giovinezza, dalla città di Győr in cui è nato—una città romana, medievale e barocca. La ricca storia di questa città e del suo paese ha influito sul suo apprezzamento per la storia e per il messaggio che lo sviluppo storico porta in sé. Accanto alla storia, uno dei fattori che ha formato, almeno indirettamente, la sua fisionomia scientifica, è la componente geografica in cui Jaki è cresciuto. Certamente la mentalità vivace del suo popolo e la pianura pannonica a cui guardava fin dalla giovinezza avevano influito sull'ampiezza del suo spirito e sulla vasta gamma di interessi che in tutto l'arco della propria vita ha

---

[6] Cf. P. HAFFNER, *Creation and scientific creativity. A study in the thought of S. L. Jaki*, Gracewing, Leominster 2009, p.12.

manifestato. Egli ad esempio, quando arrivò negli Stati Uniti, accanto a quelli di fisica, frequentò anche corsi di storia americana e di letteratura inglese semplicemente perché voleva ampliare la propria conoscenza.[7] Il carattere forte e combattivo ne fece anche un figlio autentico della sua terra e del suo popolo.

Comunque qui incide anche l'influsso del metodo storico che Jaki aveva acquisito durante gli anni di studio a San Anselmo, a Roma, apprendendo da vari professori, tra i quali la figura più importante era Dom Cipriano Vagaggini. Da Vagaggini Jaki comprende che la scienza non si occupa soltanto del generale ma anche del particolare, concreto e storico.[8] L'affinità per la storia e il metodo storico era anche la ragione per la quale Jaki ha trovato in Etienne Gilson una fonte d'ispirazione costante. La ragione di ciò, afferma Jaki, era la sua invariabile concretezza, la sua attenzione per l'evoluzione storica di ogni cosa che trattava. Jaki ha dato molto valore allo studio della storia fino ad affermare che mai ha fatto l'astrazione dalla storia quando ragionava.[9]

Dato che durante le sue lezioni spesso emergevano questioni legate alla scienza, Jaki ha cominciato a familiarizzarsi con questa tematica leggendo Eddington e Jeans con i loro testi di divulgazioni sulla scienza.[10] Gli scritti di Eddington gli hanno suggerito l'idea della possibilità della prova della creazione a partire della legge dell'entropia. La sua sete di sapere non era soddisfatta, però, con la lettura di questo tipo di letteratura popolare e perciò decise di frequentare i corsi di matematica nel

---

[7] Si veda JAKI, *A Mind's Matter*, p.21.
[8] Si veda *ibid.*, p.19.
[9] Si veda *ibid.*, p.186.
[10] Si veda *ibid.*, pp.20, 21.

collegio di San Vincenzo e ottenne persino il baccalaureato nell'anno 1954. In questo periodo l'attenzione di Jaki viene indirizzata alle due famose allocuzioni di Papa Pio XII alla Pontificia Accademia delle Scienze dove il Papa trattava delle prove dell'esistenza di Dio alla luce della scienza moderna. Grazie a questo impulso, Jaki è tornato ad occuparsi delle prove dell'esistenza di Dio a partire della legge dell'entropia dell'universo. In seguito, come diverse volte ha affermato lo stesso Jaki, ha abbandonato quest'idea.[11] Possiamo intuire l'importanza per lui dell'indagine storica, allo scopo di una comprensione profonda di ogni problema scientifico.[12]

Ancora una volta le vicende della sua vita ne modificarono l'andamento. Alla fine dell'anno 1953 dopo una grave malattia perse l'uso della voce per dieci anni. Dopo questo fatto lasciò l'abbazia di San Vincenzo perché aveva ottenuto il permesso di proseguire lo studio della fisica all'Università di Fordham. Qui si palesò un altro personaggio decisivo che nel percorso scientifico di Jaki ebbe un'importanza particolare. Si tratta di Victor F. Hess, professore dell'Università di Fordham e premio Nobel per la scoperta dei raggi cosmici. Afflitto come Jaki da una malattia cronica della voce e proveniente dalla stessa regione storica dell'antico impero austro-ungarico, egli fu particolarmente vicino a Jaki. Dopo aver ottenuto il master in fisica nel luglio 1955, Jaki cominciò nell'anno 1956 (mese di settembre), sotto la guida del professore Hess, le sue indagini per la tesi di dottorato in fisica. Il tema non era del campo della termodinamica, incentrato sull'entropia dell'universo come avrebbe voluto studiare Jaki, ma era un'indagine sperimentale sullo sviluppo del nuovo

---

[11] Si veda *ibid.*, p.21.
[12] HAFFNER, *Creation and scientific creativity*, pp.20-21.

metodo di misurazione della distribuzione di radon (Rn) e torio (Th) nell'interazione tra terra e aria. La tesi fu difesa in giugno 1957 e pubblicata coll'aiuto del professore Hess nell'anno 1958. Dopo la laurea in fisica cominciò il lavoro instancabile di ricerca sulla storia della scienza e un'attività feconda di pubblicazione di articoli e libri.

Nell'estate del 1957, insieme ad altri profughi benedettini proveniente dall'Ungheria, Jaki fondò a Portola Valley in California, la *Woodside Priory Preparatory School* nella quale però, a causa della perdita della voce, non poteva insegnare. Questo fatto gli consentì di dedicarsi alla lettura della storia e filosofia della scienza nella vicina Università di Stanford. In quel periodo Jaki scrisse una decina di articoli pubblicati in *Katolikus Szemle*, rivista ungherese cattolica di Roma, dove dal punto di vista filosofico, trattava temi di astronomia, cosmologia, delle particelle fondamentali fisiche, della vita extraterrestre, della origine della vita e delle origini medievali della scienza.[13] Gli anni dal 1958 al 1960 lo vedono ricercatore di storia e filosofia della fisica presso le università di Stanford e di Berkeley. Ma una volta di più Jaki dovette cambiare luogo perché il clima secco della California era dannoso per la sua voce. Tornò nel clima più umido della costa orientale, anche perché ottenne una nomina da *Visiting Fellow* all'università di Princeton (1960-1962), per un programma di ricerca nella storia e filosofia della fisica.[14]

Frequentava allora diversi seminari di storia e di filosofia della scienza. A questo punto si mise a scrivere il suo ormai famoso libro *The Relevance of Physics*. L'opera fu completata nell'anno 1964, e venne pubblicata due anni

---

[13] Si veda *ibid.*, p.14.
[14] Si veda *ibid.*.

dopo nel 1966 dal University of Chicago Press. Il lavoro e la maturazione dell'autore, come egli stesso riconosce, fu grande e progressivo.[15] Prima di cominciarlo Jaki aveva già due dottorati, uno in teologia e l'altro in fisica e il suo pensiero era maturato in questi campi molto distinti del sapere umano. Aveva imparato molte lingue e frequentato diversi corsi su discipline diverse fra loro così che l'opera di preparazione di questo libro era durato in realtà più di vent'anni. L'impegno non fu vano. Il professore Herbert Feigl ha scritto, nella lettera agli editori, che in ogni pagina si vede la straordinaria conoscenza dell'autore[16], mentre Walter Heitler, uno dei fondatori della meccanica quantistica, suggerisce nel marzo del 1967 nella rivista *American Scientist* che questo libro debba essere letto da tutti i fisici e anche da tutti gli scienziati se vogliono veramente approfondire il loro pensiero.[17] Egli aggiungeva anche che il libro può essere un antidoto ai più grandi mali e problemi culturali della società moderna.

L'importanza capitale del libro *The Relevance of Physics* sta nel fatto che Jaki fu il primo autore ad applicare i teoremi di Gödel, sulla radicale incompletezza dell'aritmetica, alla fisica. A favore dell'importanza di questo fatto parla, tra l'altro, anche l'intento del premio Nobel Murray Gell-Mann che, avendo avuto da Jaki l'occasione di sentire per la prima volta il nome di Gödel, due mesi dopo, senza farne parola con Jaki, tenne una conferenza in cui parlava dell'impossibilità di un'eventuale schema finale delle

---

[15] Si veda JAKI, *A Mind's Matter*, p.1.
[16] UNIVERSITY OF CHICAGO PRESS, lettera non pubblicata a S. L. Jaki del 20 ottobre 1965.
[17] W. HEITLER, Review of *The Relevance of Physics* (1966/1) in *American Scientist* 55 (1967), p.352: «compulsory reading for all scientists, students, and professors.»

particelle fondamentali, utilizzando i teoremi di Gödel. Quest'affermazione Gell-Mann la derivò direttamente da Jaki, sconfermando la sua stessa sfida secondo cui entro tre anni sarebbe stato capace di dire se il sistema delle particelle fondamentali sarebbe così come è e non potrebbe essere altrimenti.[18] A causa dei teoremi di Gödel, Steven Weinberg ha scritto il libro *Dreams of a Final Theory* e John Maddox si è autoproclamato come primo autore che ha intuito il legame tra la fisica e i teoremi di Gödel.[19] In un modo simile un gruppo di fisici di San Diego nell'anno 1990 pensavano di essere stati i primi in questo campo, ma quando si sono imbattuti in *The Relevance of Physics* hanno dovuto riconoscere che Jaki fu il primo a fare questa scoperta.[20]

Nel 1965 Jaki divenne docente alla Seton Hall University, nel New Jersey, di cui nell'anno 1975 fu promosso *Distinguished University Professor*, e di cui è attualmente professore emerito. Nell'anno accademico 1967-68 fu associato all'*Institute for Advanced Study* a Princeton, anche nel New Jersey. Nel 1969 ha pubblicato il libro *Brain, Mind and Computers* per cui ottenne il premio Lecomte de Nouy per l'anno 1970. Negli anni 1975 e 1976 è chiamato come professore invitato all'università di Edimburgo nell'ambito delle prestigiose *Gifford Lectures*, un ciclo di conferenze che dal 1887, per volontà di Lord Adam Gifford, si svolge nelle quattro università scozzesi con lo scopo di promuovere lo studio della teologia naturale.[21] Da questa serie di conferenze scaturisce il suo libro *The Road of Science and the Ways*

---

[18] Cf. JAKI, *A Mind's Matter*, p.7.
[19] Cf. *ibid.*, p.8.
[20] Cf. *ibid.*, p.9.
[21] Cf. S. L. JAKI, *Lord Gifford and His Lectures*, Scottish Academic Press, Edinburgh 1995².

to God dove ha dimostrato che questi due cammini, cioè la strada della scienza e le vie verso Dio, costituiscono un unico percorso intellettuale.[22] Nel 1977 svolge lo stesso incarico presso il Balliol College di Oxford, nell'ambito delle *Fremantle Lectures*. Da queste ultime, Jaki ha pubblicato il libro *The Origin of Science and the Science of its Origin*.[23] Stanley Jaki ha svolto le *McDonald Lectures* all'Università di Sydney nel 1980 e molte altre ancora in Francia, Belgio, Paesi Bassi, Germania, Italia, Spagna, Grecia, Ungheria, Svezia, Giappone e Australia. Solo negli Stati Uniti è stato professore invitato in più di settanta università.[24] Tra le lezioni che ha tenuto si possono menzionare anche le *Wethersfield Institute Lectures* nell'anno 1987 e poi nell'anno 1988 e 1989 le due serie di lezioni al *Corpus Christi College*, a Oxford. Nell'anno 1989 ha tenuto lezioni a Roma alla Pontificia Università Gregoriana e alla Pontificia Università della Santa Croce. In seguito ha spesso offerto conferenze all'Ateneo Pontificio Regina Apostolorum.

La fama di Jaki ha superato le frontiere della cultura dell'Occidente. È stato invitato nell'anno 1983 alla Conferenza internazionale sulla scienza nella società islamica a Islamabad dove ha dato un contributo sul tema *The Physics of Impetus and the Impetus of the Koran*. È stato anche invitato a Hong Kong per tenere una conferenza su scienza e religione ai vescovi della Conferenza episcopale dell'Asia del Sud est a dicembre dell'anno 1988. Nell'anno

---

[22] Cf. S. L. JAKI, *The Road of Science and the Ways to God*, Real View Books, Port Huron, MI. 2005; versione italiana *La strada della scienza e le vie verso Dio*, Jaca Book, Milano 1994.

[23] Cf. S. L. JAKI, *The Origin of Science and the Science of its Origin*, Scottish Academic Press—Gateway Editions, Edinburgh—South Bend, Indiana 1978.

[24] Si veda HAFFNER, *Creation and scientific creativity*, p.16.

1989 ha tenuto una serie di lezioni nell'Accademia Sovietica delle Scienze a Mosca. Associato a numerosi sodalizi scientifici e culturali è, fra l'altro, dal 1986, membro corrispondente dell'*Académie Nationale des Sciences, Belles–Lettres et Arts* di Bordeaux. Nella sua vita ha ricevuto otto dottorati *Honoris Causa* tra cui quello di *Marquette University*.

Come coronamento del suo lavoro, il riconoscimento più grande fu per lui l'incontro con il Papa Giovanni Paolo II dal quale, nel 1987, è stato nominato membro onorario della Pontificia Accademia delle Scienze con gli stessi diritti dei membri ordinari. Nel solenne atto di investitura, Jaki ricorda che il personaggio che ebbe più influenza su di lui fu Pierre Duhem. Jaki afferma che era come una luce che lo guidava.[25] Jaki dichiara di aver letto quasi tutto quello che Duhem ha pubblicato e scritto e anche tutto quello che gli altri autori hanno scritto su di lui.[26] Inoltre, dopo la seconda guerra mondiale, Jaki ha cercato di mettersi in contatto con le persone che avevano scritto su di lui o avevano saputo dove cercare qualche cosa ancora inedita su Duhem. Un motivo ulteriore perché Jaki abbia tanto studiato e scritto su Duhem fu il fatto che nessuno degli autori che avevano scritto su di lui aveva messo in rilievo l'ampio contesto intellettuale e spirituale della fede cattolica di Duhem.[27] Jaki con il suo grande senso storico ha cercato di percorrere la vita stessa di Duhem visitando i luoghi dove egli stesso si muoveva e passava le sue giornate, così ha cercato di rivivere la sua vita, con tutte le sue speranze e dolori, con tutti i suoi grandi successi e frustrazioni.[28] L'opera *Uneasy Genius* ed altri posteriori

---

[25] Si veda HAFFNER, *Creation and scientific creativity*, pp.18–19.
[26] Si veda JAKI, *A Mind's Matter*, p.73.
[27] Cf. *ibid.*, p.74.

furono frutto di quest'indagine profonda di Jaki su Duhem.[29]

Da oltre cinquant'anni l'opera dello storico della scienza dom Stanley L. Jaki O.S.B. si caratterizza per due elementi originali e decisivi: da un lato il senso profondo dell'unità della conoscenza e, dall'altro, un altrettanto profondo sentimento dell'oggettività del reale. Si tratta di due atteggiamenti che hanno portato lo studioso benedettino a pensare il cammino della scienza e quello verso Dio come un unico percorso intellettuale. In aperta polemica con la cultura dominante, che considera scienza e fede come due termini irriducibili e contrapposti, tutta la sua opera è volta ad affermare la connessione esistente fra conoscenza scientifica e conoscenza di Dio, una connessione a tal punto intima e stretta da giustificare la conclusione secondo cui la scienza è nata e si è sviluppata, dopo secoli

---

[28] Cf. *ibid.*, p.77.

[29] Si veda S. L. JAKI, *Uneasy Genius. The Life and Work of Pierre Duhem*, Martinus Nijhoff, Dordrecht 1984; IDEM, Prefazione a P. DUHEM, *Medieval Cosmology. Theories of Infinity, Place, Time, Void and the Plurality of Worlds*, R. ARIEW (ed. e trad.), University Press, Chicago 1985, pp.xi-xviii; IDEM, «Science and Censorship: Hélène Duhem and the Publication of the Système du monde», *Intercollegiate Review* 21 (inverno 1985-86), pp.41-49; IDEM, «Le physicien et le métaphysicien. La correspondance entre Pierre Duhem et Réginald Garrigou-Lagrange», *Actes de l'Académie Nationale des Sciences*, Belles-Lettres et Arts de Bordeaux 12 (1987), pp.93-116; IDEM, Introduzione a P. DUHEM, *Au pays des gorilles*, Beauchesne, Paris 1989; Idem, «Pierre Duhem: Physicien et paysagiste», in *Colloque Pierre Duhem (1861 - 1916). Scientifique, Ancien Elève de Stanislas. Samedi 3 Décembre - Dimanche 4 Décembre 1988. Actes du Colloque*, Stanislas. Classes Préparatoires, Paris 1990, pp.47-54; IDEM, *Pierre Duhem. Scientist and Catholic*, Christendom Press, Front Royal, VA 1991; IDEM, *Reluctant Heroine. The Life and Work of Hélène Duhem*, Scottish Academic Press, Edinburgh 1992; IDEM, *Lettres de Pierre Duhem à sa fille Hélène, présentées, avec une introduction et notes, par Stanley L. Jaki*, Beauchesne, Paris 1994.

di tentativi regolarmente abortiti—si pensi alle antiche civiltà cinese, indiana e greca—, solo all'interno di una cultura permeata dalla convinzione che la mente umana sia capace di cogliere, nelle cose e nelle persone, un segno del loro Creatore. Si tratta di un approccio teologico alla storia della scienza che rovescia molti luoghi comuni e molte leggende, come quella che considera il Medioevo cristiano un'epoca di oscurantismo e di superstizione. Nell'opera di dom Stanley L. Jaki, infatti, i secoli della Cristianità medioevale sono quelli in cui l'acculturazione della fede in un Dio personale, trascendente, razionale e creatore di tutte le cose, ha posto le condizioni filosofiche per lo sviluppo dell'indagine scientifica della natura.

Questo approccio teologico alla storia della scienza è usato da dom Stanley L. Jaki per esaminare lo stato della scienza anche in tempi più vicini a noi; e particolarmente alla fisica del secolo scorso egli rivolge le critiche più stringenti, denunciandone i presupposti idealistici e la sostanziale rinuncia a un genuino sforzo conoscitivo. In questo ambito la sua attività di polemista e di conferenziere costituisce una puntuale e documentata opera di risposta a quell'abbondante pubblicistica scientifico-divulgativa che, dai *mass media*, si riversa sul grande pubblico accreditando l'idea di una «scienza totale», in grado di spiegare non solo il *come* dei fenomeni, ma anche il *perché* dell'esistenza di tutto, della materia e dello spirito. Per quanto riguarda la metodologia, Jaki seguiva da vicino la posizione di Etienne Gilson, sia nel suo realismo metodico, sia nel suo modo di porre le proposizioni epistemologiche nel loro contesto storico. Questo realismo metodico, espressione creata di Gilson nel suo libro *Le réalisme méthodique*, rappresenta qualcosa di più di una posizione gnoseologica, cioè è il metodo stesso della filosofia.[30]

Fra le opere più significative di dom Stanley L. Jaki, autore di oltre cinquanta volumi e di più di due cento articoli, si possono ricordare *The Relevance of Physics*, «La portata della fisica», *Brain, Mind and Computers*, «Cervello, mente e calcolatori», che gli è valso il premio Le Comte du Noüy nel 1970, *Science and Creation: from Eternal Cycles to an Oscillating Universe*, «Scienza e creazione: dai cicli eterni a un universo oscillante», *The Road of Science and the Ways to God*, «La strada della scienza e le vie verso Dio», che raccoglie il ciclo delle Gifford Lectures tenute dall'autore, *Cosmos and Creator*, «Cosmo e Creatore», *Angels, Apes and Men*, «Angeli, scimmie e uomini», *Uneasy Genius: the Life and Work of Pierre Duhem*, «Un genio scomodo: la vita e l'opera di Pierre Duhem», *Chesterton: a Seer of Science*, «Chesterton: un profeta della scienza», *Chance or Reality and Other Essays*, «Caso o realtà e altri saggi», e *The Savior of Science*, «Il Salvatore della scienza», *Is there a Universe?* «C'è un universo?».

Padre Stanley Ladislas Jaki ha concluso il suo intenso cammino terreno a Madrid, nella *Clinica de la Conception*, il 7 aprile 2009, alle ore 13.15 circa, alla presenza di quattro amici, venuti da Italia, Spagna e Usa, che pregavano per lui. Per chi voglia approfondire il tema del dialogo fra pensiero scientifico e teologia cattolica alla luce dello sviluppo storico della scienza, la sua opera è e resterà un riferimento obbligato e una fonte preziosa di giudizi sintetici, di documentazione e anche di citazioni originali. Amava citare il detto di San Paolo sul «culto ragionevole» che dobbiamo offrire al Signore; e la sua vita è stata un

---

[30] Si veda S. L. JAKI, Introduction to E. GILSON, *Methodical Realism*, Christendom Press, Front Royal, VA 1990, pp.7-15.

esempio di questo «culto ragionevole». Il Padre Jaki è stato seppellito nella Cappella di Nostra Signora all'Arciabbazia di Pannonhalma il 29 aprile 2009.

1.3 La nascita della scienza

Cercheremo ora di approfondire le radici filosofiche e teologiche dell'idea che la scienza sia nata sotto l'influsso della matrice medioevale da una epistemologia e una metafisica che sono dei prodotti di secoli di fede cristiana in Dio Creatore, frutto cioè dell'Incarnazione redentiva. Vogliamo indicare i rapporti seguenti. In primo luogo, la relazione fra la visione cristiana della creazione e la filosofia realista. Poi, il rapporto fra la filosofia realista e la nascita della scienza. Quindi, di conseguenza la relazione fra la visione cristiana del cosmo e la nascita della scienza.

1.3.1 La nascita incompleta della scienza

Adesso trattiamo dove la scienza *non* è nata ossia «the stillbirths of science», un concepimento senza nascita. Jaki sostiene che c'è un paradigma fondamentale nella storia della scienza: «i suoi aborti immancabili in tutte le culture antiche e l'unicità della sua nascita in un'Europa che la fede cristiana nel Creatore aveva contribuito a formare.»[31] Jaki ha fatto rilevare come la storiografia scientifica dominante ignori un dato essenziale e del tutto evidente quando si voglia analizzare la nascita e lo sviluppo della scienza: le grandi civiltà del passato non hanno conosciuto le scienze della natura, almeno come noi le intendiamo da quattro secoli a questa parte.

---

[31] S. L. JAKI, *La Strada della Scienza e le Vie verso Dio*, Jaca Book, Milano 1988, p.353.

Il fatto che questo dato macroscopico sia taciuto, minimizzato o semplicemente spiegato con il ricorso ad argomentazioni parziali, è altamente indicativo della mentalità darwinista adottata dai maggiori storici della scienza negli anni 1950. Il darwinismo, che già all'inizio del secolo aveva costituito la base scientifica all'ideologia del Progresso, offriva ora agli studiosi una visione della scienza «come una lotta essenzialmente cieca di idee in competizione tra loro, ciascuna con la sua propria capacità di sopravvivenza». Nasceva il cosiddetto paradigmismo, la dottrina storiografica di Thomas Kuhn, secondo cui i grandi progressi scientifici avvengono attraverso «rivoluzioni» che servono per formare il consenso intorno a un nuovo complesso di nozioni, il paradigma appunto, il cui destino è quello di essere soppiantato a sua volta in modo traumatico da un nuovo paradigma. In questa visione delle cose, nella quale si sono formate almeno due generazioni di storici e di uomini di scienza, non c'è posto per nessuna preoccupazione di tipo causale: l'impresa scientifica «appare», semplicemente, in analogia con la comparsa degli eventi biologici nella teoria evoluzionista e, se si adatta alle condizioni del momento, viene selezionata.

In questo schema artificioso, tuttavia, una certa coerenza esiste: come il darwinismo fatica a spiegare l'esistenza dei «rami secchi» ai lati del grande tronco evolutivo, anche il paradigmismo non spiega i «rami secchi» dell'evoluzione scientifica. In culture antiche come quella egiziana, indiana e cinese, per esempio, si osserva come impressionanti scoperte scientifiche e stupefacenti conquiste tecnologiche confluiscano invariabilmente verso un punto morto finale. Vediamo un po' più da vicino questo fenomeno. Le nascite incomplete della scienza presso gli antichi cinesi, gli indù, gli Inca, Maya e Aztechi, gli egiziani, i babilonesi, gli antichi greci, e gli arabi del medioevo sono descritti in dettaglio da S. L. Jaki.[32]

La Cina antica

Jaki mostra come, nonostante i lunghi periodi di pace nella *Cina antica*, la scienza non sia nata lì: «Si pensi per esempio ai lunghi periodi di pace della storia cinese: perché non hanno portato allo sviluppo della scienza?»[33] Jaki mette in evidenza le conclusioni cui giunge lo studioso marxista della Cina, Joseph Needham; egli infatti «ha dato un posto di rilievo tra le cause che avevano impedito l'uscita dell'antica scienza cinese dal suo vicolo cieco a una causa teologica, e cioè alla rapida scomparsa della fede in un legislatore razionale o un creatore del mondo, senza la quale i cinesi non riuscirono a convincersi che l'uomo fosse capace di individuare almeno alcune delle leggi dell'universo fisico.»[34] Needham riconosce quindi che le ragioni del fallimento scientifico della civiltà cinese sono di ordine «teologico». Egli afferma, in particolare, che l'avvento della cultura confuciana ha allontanato i cinesi dalla fede in un solo Dio, creatore e legislatore. La conseguenza fu *l'identificazione quasi panteistica* di *uomo, società* e *natura* e, quindi, l'impossibilità da parte della mente umana di comprendere una natura non più soggetta a una signoria trascendente, non più governata da leggi. Nella Cina antica, come in quasi tutte le culture antiche, la cosmovisione fu dominata dai cicli eterni; tale cosmovisione impediva, in questo senso, la capacità analitica umana. Però Needham non ha dato la dovuta

---

[32] Si veda S.L. JAKI, *Science and Creation: From Eternal Cycles to an Oscillating Universe*, Scottish Academic Press, Edinburgh 1986².
[33] JAKI, *La Strada della Scienza e le Vie verso Dio*, p.14.
[34] JAKI, *La Strada della Scienza e le Vie verso Dio*, p.23.

importanza a questo fattore teologico. Gli illuministi non hanno notato questi vicoli ciechi nelle culture antiche, mentre Pierre Duhem (1861–1916) traccia delle conclusioni metafisiche sul fatto che la scienza non è nata nelle culture antiche.[35]

Jaki nota che anche nella Cina moderna, c'è stata una resistenza alla scienza, che è dovuta a una visione del cosmo che è contraria a un simile progresso. Anche la rivoluzione culturale di Mao Tse-Tung ha adoperato gli aforismi confuciani e taoisti, nonostante il fatto che i comunisti si siano opposti ufficialmente ai saggi della Cina antica. Mancava una teologia naturale nel Taoismo, per questo gli aforismi di questa religione sono antilogici: «oggi gli stessi insulti all'intelligenza sono il pane quotidiano di quelle menti cinesi che cercano di far convivere la coerenza della scienza e l'incoerenza del taoismo redivivo sotto forma di dialettica marxista-maoista.»[36]

Artisti e letterati videro nella Cina un'alternativa alla delusione verso la scienza maturata sulla scia della prima guerra mondiale. Il motivo dominante di quella curiosità verso il gigante asiatico era l'opinione, attribuita ai saggi cinesi tradizionali, secondo cui non c'era bisogno di alcuna scoperta scientifica per illuminare la mente dell'uomo poiché bastavano la filosofia e la religione. L'uomo cinese «sentiva la continuità dell'universo: riconosceva il legame tra la sua vita e quella di animali, uccelli, alberi e piante. E pertanto si accostava alla vita con rispetto, attribuendo ad ogni esistenza il suo giusto valore.»[37] Questa osservazione,

---

[35] Si veda P. DUHEM per il suo capolavoro *Le système du monde*, 10 volumi, Hermann, Paris 1913-1959.

[36] JAKI, *La Strada della Scienza e le Vie verso Dio*, p.24.

[37] L. BINYON, *The Flight of the Dragon: An Essay on the Theory of Art in*

fatta negli anni 1950 da uno studioso di cose orientali, è ancora molto attuale in tempi di ecologismo profondo e di *New Age*. Tuttavia essa presenta una contraddizione evidente: se la cultura cinese non ha mai prodotto la scienza, quale merito può avere nel non esserne mai stata delusa? Quale merito si può riconoscere ad una civiltà per il fatto di non essere mai stata delusa dalla pittura e dalla musica, se essa non ha mai prodotto pittori o musicisti? Contraddizioni di questo tipo erano ugualmente presenti anche in affermazioni di intellettuali occidentali di formazione scientifica. Bertrand Russell fu uno di questi. Molto prima dell'avvento del comunismo in Cina e molto prima della rivoluzione culturale di Mao Tse Tung, che alla fine degli anni 1960 suscitò tanti entusiasmi fra i gauchisti nostrani, Bertrand Russell tentò di conciliare l'evidente arretratezza delle conoscenze scientifiche in Cina con il fatto che la millenaria cultura cinese, in apparenza, non avesse niente di ostile contro di esse, e anzi ne pronosticò il sicuro diffondersi senza «nessuno di quegli ostacoli che la Chiesa pose al loro avanzare in Europa.»[38] Al di là di queste affermazioni, la contraddizione rimaneva. Mille anni prima i Cinesi conoscevano i magneti, la polvere pirica e la tecnologia della stampa a blocchi, precorritrice della stampa a caratteri mobili: come era possibile che Confucio e la sua dottrina etica non avessero trasmesso nessuna forma di entusiasmo e di curiosità verso quelle novità straordinarie?

Secondo il *cliché* empirista e baconiano, in virtù del quale la scienza progredisce per piccoli passi, lo stato della

---

China and Japan, J. Murray, London 1953, pp.26-27. Citato da S. L. JAKI, *Il Salvatore della scienza*, LEV, Città del Vaticano 1992, pp.33-34.

[38] B. RUSSELL, *The Problem of China*, George Allen and Unwin, London 1922, p.193. Citato da JAKI, *Il Salvatore della scienza*, p.34.

scienza in Cina agli inizi del secolo avrebbe dovuto trovarsi in condizioni assai diverse da quello in cui versava dato che la cultura cinese traboccava di conoscenze empiriche. Eppure la *curiosità scientifica*, che nasce da un atteggiamento di stupore di fronte ad un *creato*, non prese mai il largo.

L'India antica

Anche nell'*India antica*, nonostante l'invenzione del sistema di numerazione decimale, la scienza ha sofferto una nascita mancata; ancora una volta, è stata la cosmogonia responsabile di ciò. Questa cosmogonia è stata dominata dal panteismo e dall'animismo, con l'idea anche di un eterno ritorno delle cose; il ciclo era la grande ruota degli *yuga*. La posizione dell'uomo in questo cosmo non induceva l'ottimismo e la fiducia necessari per fare la scienza:

> Nella Cina e nell'India dell'antichità il legame tra il progressivo appassire della scienza e il consolidamento della fede nell'eterno ritorno delle cose è chiaro ed evidente, e lo stesso sembra valere per le culture delle piramidi: gli Egizi, i Babilonesi e i Maya; le tracce dell'esistenza del medesimo nesso nell'antica Grecia e tra gli Arabi mussulmani rivestono un significato particolare per qualsiasi storico della scienza occidentale.[39]

Presso gli antichi Indù, la visione animistica della totalità dell'esistenza era ancora più marcata e produsse immagini mitologiche di straordinario vigore espressivo. Essi vedevano se stessi come parte di una natura e di un universo interamente impregnati di vitalità biologica e personale. L'universo è concepito, di volta in volta, come

---

[39] JAKI, *La Strada della Scienza e le Vie verso Dio*, p.26.

un enorme uovo collocato nel ventre di una divinità bisessuale, oppure come il prodotto della traspirazione del corpo di *Visnu* rappresentato da acque senza fondo: da ogni follicolo usciva un universo in forma di bolla che poco dopo scoppiava. in una visione organismica del cosmo.

La caratteristica delle cosmogonie induiste è quella di presentare un ineluttabile ciclo di nascita–morte–rinascita, senza inizio né fine e sostanzialmente privo di senso. La ritualità religiosa induista e la letteratura etica e mitologica, come quella dei Purana, composte intorno al 500 d.C., testimoniano di un drammatico bisogno di sfuggire al carattere sinistro e soffocante del grande «mulino cosmico» che ciclicamente ritorna su se stesso. La costruzione degli edifici, per esempio, era accompagnata da una serie di gesti simbolici che rivelano il desiderio di esorcizzare il dominio del tempo. L'astrologo indicava il luogo su cui posare la pietra angolare, luogo che doveva collegare l'edificio al centro del mondo; il muratore, a sua volta, infilava un piolo nel terreno per immobilizzare la testa del serpente, simbolo del caos. Con questa azione egli ripeteva il gesto di Indra, che vinse il serpente con il fulmine e assicurò stabilità e atemporalità a ciò che era stato creato da caos. Non c'era la motivazione di prevedere il comportamento dell'universo.

Tra gli effetti di questa concezione del cosmo ci fu la rassegnazione all'*era di Kaliyuga*, il tempo lunghissimo dell'ignoranza, della povertà e delle malattie che, secondo il calendario, doveva durare circa 400 mila anni. L'impatto di una simile credenza sulla vita civile e culturale delle popolazioni indù fu un clima di generale rassegnazione e fatalismo. Le parole del re Brihadrata nelle *Svetasvatara Upanishad*, «nel ciclo dell'esistenza sono come una rana in un pozzo senz'acqua», sono l'ammissione dell'impossibilità di uscire dai cicli eterni della ruota cosmica.[40] Dal punto di vista del pensiero scientifico, un universo ciclico e oscuramente vitalistico come quello indù è l'esatto contrario di ciò che può essere interrogato scientificamente. «Non che mancasse il talento» spiega dom Stanley L. Jaki. «L'antica India è il luogo della nascita del calcolo decimale—compreso il valore posizionale per i multipli di dieci e per lo zero, forse la più grande scoperta scientifica mai fatta. Ci si aspetterebbe che il continuo uso dello zero matematico avrebbe dovuto sensibilizzare sulla differenza tra essere e non–essere. E lo fece, ma solo per rafforzare la convinzione che ciò che è, deve essere da sempre e non potrebbe mai mancare di esistere.»[41]

L'ombra della cosmogonia induista si è estesa nella storia fino all'India moderna, con la sua incapacità di produrre progresso materiale in modo organico e in collegamento con una mentalità scientifica. Lo stesso Gandhi, considerato il padre dell'India moderna, idealizzava il pensiero indù tradizionale al punto da ritenere preferibile la sua civiltà senza macchine e senza tecnologia, dove «usiamo lo stesso tipo di aratro che esisteva migliaia di anni fa», ai «sistemi di competizione che consumano la vita.»[42]

---

[40] *Maitri Upanishads*. First Prapathaka. Citato da *Thirteen Principal Upanishads*, tradotto dal sanscrito da R. E HUME, edizione riveduta, Oxford University Press, London 1934, p.414. Cfr. anche JAKI, *La Strada della Scienza e le Vie verso Dio*, p.26.

[41] S. L. JAKI, *Il Salvatore della scienza*, LEV, Città del Vaticano 1992, p.30.

[42] M. K. GHANDI, «A Dialogue between an Editor and a Reader» in *Hind Sawraj or Indian Home Rule* (1938), pp.43-45, citato in JAKI, *Il Salvatore della scienza*, p.31.

La cultura americana precolombiana

Presso gli Inca, gli Aztechi ed i Maya, si trovava una cosmovisione ciclica e crudele. Non c'era uno stimolo per una vera nascita della scienza e anche della matematica. Mancava la razionalità, il cosmo fu oggetto di paura, non di investigazione.

Nonostante il fatto che gli Aztechi, i Maya e gli Inca abbiano scoperto la gomma naturale, molte medicine, e sviluppato la produzione di alcuni cibi odierni come i pomodori e il cioccolato, non sono riusciuti a dar origine alla scienza come tale. Si trovavano nel Sud America molte piante con delle proprietà medicinali, per esempio il *sangre de grado*; la linfa rossa di sangre de grado ha una lunga storia di impiego presso gli indigeni della foresta pluviale e del Sud America. Il primo riferimento scritto data il suo impiego nel seicento, quando il sacerdote gesuita, naturalista ed esploratore spagnolo Padre Bernabé Cobo trovò che il potere curativo della linfa era diffusamente conosciuto dalle tribù di Messico, Perù ed Ecuador.[43] Per secoli, la linfa è stata spalmata sulle ferite per fermare il sanguinamento, accelerare la cicatrizzazione e per sigillare e proteggere le ferite da infezioni; la linfa si asciuga rapidamente e forma una barriera, simile ad una «seconda pelle». Fu adoperata esternamente dalle tribù e dagli abitanti del Perù per ferite, fratture, emorroidi, ed internamente per ulcere intestinali e dello stomaco e come doccia per il muco vaginale. Il *sangre de grado* veniva adoperato dagli indigeni anche per le febbri intestinali e gengive infiammate o infette, per bagni vaginali prima e dopo il parto, per emorragie post-partum e per disturbi della pelle. Il *sangre de grado* proviene da un albero di

---
[43] Si veda B. COBO, *Historia del Nuevo Mundo* (Obras del P. Bernabé Cobo, tomos I e II), Biblioteca de Autores Españoles, Madrid 1964.

media grandezza che cresce nella regione amazzonica più alta di Perù, Ecuador e Colombia. Sebbene l'albero sia alto, il tronco ha un diametro minore di 30 cm. Il nome peruviano «sangre de grado» significa «sangue di drago» in spagnolo: da qui si vede che all'epoca era considerato in modo superstizioso. Infatti, quando il tronco dell'albero viene tagliato o inciso, fuoriesce una linfa resinosa di colore rosso scuro come se l'albero stesse sanguinando.[44]

La linfa di sangre de grado contiene numerosi elementi fitochimici incluse le proantocianidine (antiossidanti), fenoli semplici, diterpeni, fitosteroli, alcaloidi e lignine biologicamente attivi. Gli scienziati hanno attribuito molte delle proprietà biologiche attive della linfa (specialmente l'azione cicatrizzante) a due principali costituenti: un alcaloide chiamato taspina e una lignina chiamata dimetilcedrusina. Della taspina di sangre de grado è stata documentata un'azione antinfiammatoria già nel 1979. Sei anni più tardi, sono state documentate anche le azioni antitumorali (contro i sarcomi) e antivirali. Nel 1989, per la prima volta, è stata correlata la capacità cicatrizzante della resina di sangre de grado alla taspina. Numerosi studi successivi si sono anche concentrati sulle proprietà cicatrizzanti e antitumorali della taspina. Estratti di sangre de grado hanno mostrato attività antivirali contro l'influenza, la parainfluenza, l'herpes simplex I e II, e l'epatite A e B. Le proprietà antivirali e anti-diarrea di sangre de grado sono state oggetto dell'attenzione dell'industria farmaceutica negli ultimi 10 anni. Una

---

[44] Le specie si chiamano *Croton lechleri* o *salutaris*. Il genere Croton è piuttosto ampio e comprende circa 750 specie di alberi e arbusti distribuiti lungo le regioni tropicali e subtropicali di entrambi gli emisferi. Gli alberi di questo genere sono ricchi di alcaloidi attivi e numerose specie sono rinomate piante officinali che vengono impiegate come purganti e tonici.

compagnia statunitense ha brevettato tre preparati contenenti costituenti antivirali e nuovi elementi chimici (un gruppo di flavonoidi delle piante che sono stati chiamati SP-303) estratti dalla corteccia e dalla resina di sangre de grado. I farmaci brevettati includevano un prodotto orale per il trattamento delle infezioni respiratorie virali, un prodotto antivirale topico per il trattamento dell'herpes, e un prodotto orale per il trattamento della diarrea persistente. Questi prodotti sono stati oggetto di numerosi esperimenti.[45]

La cultura egiziana

Jaki mostra come neppure la *cultura egiziana* sia stata il grembo per la nascita della scienza.[46] Nonostante la tecnologia sviluppata espressa nelle piramidi ed anche nei geroglifici che rappresentavano il potere nello svolgere i simboli, gli Egiziani non hanno potuto realizzare un risultato simile nel campo delle quantità e dei calcoli.

---

[45] Sebbene gli effetti immunomodulatori di sangre de grado non siano stati ancora il target della ricerca, alcuni studiosi ritengono che le attività antinfiammatorie, antimicrobiche e antiossidanti possano procurare un potenziamento immunitario non specificato. Recentemente, sono stati condotti numerosi esperimenti scientifici su un particolare prodotto contenente sangre de grado (un balsamo per la pelle): sono stati riportati effetti superiori al placebo per alleviare prurito, dolore, fastidio, sudorazione e rossori causati da insetti (vespe, formiche, zanzare, api), ferite, abrasioni e reazioni allergiche alle piante. I soggetti sottoposti al trattamento hanno provato sollievo entro pochi minuti dall'applicazione del balsamo, e una riduzione dei sintomi per più di 6 ore. Questi esperimenti hanno condotto i ricercatori a ritenere che sangre de grado possa prevenire la sensazione di dolore bloccando sia l'attivazione delle fibre nervose che inviano i segnali di dolore al cervello sia la risposta del tessuto agli elementi chimici rilasciati dai nervi che promuovono le infiammazioni.

[46] JAKI, *Il Salvatore della scienza*, pp.25-28.

Questa nascita incompleta nel progresso scientifico è dovuto al conflitto intrinseco nella religione egiziana.

Le testimonianze dell'abilità tecnologica degli antichi egiziani sono innumerevoli: dalle piramidi alle tecniche idrauliche per il controllo delle inondazioni. Basta visitare una piramide o un museo di arte egizia per rendersi conto del loro elevato tasso di abilità tecnologica. Tuttavia la matematica, cioè la razionalizzazione di quantità, misure e calcoli, rimase un'arte pratica che non raggiunse mai lo stadio di generalizzazione necessario per spiegare classi di fenomeni. Erodoto racconta di un viaggio per mare compiuto da marinai egiziani al tempo del regno di Nekao (610–595 a.C.), durato tre anni e iniziato lungo le coste orientali dell'Africa, in direzione sud. Al loro ritorno, dalla parte della Libia, i marinai raccontarono che per un po' di tempo, mentre doppiavano quello che sarebbe stato chiamato il Capo di Buona Speranza, essi videro il sole brillare alla loro destra. Gli egiziani, molto prima che i Greci incominciassero a discutere della questione, avevano in mano la prova della sfericità della terra, ma la ignorarono. Gli esempi potrebbero continuare, ma ci fermiamo qui.

A questo punto i sostenitori del paradigma direbbero che gli antichi Egiziani non riuscirono a sviluppare maggiormente la scienza perché non ne sentirono la necessità. La spiegazione pecca di presunzione. «Per quale ragione—si interroga dom Stanley L. Jaki—dovremmo supporre che gli antichi Egiziani fossero così insensibili al loro stesso benessere da accontentarsi semplicemente di un'arte medica che somministrava di gran lunga più veleno che cure? [...] Per quale ragione le loro menti migliori avrebbero dovuto considerarsi soddisfatte dopo la conquista di successi quali il controllo delle inondazioni del Nilo? Dopo tutto, essi non erano lenti ad adottare dai paesi vicini armi sempre migliori—per esempio le bighe da guerra—ogni volta che se ne presentasse l'occasione.»[47] Tuttavia non si spinsero mai oltre un ambito strettamente applicativo. Il loro atteggiamento nei confronti della natura appare caratterizzato da un'enorme erudizione incapace, però, di produrre curiosità. Un egittologo ha affermato che «l'impressione lasciata in una mente moderna è quella di un popolo che cerca nel buio la chiave della verità, ed avendone trovata non una, ma molte, che si adattano al profilo della serratura, le tiene tutte per paura di potere scartare quella giusta».[48] La causa della sterilità scientifica degli antichi egiziani va cercata, dunque, in una sorta di *impasse* che bloccava la loro mente di fronte al cosmo: da un lato le straordinarie nozioni acquisite avrebbero dovuto suggerire loro l'esistenza di una natura ordinata, ma dall'altro essi manifestavano una sfiducia di fondo nella razionalità complessiva dell'universo. La loro concezione del cosmo era animista, come testimoniano le grottesche combinazioni di uomo e animale simboleggianti le divinità che presiedevano alle forze della natura. In un cosmo siffatto non poteva trovare posto l'indagine scientifica e le sincere aspirazioni ad un'esistenza migliore, testimoniate dalla loro poesia, rimasero lettera morta.

La cultura babilonese

L'area mesopotamico–mediterranea conteneva molte culture non isolate. Possiamo fornire poche considerazioni per rispondere ad un'obiezione naturale che può sorgere di fronte alla tesi sviluppata fino a questo punto. Il tratto

---

[47] JAKI, *Il Salvatore della scienza*, p.26.
[48] Da L. COTTRELL, *Lost Worlds*, American Heritage Publishing, New York 1964, p.48. Citato da JAKI, *Il Salvatore della scienza*, p.27.

comune alle tre antiche civiltà—egiziana, indù e cinese—è che *la scienza vi è nata già morta,* nonostante la disponibilità, in ciascuna di esse, di talenti, organizzazione sociale e lunghi periodi di pace. La storiografia scientifica moderna, che normalmente considera questi fattori sociologici determinanti per lo sviluppo scientifico, non spiega questi grandiosi fallimenti. L'obiezione, o spiegazione alternativa a quella «teologica» che abbiamo preso in considerazione, riguarda il fatto che quelle civiltà erano «isolate» le une dalle altre, nello spazio e nel tempo: pertanto—si dice—l'accumulo di conoscenze, per quanto notevole, non fu mai tale da innescare un vero interesse per la natura, cioè un interesse di tipo scientifico. Come controprova di questa tesi, si può portare il caso del fallimento scientifico nell'area mesopotamico–mediterranea che, quanto a presenza di civiltà e a contatti fra civiltà, non è seconda a nessuno. In questa area geografica, così vicina a noi non solo geograficamente, Sumeri, Babilonesi, Assiri, Persiani, Greci e Arabi costituiscono un caso interessante di successione di civiltà in cui vi è un enorme passaggio di conoscenze, ma senza che in nessuna di esse si verifichi la nascita di qualcosa che assomigli alla scienza.

L'analisi del caso babilonese in particolare dimostra, ancora una volta, che è la concezione del cosmo e della sua origine la causa del fallimento scientifico. Le scoperte archeologiche relative alla civiltà babilonese rivelano elevatissime conoscenze in campo matematico, astronomico e chimico. Le celebri tavolette di creta ritrovate a partire dal diciannovesimo secolo mostrano che i babilonesi conoscevano strutture algebriche riconducibili alle equazioni di secondo grado, elenchi di centinaia di piante e composti chimici accompagnati da descrizioni delle loro proprietà, ed elenchi lunghissimi di posizioni planetarie.

Queste ultime rivelano che Ipparco si basò sui dati astronomici babilonesi per scoprire la precessione degli equinozi, una delle più grandi scoperte scientifiche di tutti i tempi. La stessa scrittura, *non geroglifica*, è indice di una straordinaria capacità di astrazione. In altri termini, già presso i Babilonesi, sono presenti molte delle condizioni che possono portare alla nascita della scienza. Tuttavia altre tavolette di creta rivelano che, accanto a questi fatti, convivevano credenze mitico–religiose elementari e violente. In un arco di duemila anni, le culture mesopotamiche dimostrano un attaccamento costante a credenze irrazionali circa l'origine del mondo e il suo governo, tutte riconducibili alla concezione del cosmo come un'enorme animale la cui pericolosa irrazionalità può essere placata solo con gesti altrettanto irrazionali. Le feste di *Akitu*, una settimana di orge per festeggiare l'inizio del nuovo anno, sono la prova di questo cuore oscuro che pulsa sotto l'apparente «modernità» del mondo mesopotamico.

D'altra parte, la stessa narrazione della cosmogonia babilonese, l'*Enuma elish*, è il racconto di forze della natura personificate, ingaggiate in sanguinose battaglie. E le parti del mondo—cioè il cielo, la terra, le acque e l'aria che altrove diventeranno anche l'oggetto della ricerca scientifica—risultano dallo smembramento della dea madre *Tiamat*. È il caso di ricordare qui come sia ancora diffusa la convinzione, presso gli studiosi e presso il pubblico, che la cosmogonia babilonese costituisca il modello seguito dall'autore del primo capitolo della Genesi. «Al massimo—osserva Stanley L. Jaki—quel modello fornisce alcune espressioni verbali, ma certamente non il messaggio di Genesi 1 che, a paragone della Enuma Elish, appare come l'incarnazione stessa della razionalità.»[49]

---

[49] JAKI, *Il Salvatore della scienza*, p.40.

Mancava l'idea di un cosmo buono e razionale presso i *babilonesi*, per cui la scienza non ci è riuscita a nascere.[50] La ragione sta, secondo Jaki, nell'irrazionalità della religione dei babilonesi dove il cosmo è concepito come un grande animale, il quale svolgeva un'attività del tutto irrazionale. Non si poteva predire il comportamento dei componenti del cosmo. Il mito della creazione nella famosa cosmogonia babilonese, *Enuma elish*, è un'illustrazione di irrazionalità e violenza. C'era arbitrarietà in tutte queste cosmovisioni. In confronto a questo mito, la verità del primo libro della Genesi fornisce una visione di un cosmo razionale, buono e coerente, creato da Dio.

La visione di Genesi 1 è del tutto diversa da quella del mito babilonese *Enuma Elish*. In *Enuma Elish*, ci sono diverse generazioni di divinità, il dio Marduk non è supremo, c'è una lotta fra le divinità, c'è materia prima della formazione del mondo, si riscontra una ciclicità nel cosmo, e inoltre il mondo non è né buono né razionale. Nel libro della Genesi, invece, c'è solo Dio con nessuna lotta fra le divinità. Non c'era materia prima della creazione: «In principio Dio creò il cielo e la terra» (Gen 1:1). Dio è supremo: Dio disse «Sia la luce: e la luce fu» (Gen 1:3); si nota la sovranità assoluta di Dio. La visione del tempo è lineare con una progressiva storia della salvezza. Il mondo è buono (sei volte—Gen 1:4, 10, 12, 18, 21, 25) poi «molto buono» dopo la creazione di Adamo e di Eva (Gen 1:31) e la sua razionalità è implicata perché Dio creò l'uomo e la donna nella sua immagine (Gen 1:27) e diceva all'uomo e alla donna: «Prolificate, molteplicatevi e riempite il mondo, assoggettatelo e dominate sopra i pesci del mare e su tutti gli uccelli del cielo e sopra tutti gli animali che si muovono sopra la terra» (Gen 1:28). Non si può

---

[50] JAKI, *Il Salvatore della scienza*, pp.38-40.

assoggettare l'universo senza capirlo—da questo segue l'intelligibilità intrinseca del cosmo.[51]

Altri brani della Scrittura distinguono la visione cristiana della creazione. Il libro della Genesi deve essere letto nel contesto di tutto l'Antico Testamento. I brani seguenti sono pertinenti. Si legge per esempio nei salmi: «Sta in eterno, o Signore, la tua parola, immobile come i cieli. Sta nei tempi dei tempi la tua promessa, qual la terra che tu fondasti» (Salmo 119:89–90). Questa visione contrasta nettamente con il cosmo capriccioso dei sistemi pagani. La visione ottimista della creazione e la nozione della provvidenza sono illustrate nel profeta Isaia: «Così dice il Signore Dio: «Sono io che ho fatto la terra e che su di essa ho creato l'uomo, con le mie mani distendo i cieli e comando a tutti i loro eserciti»» (Isaia 45:12).[52] La stessa visuale è ritrovata nel libro di Ester: «Signore, Signore re, sovrano dell'universo, tutte le cose sono sottoposte al tuo potere e nessuno può opporsi a te nella tua volontà di salvare Israele. Tu hai fatto il cielo e la terra e tutte le meraviglie che si trovano sotto il firmamento. Tu sei il Signore di tutte le cose e nessuno può resistere a te, Signore» (Ester 4:17b–17c). Il libro della Sapienza è pieno di allusioni alla razionalità della creazione: «Ma tu hai regolato ogni cosa in numero, peso e misura» (Sapienza 11:20). Questo brano era molto citato nel medioevo, e fu uno stimolo per l'investigazione. Rafforzava la capacità della persona umana di arrivare a questa intelligibilità e razionalità. Il senso che la creazione fornisce delle prove

---

[51] Si veda S. L. JAKI, *Cosmos and Creator*, Scottish Academic Press, Edinburgh 1980, pp.56-86; IDEM, *Il Salvatore della scienza*, pp.51-86; IDEM, *Genesis 1 through the Ages*, Real View Books, Royal Oak, MI 1998²; IDEM, *Bible and Science*, Christendom Press, Front Royal 1996.

[52] Cfr. anche Isaia 44:23: «Cieli, cantate, per opera del Signore, giubilate, profondità della terra.»

dell'esistenza di Dio si vede dalle pagine del libro della Sapienza, ed in particolare Sapienza 13:9: «perché, se ebbero la capacità di acquistar tanta scienza da scrutare il mondo creato, come mai prima ancora non hanno trovato il suo Signore?» (cf. Romani 1:18–20). L'idea di un inizio dell'universo e di ordine nel cosmo si ritrova nel libro della Siracide: «Quando il Signore creò le opere sue, agli inizi, appena fatte, assegnò loro un posto» (Siracide 16:26). Un brano famoso dei Maccabei, trattando del martirio dei sette fratelli e della loro madre, confuta l'idea di una emanazione dell'universo a partire di una materia preesistente; il passo è alla base della nozione della creazione *ex nihilo*: «Or, ti scongiuro, o figlio mio, a guardare il cielo e la terra con tutte le cose che contengono, e a ricordare che Dio creò dal niente quelle cose e l'umana progenie» (2 Maccabei 7:28).

Anche nel Nuovo Testamento si vedono testi pertinenti alla visione specificamente cristiana della creazione. Per esempio, San Paolo scrive ai Romani indicando Dio come Creatore *ex nihilo* e Datore della risurrezione del corpo: «il quale dà la vita ai morti, e chiama le cose che non sono, come se esistessero» (Rom 4:17). La visione biblica ha esorcizzato l'idolatria. L'universo non può più essere concepito come divino. Perciò l'universo nella visione cristiana diventa capace di essere investigato e non più tenuto in adorazione. Però, c'è un senso nel quale il cosmo è capace di ricevere la santificazione. Cristo è il Logos, come si legge in Giovanni 1. Il mondo è creato per mezzo di Lui, così si evita ogni forma di panteismo: «...il mondo fu creato per mezzo di Lui» (Gv 1:10). La creazione è razionale, improntata e sigillata con la razionalità del Logos: «Egli è l'immagine dell'invisibile Dio, il primogenito di tutta la creazione, perché in Lui sono state fatte tutte le cose nei cieli e sulla terra...» (Col 1:15–16). Così, c'è un vincolo fra Cristo e la creazione: la creazione riceve un nuovo significato a causa dell'Incarnazione, perciò ogni specie di panteismo viene evitato. Questa idea sarà sviluppata in seguito.[53] L'*Eschaton* rafforza l'esigenza di un cosmo lineare: cielo nuovo e terra nuova presuppongono la creazione di una terra e un cielo all'inizio (Apoc 21:1).

La visione biblica ha esorcizzato l'idolatria, la magia, e la superstizione. L'universo non è più né un oggetto di adorazione né di paura. In questo senso, un effetto collaterale è che il cosmo può essere un soggetto di investigazione. Un cosmo coerente, consistente e bello rappresenta uno stimolo per l'investigazione empirica.

La Grecia antica

La scienza non è nata, in modo decisivo, neanche nella *Grecia antica*. Le posizioni estremiste non avrebbero condotto allo sviluppo della scienza. «Se infatti esisteva solo il mutamento e nulla era perenne, come sosteneva Eraclito, qualsiasi spiegazione era priva di senso; se invece il divenire era solo apparente, come per Parmenide, la spiegazione era inutile.»[54] L'importanza di Socrate fu che ha individuato il concetto di «il fine». Per quanto riguardo la cultura greca, Jaki mostra l'importanza dell'ultimo dialogo di Socrate come è riportato nel *Fedone*. Socrate respingeva la fisica puramente meccanicistica, come era quella degli ionici e di Anassagora. Socrate ha mantenuto fermo che la fisica ha come oggetto il fine; su questo punto Jaki afferma:

---

[53] Cfr. pp.192-203 sotto.
[54] JAKI, *La Strada della Scienza e le Vie verso Dio*, p.29.

> Dalla posizione privilegiata raggiunta grazie alla fisica classica e moderna, è chiaro che la fisica non ha né deve avere come oggetto il fine; purtroppo però non sempre ci si rende conto del fatto che come tutte le scienze la fisica, classica come moderna, è il prodotto di una impresa quanto mai finalizzata e quindi il suo disinteresse sistematico per il fine non può essere considerato un argomento decisivo contro di esso.[55]

Socrate ha esercitato un grande impatto sul pensiero Greco con l'influsso su Aristotele e Platone. Però, la visione del cosmo in Platone ha avuto un'analogia col corpo umano, animistica e panteistica ad un tempo, che non portava alla scienza anche perché fu una nozione aprioristica. L'universo di Platone è il prodotto di un demiurgo.

Nella visione di Aristotele invece si trovava più promessa di trionfo per la scienza perché egli «sembrava arrivare alle proprie conclusioni a posteriori».[56] Aristotele è stato certamente un genio «non solo per la sua capacità di sistematizzazione, ma soprattutto per aver capito che era necessario trovare una qualche via di mezzo fra il realismo ingenuo e l'idealismo sognatore se si voleva salvare l'intelligibilità di un mondo in divenire».[57] Però, nonostante l'intelligibilità nel cosmo di Aristotele, almeno i Cieli erano necessari. Platone ha avuto una visione più statica, quella di Aristotele è stata più dinamica. La visione di Aristotele era, in parte, più confacente con l'approccio della scienza.

«Dei tre tipi principali di fisica elaborati dai greci, quello aristotelico denuncia in maniera molto più sottile di quanto non facciano quello epicureo e quello stoico

---

[55] Ibid., p.29.
[56] Ibid., p.31.
[57] Ibid., p.33.

l'influenza di una visione specifica del fondamento dell'intelligibilità sulla fattibilità della fisica.»[58] Lo scopo fondamentale della filosofia stoica era quello di salvare il fine e difendere l'intelligibilità. Nel cosmo epicureo dominava il concetto di atomismo e di caso. Il cosmo Aristotelico era intelligibile ma necessario almeno rispetto ai cieli.

Nella cultura greca si possono isolare tre grandi figure: Socrate con la visione non meccanicistica, basata sulla finalità; Platone con l'investigazione apriorista ed Aristotele con l'investigazione empirica e *a posteriori* ma con necessità nella sua cosmovisione. La nozione ciclica dell'universo fu alla base di tutte e tre le principali cosmologie sviluppate dai Greci. In questo cosmo ciclico e panteistico, la materia ed i processi erano eterni. Perciò presso i greci antichi, «le vie edificate... per giungere a Dio, cioè al fondamento dell'intelligibilità e dell'essere, non portavano a nulla di trascendente il mondo.»[59]

«Fra gli antichi greci le prese di posizione a favore del monoteismo e di una creazione dal nulla erano a dir poco sporadiche, come faville di un fuoco che non si sarebbe mai trasformato in una luce universalmente diffusa.»[60] Però, «gli antichi greci si avvicinarono più di ogni altra cultura antica alla formulazione di una scienza praticabile.»[61] Il principio di Archimede è esempio limpido di questo fatto.

La cultura araba

Jaki mostra anche che la scienza non è nata presso i *musulmani* nonostante il fatto che sono stati gli eredi di

---

[58] Ibid., p.30.
[59] Ibid., p.44.
[60] Ibid., p.47.
[61] Ibid., p.47.

Aristotele. La scienza ha fatto dei passi promettenti ma incompleti, per esempio nell'ottica e nella chimica. Le ragioni erano le seguenti: «I seguaci di Maometto... si divisero in due fazioni ineguali; la più grande, quella teologica (*mutakallimun*) ammetteva che la volontà...di Allah quale rappresentata nel corano fosse incompatibile con il determinismo aristotelico. La fazione più piccola, detta filosofica (*mutazaliti*), preferì una dicotomia che consisteva nel fare atto di sottomissione formale alla verità contenuta nel corano arrendendosi contemporaneamente ad Aristotele, come fece in particolare Averroè.»[62]

Il gruppo più grande, i *mutakallimun* hanno composto la scuola teologica. Hanno aderito senza compromessi al Corano e hanno sottolineato così fortemente la volontà sovrana di Allah, che la sua razionalità non ha avuto tanta importanza. In questo modo, l'intelligibilità del cosmo non è stata di gran rilievo. Hanno pensato che la formulazione di leggi scientifiche fosse blasfema, perché ruba la libertà al Creatore, che doveva essere arbitraria. La loro mentalità non poteva condurre alla nascita della scienza. Ma anche la scuola di minoranza, quella dei *mutazaliti*, nonostante il suo attaccamento alla filosofia, non è riuscita a dare una vera nascita alla scienza. La ragione sta nel fatto che la scuola filosofica non ha potuto garantire la contingenza della creazione. Al–Farabi dichiarava, è vero, che «ad eccezione di Allah stesso tutti gli esseri effettivamente esistenti, e non solo quelli la cui esistenza era meramente possibile, erano contingenti.»[63] Però, anche per al–Farabi, i cieli esistevano necessariamente. Questa posizione diventò più dura due secoli dopo per Averroè ed i suoi seguaci per i quali il mondo era eterno nel senso più stretto, e quindi

---

[62] *Ibid.*, pp.51-52.
[63] *Ibid.*, p.52.

non aveva bisogno di creazione alcuna. Questo determinismo è stato un vero ostacolo per la crescita del pensiero scientifico, perché implicava che le leggi della scienza fossero *a priori*, per cui lo stimolo dell'investigazione empirica *a posteriori* viene eliminato.[64] La situazione potrebbe essere descritta genericamente in termini di due tendenze. La prima consiste in una volontà divina molto accentuata, che tende a cadere in occasionalismo presso i *mutakallimun*; la seconda mostra il necessitarismo ed il panteismo dei *mutazaliti*.

A conclusione di questa parte, il fallimento dell'impresa scientifica nelle culture antiche si può spiegare estendendo ad esse il giudizio che il già citato Joseph Needham formulò riguardo alla Cina antica: quelle culture persero il coraggio intellettuale di investigare fenomeni di piccola scala dopo avere perduto fiducia nella loro razionalità sulla scala più grande possibile, e cioè il cosmo. Le ragioni per le quali la scienza non è nata compiutamente come processo continuo in queste culture comprendono i punti seguenti. In primo luogo, si riscontra una visione ciclica ed eternalista del tempo nel cosmo. Invece la scienza richiede la capacità di investigare l'inizio dei processi nell'universo. Una nozione adeguata del tempo è centrale per lo sviluppo del calcolo differenziale ed integrale, da Newton e Leibniz per esempio. Secondo, nell'antichità il cosmo fu spesso concepito come un organismo che determina a priori lo svolgimento arbitrario (con un comportamento che non si può predire) degli eventi, che contrasta col funzionamento della scienza a *posteriori*; questa nozione viene ritrovata oggi anche nel Gaia del New Age. Terzo, il cosmo fu concepito come un'entità animista soggetta ai capricci degli spiriti, che non poteva essere descritto con le leggi

---

[64] JAKI, *Il Salvatore della scienza*, pp.45-46.

scientifiche (per esempio nelle religioni tribali). Quarto, il cosmo fu immaginato come divino o magico, a causa per esempio del panteismo, al quale è dovuta l'adorazione (ad esempio nel Buddismo). In quinto luogo, l'essere umano fu concepito come un essere piccolo ed insignificante, come nell'Induismo, soggetto alle arbitrarietà delle divinità crudeli (come presso i culti degli Aztechi, gli Inca ed i Maya) o soggetto ad un mulino cosmico che lo domina. L'antropologia era titubante, comportando il fatalismo (o la rassegnazione) o il pessimismo. Sesto, il cosmo fu visto come cattivo risultante da un dualismo tipo manicheo: la materia era concepita come cattiva. La mancanza di una visione giusta della materia fu un grande impedimento per la scienza. Da una parte nel paganesimo si adorava la materia, dall'altra la si odiava! Invece la visione biblica mette il cosmo al suo posto giusto, né oggetto di adorazione né oggetto di paura o di odio.

La scienza non è neanche nata prima del medioevo nell'impero bizantino. Stanley Jaki spiega il perché: «Bisanzio aggirò in gran parte il problema riducendo la propria ortodossia a un altezzoso soprannaturalismo imbevuto di neoplatonismo, una cornice nella quale non c'era posto né per la scienza né per la teologia naturale.»[65] Però l'epoca patristica fu la base per il medioevo. Inoltre, l'inizio del cristianesimo fu caratterizzato dal martirio, che non rendeva possibile lo svolgimento della scienza. Nello stesso periodo, la lotta contro lo gnosticismo coinvolgeva questioni sulla creazione, che preparava la strada per ulteriore riflessione in materia. Le questioni Trinitarie e Cristologiche anche avevano risvolti dottrinali sulla teologia della creazione, che si sarebbe sviluppata in seguito.

---

[65] JAKI, *La Strada della scienza e le Vie verso Dio*, p.51.

Jaki lega i fallimenti della scienza, e degli altri aspetti della cultura umana, con la dottrina cattolica del peccato originale. Egli afferma che nella teologia tradizionale sono evidenziate le conseguenze primarie del peccato originale, come la perdita della grazia soprannaturale, e le conseguenze secondarie, come l'indebolimento dell'intelletto. Proprio questo indebolimento è stato una causa di visioni errate del cosmo nelle culture non cristiane dell'antichità ed anche di oggi. Jaki nota che anche oggi il peccato originale ha il suo influsso nella cecità di certe posizioni (per esempio quella darwiniana) in confronto alle verità sulla creazione e sul Creatore.[66] Jaki evita le posizioni luterane e gianseniste nelle quali l'uomo è del tutto corrotto a causa del peccato; allo stesso tempo, però, respinge l'ottimismo eccessivo di certe tendenze odierne come quella di P. Teilhard de Chardin.

1.3.2 La nascita viva della scienza[67]

Che cosa c'è nel cristianesimo che ha suscitato (o stimolato) la vera nascita della scienza? Per la vera nascita intendiamo una scienza che diventa autosufficiente, dove una scoperta porta ad altre scoperte, in un processo continuo. Una delle tesi centrali di Jaki è che non fu un caso che la nascita della scienza come campo di lavoro intellettuale, che si perpetua nel tempo, sia avvenuta in ambiente cattolico. Jaki nota che: «L'ascesa della scienza...richiese la diffusione ampia e duratura in tutta la popolazione, cioè in un'intera cultura, di un corpus dottrinale ben preciso che riferiva l'universo a una intelligibilità universale e assoluta concretizzata nel dogma di un Dio personale, Creatore di tutto.»[68] Da qui

---

[66] JAKI, *Il Salvatore della scienza*, pp.23-25.
[67] Il titolo è la traduzione italiana dell'inglese «viable birth».
[68] JAKI, *La Strada della scienza e le Vie verso Dio*, p.47.

scaturisce l'importanza delle conseguenze filosofiche del dogma della creazione. Una filosofia del cosmo che scaturisce dalla rivelazione ha stimolato la scienza.

Durante il medioevo, moltissimi scienziati erano anche grandi figure di Chiesa. Gerberto di Aurillac, in seguito noto come Papa Silvestro II, (ca. 950 – 12 maggio 1003), fu un prolifico studioso del X secolo. Egli introdusse le conoscenze arabe di aritmetica e astronomia in Europa. Gerberto scrisse una serie di opere, che trattavano principalmente di questioni di filosofia e di quadrivio. Egli aveva appreso l'uso dei numeri arabi in Spagna, e poteva eseguire calcoli a mente che erano estremamente difficili per le persone che pensavano in termini di numeri romani. A Reims, fece costruire un organo idraulico che eccelleva sopra tutti gli strumenti precedentemente noti, nel quale l'aria doveva essere pompata manualmente. Gerberto reintrodusse l'abaco in Europa, e in una lettera del 984, chiese a Lupito di Barcellona una traduzione di un trattato arabo di astronomia. Gerberto potrebbe essere l'autore di una descrizione dell'astrolabio che venne redatta da Ermanno Contratto cinquanta anni dopo.

La scuola della Cattedrale di Chartres, un'istituzione del sapere che giunse alla piena maturità nel XII secolo, rappresenta un capitolo importante della storia intellettuale occidentale e della storia della scienza occidentale. Fu al tempo di Fulberto, nell'XI secolo, che la scuola della Cattedrale di Chartres fece passi avanti di grande significato verso l'eccellenza. Fulberto era stato allievo di Gerberto d'Aurillac, il lume del tardo X secolo, poi Papa Silvestro II. In pratica tutti coloro che in quel periodo diedero un contributo sostanziale allo sviluppo della scienza furono prima o poi associati a o influenzati da Chartres. Con il suo esempio Fulberto portò uno spirito di curiosità intellettuale e di versatilità. Fu addentro i più recenti sviluppi della logica, della matematica e dell'astronomia; fu sempre in contatto con il flusso di sapere proveniente dalla Spagna musulmana; fu un fisico di spicco, ma anche l'autore di un gran numero di inni.

Qualcosa dell'orientamento della scuola di Chartres si può intuire guardando la facciata occidentale della cattedrale, in cui ciascuna delle sette arti liberali è personificata in scultura, ciascuna rappresentata da un insegnante antico: Aristotele, Boezio, Cicerone, Donato (o forse Prisciano), Euclide, Tolomeo e Pitagora. Negli anni Quaranta dell'XI secolo Thierry di Chartres, «cancelliere» della scuola, aveva sovrinteso alla costruzione della facciata occidentale. Thierry era profondamente devoto allo studio delle arti liberali e sotto il suo mandato Chartres diventò la scuola più ambita per lo studio di queste venerabili discipline. I suoi convincimenti religiosi riempivano Thierry di zelo per le arti liberali. Per lui come per un gran numero di altre menti del Medioevo le discipline del *quadrivium*—aritmetica, geometria, musica e astronomia—invitavano gli studenti a contemplare gli schemi con i quali Dio aveva ordinato il mondo e ad apprezzare la bella opera d'arte che era l'opera di Dio, mentre il *trivium*—grammatica, retorica e logica—aveva reso loro possibile esprimere in modo persuasivo e intelligibile le intuizioni e le persuasioni che dalla suddetta investigazione ricavavano. Insomma, le arti liberali rivelavano all'uomo «il suo posto nell'universo e gli insegnavano ad apprezzare la bellezza del creato».

Una delle caratteristiche della filosofia naturale del XII secolo fu la fedeltà al concetto di natura intesa come qualcosa di autonomo, che opera secondo leggi fisse che la ragione può discernere, e fu in ciò che Chartres diede forse il suo contributo più significativo. Gli intellettuali interessati alla natura erano ansiosi di sviluppare spiegazioni basate sui rapporti di causa ed effetto naturali. Secondo uno studente di Chartres, Adelardo di Bath (c. 1080-1142), è grazie alla ragione che siamo uomini, perché se volgessimo la schiena alla meravigliosa bellezza naturale dell'universo in cui viviamo dovremmo invero meritare di esserne cacciati, come un ospite che non apprezzi la casa nella quale è stato ricevuto. E concludeva: «Non voglio togliere nulla a Dio, perché tutto ciò che è, è da lui che viene»; ma «dobbiamo prestare ascolto ai limiti stessi della conoscenza umana e solo quando questa viene meno dovremmo riferire le cose a Dio».

Ma come potevano, questi filosofi cattolici, sostenere la propria fedeltà all'investigazione della natura in termini di cause secondarie e alla natura come entità razionale, senza escludere completamente il soprannaturale e il miracoloso? Comunque mantenere questo equilibrio fu proprio ciò che fecero i filosofi di cui ci stiamo occupando. Essi rifiutavano l'idea che l'investigazione razionale delle cause naturali potesse essere un affronto a Dio, o che non fosse altro che un restringere il Suo comportamento entro i confini delle leggi naturali che si potessero scoprire. In sintonia con la concezione della natura su descritta, questi pensatori concedevano che Dio certamente avrebbe potuto creare qualsiasi universo avesse voluto, ma sostenevano che, avendo creato questo, Dio gli concedesse di operare secondo la sua natura e che, tipicamente, non avrebbe interferito con la sua struttura costituzionale.

Nella sua discussione del racconto della creazione biblica, Thierry di Chartres mise da parte qualsiasi riferimento alla possibilità che i corpi celesti fossero in qualche modo partecipi della natura divina, che l'universo stesso fosse un enorme organismo, o che i corpi celesti fossero composti di materia non deperibile non soggetta alle leggi della terra. Al contrario, Thierry spiegò che tutte le cose «hanno Lui come Creatore, perché sono tutte soggette al cambiamento e possono perire», e disse che le stelle e il firmamento sono composte di acqua e aria, che non sono sostanze semidivine il cui comportamento debba essere spiegato secondo principî sostanzialmente differenti da quelli che si vedono governare le cose della terra. Si tratta di una conclusione che si sarebbe rivelata decisiva per lo sviluppo della scienza. Thierry è probabilmente uno dei veri fondatori della scienza occidentale

Le due principali caratteristiche della tradizione intellettuale occidentale che rendono possibile la scienza sono l'insistenza sulla coerenza logica e la verifica sperimentale. Entrambe sono già qualitativamente presenti presso i Greci; il contributo essenziale del Medioevo, a questo riguardo, fu però quello di affinare tali caratteristiche, stabilendo tra loro un legame più reale. Ciò venne attuato soprattutto grazie all'insistenza sulla precisione quantitativa, che può essere raggiunta utilizzando la matematica per formulare le teorie, poi per verificarle non mediante semplici osservazioni, ma per mezzo di misure precise. Questo passaggio fu realizzato nel XII secolo, soprattutto da Roberto Grossatesta (1175–1253), ritenuto il fondatore della scienza sperimentale. Grossatesta era cancelliere dell'Università di Oxford e poi vescovo di Lincoln. Egli applicò il suo metodo innanzi tutto ai fenomeni della luce. Credeva che la luce fosse la forma più elementare, il principio primo del movimento, e da ciò deduceva che le leggi della luce avrebbero dovuto stare alla base della spiegazione scientifica. Dio creò la luce e tutto venne dalla luce. La luce stessa, nel suo modo di propagarsi, di riflettersi, di rifrangersi segue regole geometriche, ed è il mezzo con cui i corpi più elevati esercitano la loro influenza su quelli più bassi. Di conseguenza, anche il movimento è matematico. Egli studiò l'arcobaleno e le sue critiche alle spiegazioni date da Aristotele e da Seneca furono passi proficui sulla via che conduceva a un'adeguata spiegazione dei fenomeni. Nella sua opera è implicita l'insistenza sulla misura quantitativa, e anche questa deriva dall'insistenza della Bibbia sulla razionalità dell'opera del Creatore, che tutto fissò in numero, peso e misura (cfr. Sap 11,20).[69]

Sant'Alberto Magno (Lauingen, 1193–Colonia, 15 novembre 1280), fu un grande pioniere scientifico. Egli affermò: «L'obiettivo delle scienze naturali non è semplicemente accettare le dichiarazioni [*narrata*] degli altri, ma investigare le cause che sono all'opera in natura.»[70] Nel suo trattato sulle piante propose il principio: «Experimentum solum certificat in talibus».[71] Nonostante il suo genio teologico, egli dichiarava: «Nello studiare la natura non abbiamo a indagare come Dio Creatore può usare le sue creature per compiere miracoli e così manifestare la sua potenza: abbiamo piuttosto a indagare come la Natura con le sue cause immanenti possa esistere.»[72] Nonostante che Alberto si fosse basato sulle fonti di informazioni che esistevano ai suoi tempi, in particolare sugli scritti scientifici di Aristotele, egli non esitava a criticare il filosofo greco: «Chiunque creda che Aristotele fosse un

---

[69] Si veda P. E. Hodgson, «Scienza, origini cristiane» in *DISF*, Vol. 2, pp.1266-1267.

[70] Sant'Alberto Magno, *De Mineralibus*, Libro II, tr. ii, i.

[71] Idem, *De Vegetalibus*, VI, tr. ii, i: «L'esperimento è l'unica guida sicura in tali indagini.»

[72] Idem, *De Coelo et Mundo*, I, tr. iv, x.

dio, deve anche credere che non commise alcun errore. Ma se si crede che Aristotele sia stato un uomo, allora è stato certamente passibile di errori, così come lo siamo noi.»[73] In realtà, Alberto dedicò un lungo capitolo a ciò che egli definiva «gli errori di Aristotele».[74] Così, il suo apprezzamento per Aristotele era critico. Egli merita credito non solo per aver portato l'insegnamento scientifico del filosofo greco all'attenzione degli studiosi medievali, ma anche per aver indicato il metodo e lo spirito in cui tale insegnamento doveva essere recepito.

Più volte è stato giustamente affermato che Alberto abbracciò tutto l'universo, dalle pietre alle stelle: scrisse opere di fisica e matematica, di botanica e zoologia, di chimica e mineralogia, di geologia e meteorologia, di astronomia e medicina, di agricoltura e arte nautica, manifestando una mentalità davvero innovativa e assai in anticipo sui tempi, soprattutto sul piano metodologico, ove seppe comprendere l'importanza della ripetizione delle osservazioni e degli esperimenti.[75] In tutte queste materie la sua erudizione era vasta e molte delle sue osservazioni sono tuttora valide. Si ipotizza che Alberto Magno sia stato il primo ad aver isolato l'arsenico nel 1250.

Dopo il medioevo tanti scienziati erano cristiani. Molti dei padri della scienza moderna furono credenti e avevano questa convinzione: «Sia la fede che la ragione sono entrambe *doni di Dio*: dunque, *non sono e mai potranno essere in contrasto fra loro.*» La certezza cristiana è che il Dio Creatore è anche il Dio Rivelatore: dunque, le scienze naturali, in quanto investigazione delle meraviglie della Sapienza

---

[73] IDEM, *Physic.*, lib. VIII, tr. 1, xiv.
[74] IDEM, *Summa Theologiae*, P. II, tr. i, quaest. iv.
[75] G. WILMS, *Sant'Alberto Magno. Scienziato, filosofo e santo*, Edizioni Studium Domenicano, Bologna 1992.

divina, sono in qualche modo atti di culto, motivi di meditazione religiosa. È anche per questo che le opere matematiche e geometriche degli antichi (primo fra tutti Euclide) giunsero a noi, devotamente ricopiate dai monaci e poi—appena fu possibile—subito stampate e diffuse da altri religiosi. Inoltre, ci sarà pure una ragione se al tempo di Galileo le università, questa tipica creazione del medioevo cattolico, erano 108 in Europa, se ne contava qualcuna nelle Americhe spagnole e non ce n'era nessuna nelle terre non cristiane.

Non è stato per caso che il primo fisico, Giovanni Buridano professore alla Sorbonne intorno all'anno 1330, abbia svolto il suo lavoro dopo due importanti interventi del Magistero in relazione alla dottrina sulla creazione. Il *primo intervento* si è avuto durante il Quarto Concilio Lateranense, dove è stato definito che tutta la creazione, sia materiale sia spirituale, è stata creata *ex nihilo* e *in tempore*, contro gli errori degli Albigesi, Catari e Valdesi.[76] Il concilio ha avuto luogo nel 1215; Buridano e Oresme vissero 100 anni dopo e più. Allora esisteva il clima di pensiero che il mondo fosse creato *ab initio* e *de nihilo*.

La temporalità del cosmo è stata allora definita in modo che Buridano si fosse imbevuto di questa dottrina. Buridano, come molti cristiani prima di lui, aveva respinto l'idea aristotelica che il cosmo fosse esistito *ab eterno*. Egli aveva sviluppato la teoria dell'*impetus* (impulso, slancio) per la quale Dio è visto responsabile dell'inizio del movimento dei corpi celesti, che poi si mantengono nel

---

[76] Cfr. JAKI, *Il Salvatore della scienza*, p.56. Per il testo pertinente di Laterano IV si veda DS 800: «Creator omnium visibilium et invisibilium, spiritualium et corporalium: qui sua omnipotenti virtute simul ab initio temporis utramque de nihilo condidit creaturam, spiritualem et corporalem, angelicam videlicet et mundanam...»

movimento da soli senza la necessità di un'azione diretta da parte di Dio. Si nota in questo contesto l'importanza della causalità secondaria. Questa visione è del tutto diversa dalla nozione di Aristotele, secondo la quale il movimento dei corpi celesti non ha avuto un inizio e continua senza fine. Per analogia si può estendere la teoria ai corpi più piccoli. La teoria dell'*impetus* di Buridano ha anticipato la prima legge del moto di Newton.[77] In seguito Nicola d'Oresme (poi vescovo di Lisieux) ha continuato (intorno all'anno 1370) il lavoro del suo maestro, Buridano. L'approccio di Buridano ed Oresme non è precursore del deismo.

Il *secondo intervento* del Magistero è stato a livello di Chiesa particolare. Il 7 marzo 1277 Etienne Tempier, vescovo di Parigi condannò 219 proposizioni aristoteliche; in questo modo il determinismo dei seguaci di Aristotele venne respinto. L'effetto del decreto «fu di tenere tutti tesi nella angosciosa consapevolezza del numero inconcepibile di modi in cui il Creatore poteva svolgere il suo lavoro.»[78] La condanna era motivata dal salvaguardare la libertà di Dio di creare in ogni possibile maniera. Questo decreto del vescovo di Parigi ben chiarisce il clima di pensiero dal quale è nata la scienza. Perché se la totalità del cosmo era contingente anche i componenti lo erano. Il modo di conoscere il cosmo sarà solo l'investigazione empirica, e non l'introspezione mentale (seppur non negando il ruolo dell'intuizione nel processo scientifico). Questo decreto ha chiaramente suscitato un'atmosfera nella quale il cosmo veniva concepito come contingente, e allora la via di approccio alla sua investigazione doveva essere per forza *a posteriori* e empirica, uno stimolo per la stessa scienza. La

---

[77] Cfr. JAKI, *Il Salvatore della scienza*, pp.51-59.
[78] JAKI, *La Strada della Scienza e le Vie verso Dio*, p.59.

contingenza (la dipendenza della creatura sul Creatore) e la razionalità del cosmo sono come due pilastri della visione cristiana del cosmo che hanno stimolato la nascita della scienza: «la contingenza dell'universo impedisce qualsiasi discorso *a priori* su di esso, mentre la sua razionalità lo rende accessibile alla mente, anche se solo a posteriori, donde la necessità di ricerche empiriche.»[79]

La fisica aristotelica e quella di Buridano

La dinamica dei *doctores parisienses*, ossia la dinamica dell'*impetus*, è lo sviluppo di una concezione della dinamica che si fa strada nella prima metà del '300, principalmente alla Sorbona. Si tratta di una dottrina del *moto locale*, cioè di una teoria del movimento dei corpi *nello spazio* e delle *cause* di tale movimento. Non deve stupire che fossero dei filosofi a trattare questo argomento: il moto nello spazio è, in effetti, un caso particolare di *mutamento*, e lo studio in generale del mutamento degli enti è di pertinenza della filosofia. La dinamica dell'*impetus* si pone in antagonismo con la dottrina del movimento allora dominante, quella aristotelica. L'essenziale della dinamica aristotelica è che un corpo, per continuare a muoversi dopo che il «motore» gli ha impresso il primo movimento, ha bisogno di restare in contatto con ulteriori motori. Aristotele, nel IV e nel VIII libro della *Fisica*, enunciò due teorie per spiegare il moto locale. In primo luogo, un proietto continua a muoversi, dopo che è cessato il contatto con ciò che lo ha mosso, a causa di motori intermedi (costituiti di materia atta a produrre movimento, come aria o acqua) che si sostituiscono, al progredire del moto del proietto, e rimangono contigui ad esso fino alla conclusione naturale del movimento. Secondo, Aristotele

---

[79] *Ibid.*, p.56.

propose la teoria dell'*antiperistasis*, e cioè che l'aria assicura la continuità del moto sostituendosi dietro al proietto, operando come un motore.

Nel trecento, la critica alle teorie aristoteliche viene a maturazione. Buridano osserva che esistono fenomeni nei quali il movimento persiste anche in assenza delle condizioni richieste dallo Stagirita. La rotazione di una trottola o di una *mola fabri* (una mola di ferraio) si verifica senza che il corpo che ruota abbandoni il luogo che occupa e, quindi, senza il «risucchio» di aria necessario per continuare il moto. Inoltre, aguzzando l'estremità posteriore di una lancia, così da annullare il «risucchio» di aria o la superficie su cui l'aria può premere, la lancia continua a muoversi. Infine, quando gli uomini che trainano un'imbarcazione stando sulla riva del fiume interrompono il loro sforzo, un marinaio che si trovi in coperta non sente l'aria che spinge da dietro la nave, ma solo quella che resiste al suo moto. Similmente, fuscelli di paglia che si trovassero a poppa non verrebbero incurvati dall'aria spirante da dietro.

Queste difficoltà si accentuano quando la stessa teoria aristotelica viene applicata al movimento dei corpi celesti. Qui, in virtù della distinzione di natura fra corpi terrestri e corpi celesti, Aristotele si appella all'*eternità* dell'universo, che per lui è una verità evidente. Da tale eternità consegue la *divinità* dell'universo e la contraddittorietà di tutte le dottrine che cercano di assegnare un'origine al cosmo. In quest'ottica, il *movimento ininterrotto* della volta celeste è un corollario immediato, che non necessita di nessuna spiegazione. Ritroviamo ancora, in ragione di un'erronea concezione del cosmo, un impedimento alla possibile indagine razionale della natura. La scienza greca, in effetti, fu dettata soltanto dalla preoccupazione di *salvare i fenomeni*, ma restò incapace di curiosità verso le cause del moto. Fu una geometria della natura, una cinematica che non divenne mai dinamica.

La fisica dell'impetus

Come appena accennato, a fronte di queste contraddizioni, si sviluppano nel trecento diverse correnti di pensiero, tutte accomunate dall'intenzione di risolvere il problema del moto dei proietti senza ricorrere a «motori» in contatto con essi. La linea concettualmente più vicina alla formulazione di un principio inerziale è quella espressa da Giovanni Buridano.

Giovanni era nato con ogni probabilità a Béthune, nella diocesi di Arras, nell'Artois (Piccardia) forse attorno al 1300. Egli è menzionato per la prima volta in un documento universitario del febbraio 1328, su cui è apposta la sua firma in qualità di rettore. L'anno successivo egli compare in un altro documento, in cui viene indicato come *celeber philosophus*. Nel 1340 fu ancora rettore dell'università e nel 1342 è menzionato come assegnatario di un beneficio ad Arras, «al tempo delle sue lezioni a Parigi sui libri di filosofia naturale, metafisica e morale.» Dopo questa data abbiamo menzioni continue del suo nome fino a un documento del 1358 in cui egli appare come firmatario insieme al suo altrettanto celebre successore Alberto di Sassonia. Un tardo accenno a Buridano nel 1366 è senza dubbio erroneo. È stato suggerito che Buridano sia morto di peste nel 1358, ma non c'è alcun documento a sostegno di questa tesi. Buridano compose varie opere di argomento logico (*Sophismata, Summule logicales*) e numerosi commenti alle opere di Aristotele (*Quaestiones in tres libros De Anima, Quaestiones supe decem libros Ethicorum Aristotelis ad Nichomacum, Quaestiones in libros Metaphysicorum,*

Quaestiones in libros Physicorum, Expositio et quaestiones in Aristotelis de coelo). Però non fece nessun commento alle *Sentenze* di Pietro Lombardo.[80]

Le opere principali di Buridano, per quanto riguarda la meccanica, sono le *Questiones* sul *De caelo* di Aristotele e tre diversi scritti sulla *Fisica*. Da queste opere troviamo i punti principali della teoria dell'*impetus*. Anzitutto egli ne definisce l'origine e il luogo di applicazione, recuperando la nozione di *cinetice dunamis* di Giovanni Filopono nel sesto secolo dopo Cristo: il motore, muovendo un mobile, gli imprime un impeto (o una certa virtù motrice di quel mobile) nella direzione nella quale il motore lo muoveva. L'*impetus* è, dunque, una sorta di motore intrinseco impresso dal motore primo a ciò che è mosso. Merita che si legga il passo, scritto nella prima metà del trecento, con cui Buridano descrive la sua «cosmologia dell'impetus»:

> Allo stesso tempo che il motore muove il mobile imprime in esso un certo *impetus*, cioè una certa potenza capace di muovere il mobile nella stessa direzione nella quale il motore ha mosso il mobile sia verso l'alto, verso il basso, verso un lato sia pure circolarmente. È questo *impetus* che muove la pietra dopo che colui che l'ha lanciata cessa di muoverla. Ma per la resistenza dell'aria, come anche per la pesantezza che la inclina a muoversi in un senso contrario a quello che gli è stato impresso, questo *impetus* si affievolisce di continuo, a conseguenza di che esso decresce senza sosta, fino al punto di essere vinto e distrutto della gravità, la quale a tale punto muoverà la pietra di moto naturale... È questa la spiegazione alla quale bisogna attenersi, poiché le

---

[80] Si veda M. CLAGETT, *La scienza della meccanica nel Medioevo*, Feltrinelli, Milano 1972, pp.548-549; E. GRANT, *Le origini medievali della scienza moderna*, Einaudi, Torino, 2001, p.145.

altre si sono mostrate false, ma anche perché i fenomeni si accordano con essa.[81]

Ma l'originalità della discussione di Buridano si trova nella misura che egli assegna all'*impetus*: quanto più velocemente il motore muove quel mobile, tanto più forte impeto gli imprimerà: «Tanto più grande è la velocità con la quale il motore muove il mobile tanto più grande sarà l'*impetus* che imprime in esso.»[82] Questa indicazione è importantissima e originale perché introduce un tentativo di misura per l'*impetus*, precisamente l'idea che *impetus* e velocità siano direttamente proporzionali. Ma per Buridano l'*impetus* è anche collegato alla quantità di materia posseduta da un corpo: «Quanto più un corpo contiene di materia, tanto più, e più intensamente, può ricevere questo *impetus*, e più grande sarà l'intensità con la quale può ricevere l'*impetus*.»[83]

Anche se Buridano non ha reso esplicito il rapporto matematico che unisce l'*impetus* e la velocità, le ultime due definizioni, prese congiuntamente, permettono di definire, nel formalismo delle «espressioni» medievali, delle relazioni che collegano *impetus*, velocità e quantità di materia. Se due corpi hanno la stessa *velocità* (v), ma il primo ha una massa (m) maggiore del secondo, allora il primo corpo ha anche un *impetus* (I) maggiore del secondo; similmente, se due corpi hanno la stessa *massa*, ma il primo ha una velocità maggiore del secondo, allora il primo corpo ha anche un *impetus* maggiore del secondo. Si potrebbe descrivere l'effetto in modo simbolico come segue:

---

[81] IOANNIS BURIDANI, *Quaestiones in libros Physicorum*, liber VIII, q.12.
[82] *Ibid.*.
[83] *Ibid.*.

La scuola della storia 61

$$m_1 > m_2 \text{ \& } v_1 = v_2 : \text{allora} \quad I_1 > I_2 \quad e \quad \frac{I_1}{I_2} = \frac{m_1}{m_2}$$

$$m_1 = m_2 \text{ \& } v_1 > v_2 : \text{allora} \quad I_1 > I_2 \quad e \quad \frac{I_1}{I_2} = \frac{v_1}{v_2}$$

Allo studioso di oggi, ma anche allo studente, non può sfuggire la somiglianza straordinaria fra l'*impetus* e la moderna (e newtoniana) *quantità di moto* Q = mv. Buridano definisce anche un'altra caratteristica dell'*impetus*, ovvero il fatto di essere *permanente*, quindi non soggetto a corrompersi. La sua diminuzione o la sua distruzione dipendono dalla resistenza del mezzo in cui il mobile si muove, dal peso del mobile o da una contraria inclinazione del corpo. Questa convinzione è affermata apertamente: l'*impetus* durerebbe all'infinito se non fosse diminuito e corrotto da una resistenza contraria o dalla inclinazione a un moto contrario. Con questa affermazione, Buridano getta le basi del principio di inerzia, che troverà in Isaac Newton la sua formulazione definitiva. Ma l'idea *in nuce* è già qui, nella dottrina dell'*impetus*, formulata da un «meccanico parigino» del XIV secolo. Inoltre le radici di questa idea, essenziale per tutta la fisica, sono ben radicate, come vedremo tra poco, in una solida concezione del mondo.

I vantaggi della nuova dinamica appaiono peraltro fin da subito, cioè non appena il principio dell'*impetus* viene applicato al moto del cielo, laddove Aristotele doveva ricorrere al postulato della divinità dei corpi celesti. Per Buridano il moto degli astri si spiega con l'imposizione divina di un *impetus* iniziale, al tempo della creazione del mondo, che si conserva integro in assenza di qualsiasi tipo di resistenza nelle regioni celesti: non c'è più bisogno di scomodare il Creatore obbligandolo a realizzare continuamente il moto locale dei corpi mediante potenze angeliche, né di divinizzare il cosmo. Se l'epistemologia è anche lo studio dei criteri generali che permettono di distinguere i giudizi di tipo scientifico da quelli di tipo metafisico e religioso, allora in Buridano ci troviamo di fronte all'atteggiamento che prepara l'unica versione possibile di epistemologia:

> Non apparendo dalla Bibbia che ci siano intelligenze deputate a muovere i corpi celesti, si potrebbe dire che non si vede la necessità di porre tali intelligenze, poiché si potrebbe sostenere che Dio, quando creò il mondo, mosse ciascun orbe celeste come gli piacque, e muovendoli impresse in essi degli impeti che continuassero il moto senza bisogno di un suo ulteriore intervento se non nel senso di un'influenza generale, com'egli concorre come coagente in tutte le cose che vengono compiute. Così infatti il settimo giorno si riposò da ogni opera che aveva compiuta, affidando ad altri le azioni e le passioni vicendevolmente. E quegl'impeti impressi nei corpi celesti non si indebolivano né si corrompevano, non essendo nei corpi celesti inclinazione ad altri moti, né essendo in essi una resistenza corruttiva o repressiva di quell'impeto. Ma ciò non dico assertivamente, bensì [in via ipotetica], chiedendo ai maestri di teologia che mi insegnino in che modo queste cose possano avvenire.[84]

Buridano riassume la sua stessa dottrina anche nelle sue *Questioni sul Trattato del Cielo e del Mondo*:

---

[84] IOANNIS BURIDANI, *Quaestiones in libros metaphysicorum*, liber XII, q.9: «Utrum quot sint motus coelestes, tot sint intelligendae et e converso».

> Si può fare il seguente esperimento: muovete vivamente, con un moto di rivoluzione, una mola di ferraio molto pesante, e poi cessate di muoverla. Molto tempo dopo, essa continuerà ancora in movimento a causa dell'*impetus* acquisito e non potrete fermarla istantaneamente. Tuttavia a causa della resistenza opposta, questo *impetus* andrà diminuendo a poco a poco. Ma se la mola durasse sempre, e se nessuna resistenza corrompesse il suo *impetus*, forse essa riceverebbe da questo *impetus* un movimento perpetuo. Pertanto, si può immaginare che non ci sia il bisogno di supporre delle intelligenze motrici per le orbite celesti. Si può dire infatti che nel momento nel quale Dio creò le sfere celesti, comunicò ad esse un movimento tale come Egli volle; e che esse si muovono ancora in virtù dell'*impetus* allora comunicato, poiché questo *impetus*, se non trova nessuna resistenza, non è né distrutto né diminuito.[85]

Il programma scientifico di Buridano nasce all'insegna di grandi idee guida: egli ha già una visione del mondo come *creato* e con delle leggi che valgono nel piccolo come nel grande, ieri come oggi con continuità e coerenza; per questo gli è naturale cercare gli stessi comportamenti su scale diverse, cioè nel piccolo come nel grande, sulla terra e fuori della terra. Qui verifichiamo la tesi di Joseph Needham: se manca la fiducia nella razionalità complessiva dell'universo, viene meno anche la spinta per investigare i fenomeni di piccola scala dai quali parte l'attività scientifica. Le culture antiche caddero in questo «errore». Qui cade anche un altro luogo comune della mitologia scientifica, secondo cui la scienza progredisce «per piccoli passi» e «un po' alla cieca», raccogliendo e

---

[85] IOANNIS BURIDANI, *Quaestiones in Aristotelis de coelo et mundo*, liber II, q.12.

catalogando dati senza che le siano necessarie idee generali sulla razionalità del cosmo. Questo empirismo, di origine baconiana, è negato dall'evidenza. Come un imprenditore che vuole avere successo deve «pensare in grande»—e semmai muoversi «per piccoli passi»—anche lo scienziato deve avere il coraggio intellettuale di pensare che l'universo è qualcosa di grande, ricco di meraviglie e suscettibile di essere capito. E poi deve affrontare la ricerca con tutta l'umiltà richiesta di fronte a un dono gratuito.

Si deve essere attenti ed anche sfumati sullo svolgimento del pensiero della scuola Parigina. Alcuni seguaci con l'influsso agostiniano e francescano hanno avuto una tendenza volontarista. Questo ha dato origine al nominalismo di Guglielmo di Ockham. Ma Buridano e Oresme non erano occamisti: «nonostante il loro nominalismo essi non erano occamisti.»[86] Nell'universo di Ockham mancava la coerente consistenza. Limitando la realtà ai contenuti della percezione sensoria diretta, Guglielmo di Ockham non solo condannava all'esilio l'anima stessa della scienza, che richiede sempre una generalizzazione in termini universali, ma le strappava addirittura il cuore, e cioè la ricerca delle cause in uno strato al di sotto delle superficie immediatamente esperita.[87] La teoria dell'*impetus* di Buridano e Oresme è passata all'Università di Padova e al Collegio Romano, prima di essere promulgata da Galileo e Newton.

Lo sviluppo in seguito

L'importanza del medioevo in generale per lo sviluppo del progetto scientifico non può essere sottovalutata. Questo periodo ha gettato infatti le basi per il fondamento

---

[86] JAKI, *La Strada della Scienza e le Vie verso Dio*, p.62.
[87] Cf. *ibid.*, p.60.

dell'intelligibilità.[88] San Tommaso d'Aquino ha dato due contributi chiave in questo contesto. Primo, che per l'uomo è naturale trovarsi in unità conoscitiva con l'universo. Poi, che l'idea di universo va concepita come totalità degli enti contingenti ma razionalmente coerenti e ordinati.[89] Il pensiero del Dottor Angelico è molto consono con le idee alla base della scienza moderna, riguardo alla ricerca empirica.[90] L'epistemologia di San Tommaso fu un'ispirazione almeno implicita alle generazioni scientifiche future:

> A Mosè non fu dato di giungere nella terra promessa; Tommaso non varcò neppure lui la soglia di una scienza migliore di quella aristotelica, ma aprì sicuramente una fase cruciale dell'avanzata verso questa soglia, come provano gli sviluppi futuri e più precisamente le due fasi particolarmente creative della scienza esatta legate in gran parte all'opera di Newton e di Einstein. Come l'analisi di tali fasi rivelerà, infatti, questi pensatori erano imbevuti di un'epistemologia affine a quella che deriva dalla teologia naturale di san Tommaso.[91]

Tale è l'essenza di ciò che spesso viene chiamata l'origine cristiana della fisica classica, la base di tutta la scienza moderna. C'era la convinzione che siccome Dio è infinitamente potente, l'universo da Lui creato era solo uno fra innumerevoli possibili universi. Se, comunque, l'universo reale (comprensivo di tutte le sue strutture e di

---

[88] Si veda *ibid*, p.49.
[89] Cf. *ibid*., p.56.
[90] Si veda per esempio, S. TOMMASO D'AQUINO, *Summa Theologiae*, I, q.76, a.5: «Anima... non habet naturaliter sibi inditam veritatis, sicut angeli, sed opertet quod eam colligit ex rebus divisibilibus per viam sensus.» Cfr. anche DIONYSIUS, *De Divinis Nominibus*, 2 in *PG* 3, 868.
[91] JAKI, *La Strada della Scienza e le Vie verso Dio*, p.58.

tutte le sue leggi) non era necessario, doveva essere investigato a posteriori. Qui si trovano le basi del metodo empirico scientifico.

La storia delle scienze, anche dopo il medioevo, è piena di nomi di credenti, spesso sacerdoti e religiosi. Un illustre esempio fu il beato Niccolò Stenone (Niels Stensen in danese), anatomico e naturalista danese, nacque a Copenhagen l'11 gennaio del 1638, qui studiò medicina avendo come precettore il celebre Thomas Bartholin. Negli anni successivi lo troviamo ad Amsterdam (dove scoprì il dotto principale della ghiandola parotide, o «*ductus Stenonianus*») e a Leida dove ebbe come maestri grandi anatomici quali Sylvius De La Boè. Dopo la laurea in medicina nel 1664, Stenone si trasferì a Parigi, ospite di Melchisedec Thévenot, noto mecenate attorno al quale si riunivano alcuni dei più grandi nomi della scienza del tempo. Nel 1666 si recò poi a Firenze presso la corte del Granduca di Toscana, Ferdinando II. La corte dei Medici era allora il punto di incontro di alcuni dei più importanti scienziati del tempo tra cui Vincenzo Viviani, Francesco Redi, Lorenzo Magalotti e Marcello Malpighi. È in Toscana (Firenze ma anche Pisa, Livorno, Carrara, Volterra, isola d'Elba) che Stenone, oltre a proseguire gli studi anatomici, rivolse il suo interesse anche alla geologia e mineralogia.

A Stenone spetta il merito della corretta interpretazione della funzione ghiandolare e della distinzione tra ghiandole secernenti e linfonodi. Dimostra che il cuore è un muscolo, e non la fonte del calore o la sede dell'anima. Interpreta correttamente le circonvoluzioni cerebrali come sede delle funzioni cognitive superiori, ponendosi in contrasto con le allora dominanti teorie cartesiane. Scopre la funzione delle ovaie e delle tube uterine. In campo paleontologico, interpreta correttamente la natura dei fossili come resti di animali vissuti precedentemente. Enuncia i princìpi della geologia stratigrafica (principio della sovrapposizione degli strati) e deduce la prima legge della cristallografia (costanza degli angoli diedri).[92]

L'attività di Stenone prese spunto da un contesto a dir poco bizzarro: la dissezione della testa di un enorme pescecane che una nave da pesca francese aveva incontrato nel 1666. Pesando circa tredici quintali, il pescecane era il più grosso esemplare che la maggior parte degli esseri umani avesse mai visto. Essendo noto per la sua grande abilità di anatomista, Stenone fu invitato ad eseguire la dissezione. I denti dei pescecani esercitavano su Stenone un grande fascino; recavano una strana somiglianza alle pietre volgarmente chiamate «lingue di pietra», o *glossopetrae*, le cui origini erano state misteriose ed oscure sin dai tempi antichi. Queste pietre, che i maltesi estraevano da sotto terra, si diceva avessero poteri curativi. Innumerevoli teorie erano state proposte per spiegare la loro natura. Nel Seicento, Guillaume Rondelet aveva suggerito che si potesse trattare di denti di pescecane, ma pochi erano rimasti suggestionati dalla sua teoria. Ora Stenone aveva l'opportunità di confrontare gli oggetti uno accanto all'altro e trovò chiara la loro somiglianza.

Fu un momento significativo nella storia della scienza, perché portò l'attenzione su una questione ben più ampia e significativa di quella dei denti di pescecane e delle misteriose pietre: ovvero la presenza di conchiglie e fossili marini conficcati in rocce lontane dal mare. La questione delle *glossopetrae*, oggi ritenute quasi sicuramente denti di pescecane, sollevò la più ampia questione dell'origine dei

---

[92] Si veda F. SOBIECH, *Herz, Gott, Kreuz. Die Spiritualität des Anatomen, Geologen und Bischofs Dr. med. Niels Stensen (1638-86)*, Aschendorff Verlag (Westfalia Sacra Band 13), Münster 2004.

fossili in generale, e di come si fossero venuti a formare nello stato in cui venivano trovati. Perché queste cose si trovavano dentro le rocce? La generazione spontanea era una delle numerose spiegazioni avanzate nel passato. Tali spiegazioni non convincevano Stenone, che le trovava scientificamente dubbie e offensive della sua idea di Dio, il quale non avrebbe agito in modo così casuale e privo di scopo. Stenone concluse che per varie ragioni le teorie disponibili riguardanti i fossili non potessero essere conciliate con i fatti così come erano conosciuti. Si gettò pertanto nello studio della questione e dedicò i due anni successivi a scrivere e compilare quella che sarebbe stata la sua opera più influente, il *De solido intra solidum naturaliter contento dissertationis prodromus* (Discorso preliminare a una dissertazione su un corpo solido naturalmente contenuto in un solido). L'opuscolo, pubblicato nel 1669, ne fece il fondatore della geologia moderna.

Non fu un lavoro facile, poiché sostanzialmente Stenone si stava spingendo in un territorio inesplorato. Non vi era alcuna scienza geologica a cui potesse fare riferimento per il metodo o i principî primi. Le speculazioni in cui si addentrò, relative a eventi e processi avvenuti in un passato remoto, di per sé escludevano l'osservazione diretta come modo di verificare alcune sue conclusioni. Ciò nondimeno, Stenone tirò coraggiosamente dritto. Rocce, fossili e strati geologici, Stenone ne era certo, raccontavano la storia della terra, e lo studio geologico poteva illuminare quella storia. Si trattava di un'idea nuova e rivoluzionaria. Autori precedenti avevano assunto, con Aristotele, che il passato della terra fosse fondamentalmente inintelligibile.

Alla fine, il maggior risultato conseguito da Stenone nel trattato *De solido* non fu semplicemente l'aver proposto una nuova, corretta teoria dei fossili: come egli stesso sottolineò, più di mille anni prima alcuni scrittori avevano detto sostanzialmente la stessa cosa; né fu semplicemente l'aver presentato una nuova e corretta interpretazione degli strati rocciosi. Fu, invece, l'aver tracciato una linea di demarcazione per un approccio scientifico alla natura interamente nuovo: un approccio che apriva la dimensione del tempo. Come ebbe a scrivere Stenone, da ciò che si percepisce è possibile trarre una conclusione certa su ciò che non si percepisce. Dal mondo presente è possibile dedurre mondi che si sono dissolti.

Delle molte intuizioni che è dato rinvenire nel testo di padre Stenone, tre sono state generalmente considerate «i principî di Stenone». Quello di Stenone è il primo libro in cui ci si rende conto che si sta affrontando la questione della sovrapposizione, uno dei principî fondamentali della stratigrafia. La legge della superposizione è il primo dei principî di Stenone. Secondo questa legge, gli strati sedimentari si formano in sequenza, cosicché il più basso degli strati è il più vecchio e gli strati vanno da quello più vecchio al più recente, quello superiore. Ma poiché la maggior parte degli strati sono stati in qualche modo disturbati, distorti o rovesciati, non è sempre così semplice ricostruire questa storia geologica. Quale faccia sia quella superiore, per esempio, e dunque in quale direzione vada la sequenza d'età, nel caso di strati che siano stati spostati lateralmente? Dobbiamo guardare da sinistra a destra, o da destra a sinistra, per stabilire la sequenza stratigrafica? Fu partendo da questi quesiti che Stenone elaborò il principio dell'orizzontalità originale. L'acqua, secondo Stenone, è la fonte dei sedimenti, sia in forma di fiume, temporale o fenomeni simili. L'acqua porta e poi deposita i vari strati di sedimento. Una volta che i sedimenti sono nel bacino, la gravità e le correnti di acqua bassa hanno su di essi un effetto livellante, cosicché gli strati di sedimento, come l'acqua stessa, riflettono la loro forma superficiale sul lato inferiore ma diventano orizzontali su quella superiore. Come scoprire la sequenza sedimentaria in rocce che non sono più nella posizione originaria? Dal momento che i grani più larghi e pesanti si depositano per primi, seguiti via via da quelli più piccoli, non dobbiamo far altro che esaminare gli strati e trovare dove si siano depositate le particelle più larghe. Sarà quello lo strato inferiore della sequenza.

Infine, secondo il principio della continuità laterale, quando entrambi i lati di una valle presentano strati di roccia corrispondente, si può inferire che i due lati fossero originariamente collegati, come strati continui, con la valle che dunque costituisce un evento geologico successivo. Stenone notò anche che uno strato in cui si trovi sale marino o qualsiasi altra cosa appartenente al mare (per esempio i denti di pescecane) rivela la presenza, in una certa epoca, del mare.

Con il passare del tempo padre Stenone fu additato quale modello di santità e dottrina. Fu a Firenze che Stenone, nato luterano, si convertì alla fede cattolica nel 1667. Nel 1675 venne ordinato sacerdote e nel 1677, vescovo. Abbandonata l'Italia, esercitò la sua attività pastorale in Germania. Morì a Schwerin il 5 dicembre del 1686. Nel 1722 il suo bisnipote, Jacob Winslow, originariamente un luterano, attribuì la propria conversione al cattolicesimo all'intercessione di padre Stenone. Nel 1938 un gruppo di ammiratori danesi si rivolse a papa Pio XI perché lo dichiarasse santo. Cinquanta anni dopo, il 23 ottobre 1988, Papa Giovanni Paolo II beatificò Niccolò Stenone, lodando la sua santità e la sua scienza. È sepolto nella basilica di S. Lorenzo a Firenze.

Fu però nella Compagnia di Gesù, fondata nel 1534 da Ignazio di Loyola, che si trovò il maggior numero di sacerdoti cattolici interessati alle scienze. Molte sono le conquiste dei gesuiti del Settecento; avevano contribuito allo sviluppo degli orologi a pendolo, dei pantografi, dei barometri, dei telescopi e dei microscopi a riflessione, ed esposto diverse teorie in vari campi scientifici, come il magnetismo, l'ottica e l'elettricità. Osservarono, in alcuni casi prima degli altri, le fasce colorate della superficie di Giove, la nebulosa di Andromeda e gli anelli di Saturno. Avanzarono teorie sulla circolazione del sangue (indipendentemente da Harvey), sulla possibilità teorica di volare, sul modo in cui la Luna provocava le maree e sulla natura della propagazione della luce tramite le onde. Le mappe delle stelle dell'emisfero meridionale, la logica simbolica, le misure per controllare i flussi del Po e dell'Adige, l'introduzione dei segni «più» e «meno» nella matematica italiana, furono tutti successi tipici della Compagnia, e scienziati influenti come Fermat, Huygens, Leibniz e Newton non furono i soli a tenerli da conto come preziosi interlocutori.[93]

---

[93] Cfr. J. WRIGHT, *The Jesuits*, Doubleday, New York 2004, p.189: By the eighteenth century, the Jesuits «had contributed to the development of pendulum clocks, pantographs, barometers, reflecting telescopes and microscopes, to scientific fields as various as magnetism, optics and electricity. They observed, in some cases before anyone else, the colored bands on Jupiter's surface, the Andromeda nebula and Saturn's rings. They theorized about the circulation of the blood (independently of Harvey), the theoretical possibility of flight, the way the moon effected the tides, and the wave-like nature of light. Star maps of the southern hemisphere, symbolic logic, flood-control measures on the Po and Adige rivers, introducing plus and minus signs into Italian mathematics—all were typical Jesuit achievements,

In termini non diversi, si può descrivere la Compagnia di Gesù come la singola entità che più contribuì allo sviluppo della fisica sperimentale nel XVII secolo. Una simile conclusione, potrebbe essere solo rafforzata da studi approfonditi in altri settori scientifici, quali l'ottica, ove virtualmente tutti i testi importanti di quel periodo furono redatti da membri di quell'ordine. Parecchi grandi scienziati gesuiti svolsero anche il preziosissimo compito di registrare i propri dati in ponderose enciclopedie, che ebbero un ruolo cruciale nella diffusione della ricerca in tutta la comunità scientifica. Se la collaborazione fu uno dei prodotti della rivoluzione scientifica, ai gesuiti spetta la parte maggiore del merito nell'aver promosso questa collaborazione scientifica.

I gesuiti infatti vantarono anche numerosi matematici straordinari, che apportarono alla propria disciplina importanti contributi. Nella lista dei più eminenti matematici esistiti tra il 900 a.C. e il 1800, stilata da Charles Bossut, uno dei primi storici della matematica, sedici su trecentotre sono gesuiti.[94] Questa cifra, corrispondente al 5% dei maggiori matematici in un periodo di 2.700 anni, diventa ancora più impressionante quando pensiamo che i gesuiti sono esistiti per appena due di quei ventisette secoli! A ciò si aggiunga che circa trentacinque crateri della luna hanno preso il nome da scienziati e matematici gesuiti.

Ai gesuiti si deve anche l'introduzione della scienza occidentale in luoghi remoti quali la Cina e l'India. Nella Cina del XVII secolo, in particolare, i gesuiti portarono un

---

and scientists as influential as Fermat, Huygens, Leibniz and Newton were not alone in counting Jesuits among their most prized correspondents».

[94] C. BOSSUT, *Histoire générale des mathématiques*, Paris 1810.

significativo corpus di dati scientifici e un vasto repertorio di strumenti logici per la comprensione dell'universo fisico, fra i quali la geometria euclidea, che rendeva comprensibile il moto planetario. I gesuiti arrivarono in Cina in un momento storico in cui la scienza in generale e la matematica e l'astronomia in particolare erano ad un livello molto basso, che contrasta con la nascita della scienza moderna in Europa. In Cina i gesuiti fecero uno sforzo immenso per tradurre in cinese le opere di matematica e astronomia occidentali, e risvegliarono l'interesse degli studiosi cinesi per quelle scienze. Fecero osservazioni astronomiche di grande portata e realizzarono la prima opera cartografica moderna in terra cinese. Impararono, inoltre, ad apprezzare i risultati scientifici conseguiti da questa importante e antica cultura e li diffusero in Europa. Attraverso la corrispondenza con i loro colleghi cinesi, gli scienziati europei appresero la scienza e la cultura cinesi.

I gesuiti diedero contributi importanti alla conoscenza e alle infrastrutture scientifiche di altre nazioni, meno sviluppate, non solo in Asia, ma anche in Africa e in America centrale e meridionale. A partire dal secolo XIX, questi continenti videro l'apertura di osservatori gesuiti in cui si studiava l'astronomia, il geomagnetismo, la meteorologia, la sismologia e la fisica solare. Tali osservatori offrivano a questi luoghi la misura accurata del tempo, previsioni meteorologiche (di particolare importanza in caso di uragani e tifoni), previsioni di fattori di rischio relativi ai terremoti, e misurazioni cartografiche. In America centrale e meridionale i gesuiti lavorarono principalmente nell'ambito della meteorologia e della sismologia; sostanzialmente la loro opera consisté nel porre le basi stesse di quelle discipline. Lo sviluppo scientifico di questi paesi, che andavano dall'Ecuador al Libano e alle Filippine, deve molto all'opera industriosa dei gesuiti.

Furono numerosi i gesuiti che nel tempo si distinsero in campo scientifico. Prima di tutto, Padre Athanasius Kircher (1602–1680) è stato un gesuita tedesco ed un erudito universale del XVII secolo. Nel 1618, all'età di 17 anni, entra come novizio nel Collegio Gesuita di Fulda e a Würzburg diventa professore di filosofia, matematica e lingue orientali. La sua carriera, però, riceve un arresto nel 1631, quando gli eventi della Guerra dei Trent'anni lo costringono a cercare rifugio ad Avignone. Nel 1635 si recò a Roma, perché il Papa Urbano VIII (Maffeo Barberini) gli assegnò un posto di insegnante di scienze matematiche al Collegio Romano, ma dopo otto anni si dimise dall'incarico per dedicarsi ad una sua grande passione: lo studio dell'antichità. Nel 1651 fondò presso il Collegio Romano il Museo Kircheriano. Padre Kircher pubblicò un gran numero di monografie elaborate su una grande gamma di temi tra cui: Geologia, Medicina, Matematica, Egittologia e Musica. La sua opera chimica aiutò a far tramontare l'alchimia, che era stata vezzeggiata seriamente persino da uomini quali Isaac Newton e Robert Boyle, il padre della chimica moderna.

Tra gli altri, padre Giambattista Riccioli, noto a molti di noi per i suoi numerosi contributi scientifici, tra i quali — fatto poco noto — l'aver misurato l'accelerazione di un corpo in caduta libera. Intorno al 1640 padre Riccioli stabilì di produrre per il suo ordine una voluminosissima enciclopedia astronomica. Grazie alla tenacia e al sostegno di padre Athanasius Kircher, padre Riccioli ricevette l'approvazione del suo progetto da parte della Compagnia di Gesù. Pubblicato nel 1651, l'*Almagestum novum* fu «un deposito e un monumento di dottrina energica e appassionata». Si trattò in effetti di un'impresa imponente. Per esempio, negli anni Ottanta del Seicento John Flamsteed, Astronomo Reale inglese, fece un uso considerevole dell'opera di padre Riccioli nelle sue lezioni di astronomia. Al di là della quantità dei dati in esso contenuti, l'*Almagestum novum* ci permette di apprezzare quanto i gesuiti desiderassero affrancarsi dalle idee astronomiche di Aristotele. Gli scienziati gesuiti parlano liberamente della luna attribuendole la stessa materia della terra, e onorano gli astronomi (anche protestanti) le cui opinioni si erano allontanate dal geocentrismo prevalente.

Agli studiosi non è sfuggito che i gesuiti ebbero un apprezzamento particolarmente acuto dell'importanza della precisione nella pratica della scienza sperimentale. Padre Riccioli fu la prova vivente di tale impegno. Al fine di sviluppare un accurato pendolo da un secondo, padre Riccioli riuscì a convincere nove confratelli a contare circa 87.000 oscillazioni in un solo giorno. Grazie a questo accurato pendolo, fu in grado di calcolare la costante di gravità.[95] Anche padre Francesco Maria Grimaldi meritò

---

[95] I padri Riccioli e Grimaldi scelsero un pendolo lungo 3'4" (piedi e pollici in misure romane), lo misero in moto, spingendolo quando le sue oscillazioni si riducevano d'ampiezza. Nell'arco di sei ore, misurate astronomicamente, contarono 21.706 oscillazioni complete, avanti e indietro. Questo risultato era molto vicino al numero desiderato: 24 x 60 x 60/4 = 21.600, ma non soddisfaceva Riccioli. Tentò ancora, questa volta per 24 ore, arruolando nove confratelli, tra i quali Grimaldi, e ottenendo 87.998 oscillazioni contro le 86.400 richieste. Riccioli, allora, allungò il pendolo, portandolo a 3'4,2" e ripeté il conteggio con gli stessi collaboratori: questa volta ottennero 86.999 oscillazioni, che era accettabile per gli altri, ma non per lui. Andando nella direzione sbagliata, accorciò il pendolo a 3'2,67" e, con il solo Grimaldi e un altro fidato contatore, che vegliavano insieme a lui, ottenne, in tre diverse notti, 3.212 oscillazioni, per il tempo intercorrente tra le culminazioni meridiane di Arturo e Spica:

un nome nella storia della scienza. Padre Riccioli ne ammirò sempre l'abilità nel fabbricare e usare una varietà di strumenti d'osservazione e tenne a dire che l'assistenza di padre Grimaldi fosse stata assolutamente essenziale al completamento della sua opera, l'*Almagestum novum*. «E così», scrisse, «la Divina Provvidenza mi dette, ancorché indegno, un collaboratore senza il quale non avrei mai completato il mio lavoro tecnico». Padre Grimaldi misurò l'altezza dei monti lunari e quella delle nuvole. Con padre Riccioli produsse una mappa lunare apprezzabilmente dettagliata, che oggi adorna l'ingresso del *National Air and Space Museum* di Washington.

Ma il proprio posto nella scienza padre Grimaldi se lo assicurò principalmente grazie alla scoperta della diffrazione della luce e per aver assegnato la parola stessa «effrazione» a questo fenomeno. (Newton, il quale sarebbe stato conquistato all'ottica dall'opera di padre Grimaldi, la chiamò «inflessione», ma fu il termine coniato da padre Grimaldi a imporsi). In una serie di esperimenti padre Grimaldi dimostrò che il passaggio di luce osservato non poteva conciliarsi con l'idea che si muovesse su un percorso rettilineo (vale a dire, in linea retta). Per esempio, in un esperimento permise a un raggio di luce solare di passare attraverso un piccolo foro (0,423 cm) in una stanza completamente buia. La luce che passò attraverso il foro assunse la forma di un cono. In questo cono di luce, a dieci, venti piedi di distanza dal foro, padre Grimaldi inserì un

---

ne avrebbe dovuto trovare circa 3.180. Stimò che la lunghezza richiesta fosse 3'3,27", valore che accettò senza verifica. Fu una buona scelta, appena un po' più sbagliata di quella iniziale, dal momento che implica, per l'accelerazione di gravità, il valore di 955 cm/s^2, equivalenti a un incremento di velocità di 9,55 metri al secondo ad ogni secondo di tempo — molto vicino al valore definitivamente accertato di 9,81 m/s^2.

bastone per gettare un'ombra sullo schermo sul muro. Scoprì che l'ombra così proiettata era ben più larga di quella che il solo moto rettilineo avrebbe determinato, e che perciò quella luce non viaggiava in linea esclusivamente retta. Scoprì anche il cosiddetto spettro di diffrazione, bande colorate che appaiono parallele al bordo dell'ombra. La scoperta della diffrazione da parte di padre Grimaldi indusse gli scienziati che vennero dopo, desiderosi di spiegare il fenomeno, a teorizzare l'esistenza della natura ondulatoria della luce. Quando il foro era più largo della lunghezza d'onda della luce, la luce passava attraverso il foro in modo rettilineo. Ma quando il foro era più piccolo della lunghezza d'onda della luce, ne risultava la diffrazione. Gli spettri di diffrazione si spiegarono anche in termini di natura ondulatoria della luce: l'interferenza delle onde di luce diffratta produceva i vari colori osservati nelle bande.

Uno dei maggiori scienziati gesuiti fu padre Ruggero Boscovich (1711–1787), che Sir Harold Hartley, membro della prestigiosa Royal Society, chiamò una delle più grandi figure intellettuali di tutti i tempi. Padre Boscovich fu un vero intellettuale poliedrico: esperto di teoria atomica, ottica, matematica e astronomia, membro eletto di società erudite e di prestigiose accademie scientifiche in tutta Europa, nonché poeta raffinato di versi latini che scrisse sotto gli auspici della prestigiosa Accademia degli Arcadi di Roma. Non vi è da meravigliarsi che sia stato chiamato «il più grande genio che la Yugoslavia abbia prodotto». Il grande genio di padre Boscovich diventò immediatamente evidente durante gli anni trascorsi presso il Collegio Romano, il collegio gesuita più prestigioso e rinomato. Completati gli studi ordinari, Boscovich fu nominato professore di matematica al Collegio. Già nel primo periodo della sua carriera, prima dell'ordinazione, avvenuta nel 1774, era stato notevolmente prolifico, pubblicando otto dissertazioni scientifiche prima di essere nominato professore e quattordici dopo esserlo stato. Ricordiamo qui il trattato sulle macchie solari (1736) e quello sul passaggio di Mercurio (1737), a cui seguirono i *Dialoghi sull'aurora boreale* (1738); i trattati *Sullo straordinario uso del telescopio per determinare gli oggetti celesti* (1739), *Sul moto di un corpo attratto verso un centro immobile* (1740), e *Sui vari effetti della gravità nei vari punti della terra* (1741), che anticipava l'importante lavoro che Boscovich avrebbe compiuto nell'ambito della geodesia, ed infine quello sulla *Aberrazione delle stelle fisse* (1742).

Non passò molto tempo prima che il talento di padre Boscovich fosse apprezzato a Roma. Papa Benedetto XIV, salito al soglio pontificio nel 1740, si interessò vivamente a padre Boscovich e alla sua opera. Benedetto fu uno dei papi più colti del suo tempo, uno studioso completo e un generoso promotore del sapere, ma fu il suo segretario di stato, il cardinale Valenti Gonzaga, la persona la cui protezione doveva rivelarsi particolarmente importante. Il cardinale Gonzaga, che non si risparmiava per circondarsi di studiosi di grande reputazione, e i cui avi erano giunti dalla stessa città dalmata da cui veniva padre Boscovich, invitò il talentoso sacerdote alle sue riunioni domenicali. Nel 1742 Benedetto XIV si rivolse a padre Boscovich per averne una consulenza tecnica, quando sorsero timori che le crepe comparse sulla cupola della Basilica di San Pietro potessero preludere a un imminente collasso. Il papa accettò la raccomandazione del padre gesuita, che fossero usati cinque cerchi di ferro per contenere la cupola. La relazione di padre Boscovich, il quale investigò il problema in termini teorici, gli valse la fama di classico minore della statica architettonica.

Padre Boscovich sviluppò il primo metodo geometrico per calcolare un'orbita planetaria sulla base di tre osservazioni della sua posizione. La sua *Theoria philosophiae naturalis*, pubblicata per la prima volta nel 1758, attrasse ammiratori ai suoi tempi e sempre ne ha attratti, da allora, per il suo ambizioso tentativo di comprendere la struttura dell'universo avendo come punto di riferimento una singola idea.[96] Padre Boscovich diede un'espressione classica a una delle più potenti idee scientifiche mai concepite, un'idea insuperata per l'originalità dei suoi elementi fondamentali, per la sua chiarezza espositiva e per la precisione della sua struttura: da qui la sua immensa influenza. Quell'influenza fu davvero immensa: i massimi scienziati europei, particolarmente in Inghilterra, lodarono ripetutamente la *Theoria* e le dedicarono grande attenzione per tutto l'Ottocento. Padre Boscovich diede la prima descrizione coerente di una teoria atomica ben più di un secolo prima che spuntasse all'orizzonte la teoria atomica moderna. In questo senso, padre Boscovich fu il vero creatore della fisica atomica fondamentale così come la intendiamo. L'originale contributo di Boscovich anticipò gli obiettivi e molti degli elementi della fisica atomica novecentesca. Né il nostro debito verso la *Theoria* si limita a questo, perché essa prediceva anche qualitativamente vari fenomeni fisici che da allora sono stati osservati, per esempio la penetrabilità della materia da parte di particelle ad alta velocità e la possibilità di una materia ad altissima densità.

---

[96] R. J. BOSCOVICH, *Theoria philosophiae naturalis redacta ad unicam legem virium in natura existentium*, Venetiis 1763.

Non desta stupore che l'opera di padre Boscovich diventasse l'oggetto di tanta ammirazione e lode da parte di alcuni tra i maggiori scienziati dell'età moderna. Per esempio, nel 1844 Faraday scrisse: «Il metodo più sicuro appare quello di presupporre quanti meno assunti, per questo gli atomi di Boscovich a me sembrano avere un grande vantaggio sull'idea più consueta». Mendeleev disse di Boscovich che «con Copernico è il giusto orgoglio degli slavi occidentali» e che «è considerato il fondatore dell'atomismo moderno». Nel 1877 Clerk Maxwell aggiunse che «la cosa migliore che possiamo fare è eliminare il nucleo rigido e al suo posto mettere un atomo di Boscovich». Kelvin nel 1899 ricordò «che Hooke osservando al microscopio aveva realizzato che le singole sostanze cristalline solidificano sempre, e a qualunque livello di aggregazione, ciascuna con la sua tipica forma poliedrica; la teoria di Navier e di Poisson dell'elasticità dei solidi; il lavoro di Maxwell e di Clausius nella teoria cinetica dei gas: tutti sviluppi della pura e semplice teoria di Boscovich». È ben vero che le teorie di Kelvin erano note per essere mutevoli, ma resta il fatto che nel 1905 Kelvin finalmente osservò: «Il mio assunto fondamentale al momento è semplicemente boscovichiano». Nel 1958 si tenne a Belgrado un simposio internazionale per celebrare il bicentenario della pubblicazione della Theoria di Boscovich, in cui furono presentate, tra le altre, relazioni di Niels Bohr e Werner Heisenberg.

La biografia di padre Boscovich ci rivela un uomo che rimase sempre fedele alla Chiesa, che amava, e all'ordine religioso di cui era membro, e che fu sempre pieno di entusiasmo per la conoscenza e il sapere. Basti un aneddoto: nel 1745 quest'uomo di scienza passò l'estate a Frascati, dove era in costruzione una splendida residenza estiva per i gesuiti. Durante i lavori i muratori riuscirono a portare alla luce i resti di una villa risalente al II secolo a.c. Non ci volle altro: padre Boscovich diventò un archeologo entusiasta e si mise a scavare e a copiare pavimenti in mosaico. Si convinse che la meridiana da lui scoperta fosse quella menzionata da Vitruvio, il celebre architetto romano, e trovò il tempo per scrivere due studi il cui titolo in italiano è rispettivamente: Sull'antica villa scoperta sul crinale di Tusculum e Sull'antica meridiana e altri tesori trovati tra le rovine. L'anno seguente, le sue scoperte furono riportate nel Giornale dei Letterati.

Il contributo dato dai gesuiti alla sismologia è stato così sostanziale che la sismologia è stata spesso chiamata la scienza dei gesuiti. L'impegno profuso dai gesuiti nella sismologia è stato attribuito sia, in generale, alla costante presenza dell'ordine nelle università e, in particolare, nella comunità scientifica, sia al desiderio dei sacerdoti gesuiti di ridurre il più possibile gli effetti devastanti dei terremoti come atto di servigio ai propri fratelli. Nel 1908 padre Frederick Louis Odenbach, avendo notato che l'esteso sistema dei college e delle università gesuiti su tutto il territorio statunitense poteva offrire la possibilità di creare una rete di stazioni sismografiche, concepì l'idea di quello che sarebbe diventato il Servizio Sismologico dei Gesuiti. Ricevuta la benedizione dei presidenti delle istituzioni gesuite per l'istruzione superiore, nonché quella dei gesuiti provinciali d'America, l'anno seguente padre Odenbach mise in atto la propria idea con l'acquisto di quindici sismografi, che distribuì ciascuno ad una istituzione gesuita. Ciascuna di queste stazioni sismografiche avrebbe raccolto i propri dati e avrebbe spedito le proprie scoperte alla stazione centrale, a Cleveland, in Ohio. Da lì i dati sarebbero stati trasmessi al Centro Sismologico

Internazionale di Strasburgo. Nacque così il Servizio Sismologico dei Gesuiti, che è stato definito la prima rete sismologica su scala continentale munita di strumentazione uniforme.

Tuttavia, il più noto sismologo gesuita, e invero uno dei più onorati scienziati sperimentatori di tutti i tempi, fu padre James B. Macelwane. Nel 1925 padre Macelwane riorganizzò e rinvigorì il Servizio Sismologico dei Gesuiti, noto oggi come l'Associazione Sismologica dei Gesuiti, ponendo la sua stazione centrale, questa volta, presso la Saint Louis University. Ricercatore brillante, nel 1936 padre Macelwane pubblicò un libro intitolato *Introduction to Theoretical Seismology* (Introduzione alla sismologia teorica), il primo testo sismologico americano.[97] Fu presidente della Società Sismologica d'America e dell'Unione Geofisica d'America. Nel 1962 quest'ultima organizzazione istituì una medaglia in suo onore, conferita ancora oggi, in riconoscimento dell'opera di giovani geofisici d'eccezione.

Nel campo dell'astronomia le persone comuni restano con l'impressione che gli uomini di Chiesa, se mai furono devoti alla scienza, lo fecero per confermare le proprie idee preconcette piuttosto che per seguire l'esperienza ovunque li portasse. Quest'idea non risponda al vero, come dimostra questa piccola prova. Johannes Kepler (1571–1630), il grande astronomo le cui leggi sul moto planetario fecero compiere alla scienza quel gran passo in avanti noto a tutti, coltivò, nel corso della sua carriera, una capillare corrispondenza con degli astronomi gesuiti. Quando a un certo punto della sua vita Keplero si trovò in difficoltà finanziarie ma anche scientifiche, privato perfino del

---

[97] J. B. MACELWANE, *Introduction to theoretical seismology*, J. Wiley, New York 1936.

telescopio, padre Paul Guldin esortò il suo amico padre Nicolas Zucchi, l'inventore del telescopio riflettente, a portarne uno a Keplero. A sua volta, questi non solo scrisse una lettera in cui esprimeva la propria riconoscenza a padre Guldin, ma più tardi incluse una nota speciale di ringraziamento alla fine della sua opera, pubblicata postuma con il titolo *Somnium, seu opus posthumum de astronomia lunari* (Sogno, ovvero opera postuma sull'astronomia lunare), in cui si legge:

> Al molto reverendo padre Paul Guldin, sacerdote della Compagnia di Gesù, uomo venerabile e dotto, patrono diletto. A stento si potrebbe trovare qualcuno, oggi, con cui preferirei discutere questioni di astronomia più volentieri che con Voi (...). Perciò piacere ancor maggiore per me fu il saluto da parte di Vossignoria, che mi fu portato da alcuni membri del Vostro Ordine che si trovano qui (...). Penso che a Voi spetti ricevere da me il primo frutto letterario della gioia che ho guadagnato dall'uso di questo dono [il telescopio].

Del resto, il contributo dato alla scienza dalla Chiesa va ben oltre l'astronomia: le idee teologiche cattoliche fornirono in primo luogo la base del progresso scientifico; i pensatori medievali posero alcuni dei principi primi della scienza moderna, e i sacerdoti cattolici, figli leali della Chiesa, fecero costantemente prova di grande interesse e impegno nei confronti della scienza, dalla matematica alla geometria, all'ottica, alla biologia, all'astronomia, alla geologia, alla sismologia e a molti altri campi ancora.

Augustin–Louis Cauchy (1789–1857) è stato un matematico e ingegnere francese. Cauchy fu un cattolico convinto ed un membro della Società di Saint Vincent de Paul. Aveva anche contatti con la Società di Gesù e li difese anche quando era politicamente sconveniente farlo.

Cauchy crebbe in una famiglia di convinte idee monarchiche. Ciò spinse il padre a fuggire con la famiglia degli Arculeil durante la Rivoluzione Francese. La sua vita fu abbastanza dura, Cauchy racconta di aver vissuto con riso, pane e crackers durante tale periodo. Si può dire che ereditò dal padre tali convinzioni monarchiche, tanto che rifiutò di prestare giuramento a qualsiasi governo dopo la caduta di Carlo X.

Cauchy ha avviato il progetto della formulazione e dimostrazione rigorosa dei teoremi dell'analisi infinitesimale basato sull'utilizzo delle nozioni di limite e di continuità. Ha dato anche importanti contribuiti alla teoria delle funzioni di variabile complessa e alla teoria delle equazioni differenziali. La sistematicità e il livello di questi suoi lavori lo collocano tra i padri dell'analisi matematica. Cauchy scrisse numerosi trattati e pubblicò 789 scritti su giornali scientifici. Tali scritti coprono argomenti di grande importanza come la teoria delle serie (in cui sviluppò con grande perspicacia la nozione di convergenza), la teoria dei numeri e quantità complesse, la teoria dei gruppi e sostituzioni, la teoria delle funzioni, equazioni differenziali e determinanti. Egli chiarificò i principi del calcolo sviluppandoli con l'aiuto dei limiti e della continuità, fu il primo a provare rigorosamente il teorema di Taylor. In ottica, sviluppò una teoria delle onde, successivamente però risultata fisicamente insoddisfacente; al suo nome è associata la semplice formula di dispersione. In elasticità, ha iniziato la teoria dello stress, i suoi risultati hanno praticamente lo stesso valore di quelli di Simeon Poisson. Un altro contributo significativo è la dimostrazione del teorema del numero poligonale di Fermat. Ha creato il teorema dei residui e lo ha usato per derivare alcune delle più interessanti formule relative alle serie e agli integrali, fu anche il primo a definire i numeri complessi come una coppia di numeri reali. Ha anche scoperto molte formule basilari nella teoria delle q–series. Forse però il suo più grande contribuito alla scienza è nato nell'ambito della meccanica del continuo, dove delineò i fondamenti di un modello di corpo continuo, il continuo di Cauchy, che rappresenta ancora oggi una pietra miliare della scienza delle costruzioni. Nello sviluppo di tale teoria ideò molti dei suoi teoremi di analisi.

Proprio nel secolo del positivismo ateo e del razionalismo agnostico, uno dei maggiori scienziati, fra i più grandi della storia (e fra i suoi più preziosi benefattori) è quell'uomo di profonda e conclamata fede cattolica che è Louis Pasteur. Nello stesso secolo, per fare un solo altro nome, il grande Abate Johann Gregor Mendel, il biologo che formulò le leggi sulla ereditarietà, era un monaco agostiniano. Egli, il padre della genetica, era chiaramente inserito nella visione realista del cosmo e della persona umana. Gregor Johann Mendel (Heinzendorf/Hyncice 1822–Brno 1884) fu un monaco e biologo ceco–austriaco e si dedicò presto all'orticultura, iniziato dal padre, veterano delle campagne napoleoniche, e dalla madre, figlia di giardinieri, che conduceva una piccola fattoria. Frequentò i primi studi a Leipnik. Entrò nel convento di Brno nel 1843 quale frate agostiniano, e studiò matematica e scienze all'Università di Vienna (1851–1853). A Brno insegnò fisica e scienze naturali. Dedicandosi al giardino del convento, si impegnò in lunghi studi sull'ibridazione dei piselli (1857–1868); i risultati lo portarono ad enunciare con chiarezza ed esattezza matematica le cosiddette «leggi fondamentali» che portano il suo nome (leggi di Mendel).[98] Riuscì a

---

[98] Riportiamo qui le leggi di Mendel:

dimostrare che le leggi valgono tanto per il mondo vegetale quanto per il mondo animale, costituendo le basi per una nuova scienza: la genetica.

Analizzò per anni molte centinaia di impollinazioni artificiali, studiando ed esaminando più di 10.000 piante (in particolare si dedicò allo studio del *Pisum sativum*, particolare pianta di pisello molto semplice da coltivare). Tutti i suoi risultati furono attentamente annotati e presentati in una breve memoria alla «Società di storia naturale» di Brno nel 1865. Purtroppo la sua scoperta non fu apprezzata né tanto meno suscitò l'interesse degli studiosi. Fu infatti solo nel 1900 che i suoi studi furono riscoperti e ripresi contemporaneamente ed indipendente-

---

1) Legge della dominanza (o legge della omogeneità di fenotipo), secondo cui incrociando due individui puri che differiscono per un dato carattere si ottengono nella prima generazione discendenti con caratteristiche omogenee rispetto al carattere in questione. Questo significa che, in ogni caso, nella generazione successiva uno dei caratteri antagonisti scompare completamente, senza lasciare traccia. Questo carattere e altri dello stesso tipo vengono detti recessivi, mentre quelli che determinano il fenotipo della pianta prendono il nome di dominanti.
2) Legge della segregazione (o legge della disgiunzione), secondo cui incrociando tra loro due individui della prima generazione si ottiene una progenie in cui i caratteri parentali si manifestano secondo questi rapporti: un quarto dei discendenti presenta il carattere di un progenitore; un quarto quello dell'altro, e la restante metà ò costituita da ibridi.
3) Legge dell'indipendenza, secondo cui in un incrocio, prendendo in considerazione due coppie di caratteri alla volta, ad esempio incrociando piselli a semi gialli e lisci con altri a semi verdi e grinzosi, si ottiene una prima generazione costituita interamente da piselli gialli e lisci,essendo questi caratteri dominanti. Incrociando poi tra loro questi individui si ottiene una seconda generazione costituita da 9/16 di piselli gialli e lisci, 3/16 di piselli gialli e grinzosi, 3/16 di piselli verdi e lisci, 1/16 di piselli verdi e grinzosi. Questa legge e' perfettamente valida per geni di cromosomi differenti mentre è solo in parte verificata per i geni dello stesso cromosoma.

mente da tre botanici: Hugo de Vries, Carl Correns ed Erich von Tschermak. I tempi erano mutati e la scoperta ebbe una ripercussione immediata. Nel 1868 diviene priore del convento e fu costretto ad abbandonare l'insegnamento e, poco alla volta, anche la ricerca scientifica. Gli ultimi anni della sua vita furono dedicati alla protezione dei beni del convento, confiscati dallo stato con una legge del 1874.

In conclusione, bisogna stare attenti a non cadere nel trappolone che vorrebbe convincerci di un divorzio irreparabile e unanime tra scienza e fede. Si potrebbe prendere, ad esempio, uno dei simboli e dei fattori più potenti della «modernità»: l'energia elettrica. Alessandro Volta era un uomo da Messa e da rosario quotidiani; André–Marie Ampère scrisse addirittura delle *Prove storiche della divinità del Cristianesimo*; Michael Faraday alternava straordinarie invenzioni a predicazioni del vangelo sulle strade inglesi; Luigi Galvani era devoto terziario francescano; Galileo Ferraris un austero, esemplare cattolico praticante; Léon Foucault, il primo che calcolò la velocità della luce, un convertito. Alexis Carrell, Premio Nobel per la medicina, positivista incredulo finché constatò di persona, a Lourdes, una guarigione istantanea e inspiegabile. Johann von Neumann, il padre dei computer, dimostrò la non–contraddizione della meccanica quantistica. Era uno scienziato cattolico e nulla di ciò che scoprì lo portò ad abbandonare la propria fede.[99]

1.4 Le diverse opinioni sulla nascita della scienza

Qui trattiamo la tematica seguente: alcune persone (normalmente gli atei, gli agnostici o i massonici)

---

[99] Si veda V. MESSORI, *Qualche ragione per credere*, Mondadori, Milano 1996.

respingono l'idea dell'importanza del medioevo per la cultura umana in generale e per la nascita della scienza moderna in particolare. Affermano invece l'importanza del rinascimento e del periodo illuministico. Altri, per esempio i Marxisti, asseriscono che vi sono solo fattori economici e socio–politici alla base dello sviluppo scientifico. Altri ancora accettano l'influsso del cristianesimo per lo sviluppo della scienza, ma in diversi modi. Abbiamo già visto che Duhem ha sostenuto il fatto che la scienza è nata da una matrice medioevale. Ha mostrato che non è nata nella Grecia antica, ma non preso in considerazione le altre culture come ha fatto Jaki. Fu la fede cristiana in Dio Creatore che ha suscitato il clima di pensiero per la scienza moderna.

A. N. Whitehead ammetteva che la fede Cristiana ha influenzato sullo sviluppo della scienza, però un influsso inconscio.[100] Per Jaki, l'effetto è molto conscio. Anche M. B. Foster ha tracciato una relazione fra la nascita della scienza e la teologia cristiana della creazione.[101] Poi G. B. Deason ritiene che è stato specificamente il Protestantesimo il fattore centrale nello sviluppo della scienza, ed egli elenca altri autori che tengono questa posizione sia fortemente sia debolmente.[102] Egli traccia alcuni elementi dalla visione riformata che ritiene importanti per la scienza. Primo,

---

[100] A. N. WHITEHEAD, *Science and the Modern World*, MacMillan, New York 1925, pp.17-18.

[101] Si vedano gli articoli di M. B. FOSTER, «The Christian Doctrine of Creation and the Rise of Modern Science» in *Mind* 43(1934), pp.446-468; «Christian Theology and Modern Science of Nature (I)» in *Mind* 44(1935), pp.439-466; «Christian Theology and Modern Science of Nature(II)» in *Mind* 45(1936), pp.1-27.

[102] Cf. G. B. DEASON, «The Protestant Reformation and the Rise of Modern Science» in *Scottish Journal of Theology* 38(1985), pp.221-240. Altri autori che più o meno sostengono questa posizione sono R. Hooykaas, D. M. MacKay, e E. Klaaren.

secondo lui il rifiuto dell'autorità della Chiesa. Però, di fatto abbiamo visto in precedenza che la Chiesa ha aiutato la scienza a nascere. Secondo, Deason mantiene che il protestantesimo ha stimolato la necessità dei metodi empirici. Invece, la sfiducia del protestantesimo verso la realtà creata (con l'assioma *sola gratia*) non sembra stimolare il processo scientifico. Terzo, Deason sottolinea l'importanza della sovranità radicale di Dio nel pensiero riformato, come stimolo per l'impresa scientifica. Quest'ultima concezione però, se esasperata, potrebbe invece compromettere la libertà umana, e impedisce la formulazione delle leggi scientifiche. Infatti la scienza è nata molto prima della Riforma, e l'interpretazione molto fondamentalista del Protestantesimo radicale non ha certo aiutato lo sviluppo della scienza.

Lo storicismo prende un'altra posizione riguardo alla storia della scienza. Mentre il positivismo logico ha tolto la base metafisica dal linguaggio, lo storicismo l'ha rubata dalla storia. Per T. S. Kuhn, il progresso nella scienza si realizza attraverso i cambiamenti di paradigma. Egli ammette il ruolo di Filopeno, Buridano e Oresme nello sviluppo della scienza moderna, però per lui è il Rinascimento che è importante. Per Kuhn i periodi importanti per la scienza sono quelli di grande fermento, la sua teoria è fatta da rivoluzioni e da consenso. Secondo Kuhn: «Tali le rivoluzioni politiche, tale la scelta di un paradigma: non esiste criterio superiore all'assenso della comunità pertinente.»[103] Anche per Kuhn, se un dato paradigma «è destinato a vincere la propria lotta, il numero e la forza delle argomentazioni persuasive a suo

---

[103] T. S. KUHN, *The Structure of Scientific Revolutions*, University of Chicago Press, Chicago 1962, p.93. Cfr. anche S. L. JAKI, *La Strada della Scienza e le Vie verso Dio*, p.346.

favore crescerà.»[104] Da notare è la rassomiglianza di questa teoria col darwinismo.

Per noi invece è inaccettabile una scienza priva di continuità e stabilità. Si riscontra qui un disprezzo delle origini concettuali razionali della scienza, e «questa sfiducia ha afflitto il pensiero occidentale fin da quando Guglielmo di Ockham ha ridotto le verità a nomi, la quale non poteva far altro che aumentare dopo il fallimento del tentativo cartesiano e idealista di garantire la piena affidabilità della meditazione astratta.»[105] Per Jaki esiste un solo paradigma della scienza: «i suoi aborti immancabili in tutte le culture antiche e l'unicità della sua nascita in un'Europa che la fede cristiana aveva contribuito a formare.»[106] Nella linea di Kuhn sta C. A. Ronan, che non scrive da una posizione religiosa. Tracciando lo sviluppo della scienza, egli nota come effettivamente il cristianesimo abbia esorcizzato una visione superstiziosa del mondo (visione spesso riscontrata nelle grandi religioni fuori della tradizione Giudeo–Cristiana). Ronan fa anche cenno a Buridano e Oresme, e sottolinea l'importanza del Protestantesimo per la nascita della scienza.[107]

P. E. Hodgson, un scienziato cattolico all'Università di Oxford, sostiene la posizione di Duhem e di Jaki; si può dire che era un loro discepolo.[108] F. Copleston dimostra l'importanza della filosofia medioevale per la nascita della

---

[104] KUHN, *The Structure of Scientific Revolutions*, p.158. Cfr. anche JAKI, *La Strada della Scienza e le Vie verso Dio*, p.347.

[105] JAKI, *La Strada della Scienza e le Vie verso Dio*, pp.354-355.

[106] JAKI, *La Strada della Scienza e le Vie verso Dio*, p.353.

[107] C. A. RONAN, *The Cambridge History of the World's Science*, University Press, Cambridge 1983.

[108] Si veda P. E. HODGSON, *Theology and Modern Physics*, Ashgate, Aldershot 2005. Cfr. IDEM, «The Significance of the Work of Stanley L. Jaki» in *The Downside Review* 105(1987), pp.260-276.

scienza ed in particolare indica la rilevanza di Buridano e Oresme ed anche Pietro Olivi. Il Magistero recente ha ricevuto positivamente questa nozione. Il Cardinal Walter Kasper ha notato che:

> In effetti la fede biblica della creazione fa parte dei presupposti spirituali delle moderne scienze naturali e dello sviluppo tecnologico che esse hanno reso possibile, poiché è stata la distinzione biblica fra Creatore e creatura a smitologizzare e dedivinizzare il mondo come creazione di Dio. Anche un mondo razionale è creato da Dio razionale.[109]

Inoltre, il Cardinal Renato Martino ha recentemente dichiarato:

> La scienza moderna è prodotto genuino di una visione giudaico–cristiana del mondo che ha la sua fonte di ispirazione nella Bibbia e nella dottrina del Logos. Si vede questo nel fatto che la visione giudaico–cristiana della creazione è diametralmente opposta alla serie di ritorni eterni che si trovano nei sistemi antichi non–cristiani e pre–cristiani. La caratteristica delle cosmogonie pagane è quella di presentare un ineluttabile ciclo di nascita–morte–rinascita, senza inizio né fine e sostanzialmente privo di senso. In una tale visione ciclica ed eternalista del tempo nel cosmo, la scienza non riusciva a fare progressi.[110]

---

[109] W. KASPER, «La sfida ecologica alla teologia» in A. CAPRIOLI e L. VACCARO, *Questione ecologica e coscienza cristiana*, Morcelliana, Brescia 1988, p.134.

[110] Cardinal R. MARTINO, «Scienza e Fede al servizio dell'uomo», Intervento alla Conferenza su Etica, Scienza e Fede, Bergamo, 10 ottobre 2004.

1.5 L'ambiente filosofico

L'ambiente filosofico del medioevo nel quale la scienza è stata sviluppata è quello di un realismo moderato, derivato dalla fede cristiana in Dio Creatore. Il realismo è lo stato naturale per l'essere umano, e ristabilisce l'intelletto nella sua verità.[111] Per adesso, invece, proponiamo il legame fra la nascita delle scienza in una cultura e le idea filosofiche che furono uno stimolo a quella nascita:

> I primi tremila anni e più sono stati una serie regolare di vicoli ciechi storici, una successione di aborti ripetuti della scienza: la sua nascita poté avvenire solo quando se ne piantarono i semi in un terreno che la fede cristiana in Dio aveva reso ricettivo alla teologia naturale e all'epistemologia che ne derivava. Il passaggio da quella prima nascita riuscita alla maturità, poi, non si compì né in nome dell'empirismo baconiano né in quello del razionalismo cartesiano ma in una prospettiva affine alla teologia naturale, una prospettiva che Newton, responsabile principale del completamento di questa transizione, adottò istintivamente. I due secoli successivi videro il sorgere di una serie di movimenti filosofici, ostili tutti alla teologia naturale, i quali ad onta della loro sottomissione formale alla scienza costituivano per essa una minaccia: i colpi che infersero alla conoscenza umana di Dio costituivano altrettanti colpi durissimi alla conoscenza, alla scienza e alla razionalità dell'universo.[112]

Mentre la scienza non costituisce una prova filosofica del realismo, lo appoggia. In questo senso, la scienza è inseparabile da quel processo di comprensione il quale è

---

[111] Esaminiamo il realismo in più dettaglio nel capitolo 3 sotto.
[112] JAKI, *La Strada della Scienza e le Vie verso Dio*, p.234.

un'esperienza cosciente che lega il mondo reale e chi conosce in un'unità. «Se si disprezza questo legame, si rimane o col solipsismo o col fisicismo: sulla base del primo si può costruire se stessi ma non un mondo mentre appoggiandosi al secondo non si avrà una fisica che sia comprensione vera e propria del mondo.»[113]

Molti noti scienziati dell'epoca recente sono stati anche eredi della posizione realista, anche senza essersene resi conto. Per esempio, Sir Isaac Newton ha preso una via di mezzo fra l'empirismo ed il razionalismo. Questa via intermedia cui fu ricondotto più e più volte dalla propria creatività scientifica «era tutt'uno con la sua esplicita convinzione della validità del passaggio mentale dal regno dei fenomeni all'esistenza di Dio.»[114] Ancora più tardi, Max Planck ha anche abbracciato una via realista fra il materialismo e l'idealismo, e nella sua autobiografia si legge: «Qui riveste un'importanza cruciale il fatto che il mondo esterno costituisca qualcosa di indipendente da noi, qualcosa di assoluto con cui ci confrontiamo, e la ricerca di leggi valide per questo assoluto mi è sembrata il più splendido obiettivo scientifico che si possa avere nella vita.»[115] Lo stesso Albert Einstein affermava anche la posizione realista a parecchie riprese: «La fede in un mondo esterno indipendente dal soggetto che lo percepisce è la base di ogni scienza naturale.»[116] Si può concludere dicendo che è proprio una epistemologia

---

[113] *Ibid.*, p.379.

[114] *Ibid.*, p.129.

[115] M. PLANCK, *Wissenschaftliche Selbstbiografie* (1948) in IDEM, *Physikalische Abhandlungen und Vorträge*, III, Friedrich Vieweg & Sohn, Braunschweig 1958, p.374.

[116] A. EINSTEIN, «L'influenza di Clerk Maxwell sull'evoluzione dell'idea di realtà fisica» in IDEM, *Come io vedo il mondo*, Newton Compton, Bologna 1979.

equilibrata che garantisce sia la strada della scienza che le vie verso Dio: «Riandando all'empirico la mente mantiene il senso della realtà minacciato dal logicismo, conserva la salute attaccata dall'idealismo e si prepara per innalzarsi di nuovo al di sopra delle piane dell'empirismo; ecco il succo del significato della lunga strada della scienza per la teologia naturale, che è in così gran parte una preoccupazione per le vie a Dio.»[117] C'è un nesso chiaro e nitido fra la concezione dell'essere umano, come corpo e anima in unità psicosomatica, e la visione realista del cosmo. La visione realista del cosmo (razionale, contingente, buono e bello), della persona umana e della storia sono legate tra di loro e costituiscono insieme uno stimolo culturale e psicologico per le scienze naturali. Nel terzo capitolo esaminiamo in maniera ancora più dettagliata la nozione del realismo; ora invece trattiamo la visione del rapporto fra creazione e scienze fornita dai Papi.

---
[117] JAKI, *La Strada della Scienza e le Vie verso Dio*, p.378.

Capitolo 2

L'insegnamento della Chiesa

> *Sono sempre più convinto che la verità scientifica, che è di per sé una partecipazione alla Verità divina, possa aiutare la filosofia e la teologia a comprendere sempre più pienamente la persona umana e la Rivelazione di Dio sull'uomo, una Rivelazione compiuta e perfezionata in Gesù Cristo.*
>
> Giovanni Paolo II, *Discorso*, 10 novembre 2003.

Davanti ad un panorama dei discorsi dei Papi esteso in un arco di più di un secolo, noi ritroviamo alcuni temi ricorrenti. Prima di tutto, l'importanza del realismo filosofico come la strada di percorrere in qualsiasi dialogo fra scienza e religione. In secondo luogo, i discorsi mostrano la preoccupazione di illustrare che il rapporto fra la scienza e la religione si investiga con la mediazione della filosofia. Terzo, i Papi hanno spesso parlato dei limiti della scienza, della natura di questi limiti e del loro significato. Quarto, l'importanza della nozione del cosmo viene sottolineato. In quinto luogo è importante anche il rapporto fra le origini della scienza e la visione cristiana del creato.

2.1 Leone XIII (1878–1903)

Il Papa, nella famosa enciclica *Immortale Dei*, ha affermato che la Chiesa non è opposta al progresso scientifico, ma anzi lo incoraggia: «Ciò che si va dicendo, dunque, che la Chiesa sia ostile alle più recenti costituzioni civili, e che rifiuti tutti indistintamente i ritrovati della scienza contemporanea, non è che una vana e meschina calunnia. Certamente essa ripudia le teorie malsane: disapprova le nefaste smanie rivoluzionarie e segnatamente quella disposizione d'animo nella quale si può cogliere l'inizio di un volontario allontanamento da Dio; ma poiché tutto ciò che è vero proviene necessariamente da Dio, così ogni particella di vero che sia scoperta durante la ricerca è riconosciuta dalla Chiesa come impronta della mente divina. E poiché non può esistere alcuna verità naturale che possa ridurre la credibilità delle dottrine rivelate, mentre molte altre l'accrescono, ed ogni scoperta di nuove verità può indurre a conoscere e a lodare Dio, così la Chiesa accoglierà sempre con gioia e diletto qualsiasi progresso giunga ad allargare i confini della scienza, e con l'usato fervore promuoverà e favorirà, come le altre discipline, anche quelle che hanno per oggetto la spiegazione dei fenomeni naturali. A proposito di questi studi, la Chiesa non avversa le nuove invenzioni: non si dispiace che altre se ne ritrovino, in grado di rendere migliore e più piacevole l'esistenza; anzi, nemica dell'ozio e dell'inerzia, si compiace assai che l'ingegno umano, mediante l'esercizio e la cultura, produca i frutti più copiosi; incoraggia ogni specie di arti e di mestieri: e mentre con la sua virtù indirizza tutte queste occupazioni a scopi onesti e benefici, si adopera ad impedire che l'uomo a seguito dello studio e del lavoro, perda di vista Dio e i beni terreni.»[1]

2.2 Pio XI (1922–1939)

Già nel primo Concilio Vaticano, la costituzione dogmatica *Dei Filius* ha dichiarato che non ci può essere una contraddizione fra la fede e la ragione («*nulla tamen umquam inter fidem et rationem vera dissensio esse potest*») e anche che Dio non potrebbe negare se stesso, né il vero contraddire il vero. («*Deus autem negare se ipsum non possit, nec verum vero umquam contradicere.*»)[2] Il Magistero insegna dunque che Dio non esercita la propria libertà in modo contraddittorio, cioè totalmente sganciato dai principi della ragione: ai quali non si assoggetta per arbitrario decreto, ma perché Egli stesso è Fondamento non contraddittorio di tutto ciò che esiste. Pio XI per la fondazione della Pontificia Accademia delle Scienze, ha affermato: «*Scientia, quae vera cognitio sit, numquam christianae fidei veritatibus repugnat.*»[3] Il realismo, come la vera cognizione delle cose, costituisce un filone d'oro di questo trattato. Adesso vediamo alcuni brani tratti dai discorsi dei Papi alla Pontificia Accademia delle Scienze e anche altri discorsi sul tema «creazione e scienze».

La Pontificia Accademia delle Scienze

Le sue origini risalgono al 1603, quando il nobile Federico Cesi ebbe l'idea, incoraggiato da Papa Clemente VIII, di radunare gli scienziati più insigni in una specie di

---

[1] Papa LEONE XIII, Enciclica *Immortale Dei*, 39.
[2] VATICANO I, *Dei Filius* in DS 3017.
[3] Papa PIO XI, *In multis solaciis* (1936) in *AAS* 28 (1936), p.421. (La scienza, intesa come vera cognizione delle cose, non ripugna mai alle verità della fede cristiana.)

comunità di studio e di ricerca che prese il nome di Accademia dei Lincei. Membro autorevole dell'Accademia fu lo stesso Galileo, che amava firmare le sue opere come Galileo Galilei linceo. Rinnovata dal beato Pio IX, con la denominazione di Pontificia Accademia dei Nuovi Lincei, subì una divisione dopo il 1870 e finalmente, nel 1936, Pio XI le diede l'attuale fisionomia col Motu Proprio *In multis solaciis*. La sua storia è legata a quella di numerose altre Accademie scientifiche in tutto il mondo. La sede ad oggi è la Casina Pio IV nei giardini Vaticani. Si tratta di un «Senato scientifico» composto da circa settanta membri, nominati direttamente dal Papa su proposta degli accademici e vagliata dal Consiglio direttivo. Troviamo in tal modo scienziati cattolici, ma anche appartenenti ad altri settori del mondo cristiano, come pure ebrei e musulmani, ed anche taluni che non appartengono espressamente a nessuna professione di credenza religiosa. La serietà nella ricerca e, naturalmente, una non ostilità nei confronti della Chiesa, sono le condizioni necessarie e sufficienti. Fra i nomi celebri si trovano i Padri Agostino Gemelli, Mons. Georges Lemaître e ancora Marconi, Planck, Heisenberg, Fleming e Dirac.[4] La vita dell'Accademia si snoda attraverso tre momenti principali: le settimane di studio, i gruppi di lavoro e le pubblicazioni varie. È proprio nel contesto di queste settimane di studio e questi gruppi di lavoro che si collocano molti dei discorsi del Papa che adesso esaminiamo.

---

[4] Cfr. M. GARGANTINI, *I Papi e la Scienza. Antologia del Magistero della Chiesa sulle Questioni scientifiche da Leone XIII a Giovanni Paolo II*, Jaca Book, Milano 1985, pp.124-126.

2.3 Pio XII (1939–1958)

La fede non è superba (3 dicembre 1939)

«Come ogni arte, così ogni scienza serve a Dio, perché Dio è il Signore delle scienze ed insegna la sapienza agli uomini. Nella sua alta scuola l'uomo ha due libri: nel quaderno dell'universo la ragione umana studia in cerca della verità delle cose buone fatte da Dio; nel quaderno della Bibbia e del Vangelo l'intelletto studia al fianco della volontà in cerca di una verità superiore alla ragione, sublime come l'intimo mistero di Dio, solo a Lui noto. L'ossequio della ragione alla fede non umilia la ragione, ma l'onora e la sublima. «La fede non è superba, non è signora che tiranneggi la ragione, né le contraddica: il sigillo di verità non è diversamente da Dio impresso nella fede e nella ragione.»[5]

Il mistero dell'universo (30 novembre 1941)

In Dio, «Creatore dell'universo, sono nascosti tutti i tesori della sapienza e della scienza. In Lui l'ineffabile scienza di se stesso e dell'infinita imitabilità della sua vita e bellezza; in Lui la scienza del nascere e del rinascere, della grazia e della salute; in Lui gli archetipi delle mirabili danze dei pianeti volteggianti intorno al sole, dei soli nelle costellazioni, delle costellazioni nel labirinto del firmamento fino agli ultimi lidi del pelago dell'universo.»[6] Qui si riscontra l'idea di un'eventuale confine spazio–temporale del cosmo. Il Papa ha proseguito: «Chi avrebbe potuto immaginare, circa cento anni or sono, quali enigmi

---

[5] Papa PIO XII, *Discorso alla Pontificia Accademia delle Scienze* (3 dicembre 1939) come trovato in *DP*, p.34. Cfr. anche Ps 93:10.

[6] Papa PIO XII, *Discorso alla Pontificia Accademia delle Scienze* (30 novembre 1941) in *DP*, p.40. Cf. Col 2:8.

si trovano racchiusi in quella particella minutissima che è un atomo chimico...La nuovissima fisica vede in esso un microcosmo nel vero senso della parola, in cui si nascondono così profondi misteri.»[7]

Si ritrova qui l'idea del microcosmo e macrocosmo. Il termine «mistero» assume diversi significati a seconda del contesto. Prima di tutto, può significare l'idea di un giallo come *Il nome della rosa* di Umberto Eco, o uno di Sherlock Holmes. Poi, si potrebbe considerare la nozione di mistero nella fisica al livello del microcosmo e al livello del macrocosmo. La questione qui è se la mente umana è in se capace di capire il cosmo fisico nella sua totalità. Dobbiamo innanzitutto evitare i due errori opposti: il cadere nell'eccesso di superbia razionalista o al contrario nell'eccessiva umiltà agnostica. S. L. Jaki sostiene, come vedremo, che non possiamo avere una visione aprioristica dell'universo, a causa della teoria di Gödel.[8] Il fatto che la scienza sia un processo in continua evoluzione dimostra come queste teorie non siano complete neppure oggi e non lo siano mai state in passato; la storia della scienza offre però molti esempi del fatto che l'idea di una teoria «completa» è stata considerata un'utopia della scienza. L'unificazione tra teoria quantistica e relatività generale è ancora da raggiungere, ma anche se quella sarà una teoria davvero completa, non conterrà alcuna spiegazione di quella singolarità che si concretizza nell'universo e che non si può ricavare da considerazioni di carattere generale. Il Papa Giovanni Paolo II ha sostenuto che forse saremmo in grado

---

[7] Papa PIO XII, *Discorso alla Pontificia Accademia delle Scienze* (30 novembre 1941) in *DP*, p.43.

[8] Cfr. S. L. JAKI, «Il caos della cosmologia scientifica.» In: D. HUFF e O. PREWETT (edd.), *La natura dell'universo fisico*, P. Boringhieri, Torino 1981, pp.102-103. Cf. anche S. L. JAKI, *La Strada della Scienza e le Vie verso Dio*, Jaca Book, Milano 1988, pp.475-476.

di capire il creato fisico nella sua totalità: «Un uomo che crede nell'essenziale bontà delle creature, è in grado di scoprire tutti i segreti della creazione, per perfezionare continuamente l'opera assegnatagli da Dio.»[9] Però, Hawking sostiene, in maniera superba, che la mente può arrivare a una visione generale completa della realtà, quando egli scrive:

> Se però perverremo a scoprire una teoria completa, essa dovrebbe essere col tempo comprensibile a tutti nei suoi principi generali, e non solo a pochi scienziati. Noi tutti—filosofi, scienziati e gente comune—dovremmo allora essere in grado di partecipare alla discussione del problema del perché noi e l'universo esistiamo. Se riusciremo a trovare la risposta a questa domanda, decreteremo il trionfo definitivo della ragione umana: giacché allora conosceremmo la mente di Dio.[10]

---

[9] Papa GIOVANNI PAOLO II, *Varcare la soglia della speranza*, Mondadori, Milano 1994, p.22. Si veda anche S. L. JAKI, «Physics and the Ultimate», in *The Only Chaos and Other Essays*, University of America Press, Lanham, Maryland 1990, p.227: «Una rivelazione finale di tutti i processi reconditi dell'universo fisico dovrebbe sembrare qualcosa di promettente per tutti coloro che sostengono queste due proposizioni: l'unico Dio ha creato ogni cosa secondo misura, numero e peso. L'altra proposizione è: mediante la sua razionalità l'uomo è creato ad immagine di Dio.»

[10] S. HAWKING, *Dal Big Bang ai buchi neri. Breve storia del tempo*, Rizzoli, Milano 1988, pp.177, 192 e 197. Si veda anche J. D. BARROW, *Teorie del Tutto. La ricerca della spiegazione ultima*, Adelphi, Milano 1991, pp.19-20: «Oggi i fisici credono di essersi imbattuti in una chiave capace di guidarci al segreto matematico che sta al cuore dell'universo: una scoperta che punta a una teoria del tutto, una sorta di quadro onnicomprensivo di tutte le leggi di natura dal quale deve derivare, in modo logicamente ineccepibile, l'inevitabilità di tutto ciò che ci circonda. Una volta in possesso di questa stele di Rosetta cosmica, potremmo leggere il libro della natura in tutta la sua estensione temporale, e intendere ogni cosa che sia stata, che è e che sarà.»

Questo è l'errore dello *scientismo* cioè il tentativo erroneo di descrivere tutta la realtà col metodo e nei parametri delle scienze naturali.

Il mistero in teologia trascende tutti gli altri concetti di mistero e rimane anche in Paradiso, a causa della trascendenza di Dio. Un detto del Beato Niels Stensen (beatificato il 23 ottobre 1988), è interessante per quanto riguarda l'idea del mistero: «Bello è ciò che vediamo, più bello ciò che conosciamo, ma di gran lunga più bello è ciò che ancora ignoriamo» (*Pulchra sunt quae videntur, pulchiora quae sciuntur, longe pulcherrima quae ignorantur*).[11]

«Nell'universo l'evento più degno di considerazione è la disposizione dell'ordine, che tutto insieme lo distingue e l'unisce, lo intreccia e concatena nelle varie parti e nelle diverse nature, che si odiano e si amano, si respingono e si abbracciano, si fuggono e si cercano, si combinano e si disgregano, scompaiono l'una nell'altra e ricompaiono, congiurano per rapire al cielo il baleno, la folgore, lo schianto, le nubi....»[12] Pio XII vede nell'ordine dell'universo una rivelazione della mano di Dio. Che cosa significa «rivelazione» in questo senso? Si tratta qui di rivelazione naturale, diversa dalla nozione di rivelazione soprannaturale in senso teologico.[13] Però, questa rivelazione naturale è soltanto possibile nell'ambito di una filosofia realista: «Vuol essere forse la filosofia un sogno ideale che confonde Dio e la natura, che vagheggia visioni e illusioni di idoli della fantasia? Non è invece la filosofia il tenere saldo il

---

[11] F. SOBIECH, *Herz, Gott, Kreuz. Die Spiritualität des Anatomen, Geologen und Bischofs Dr. med. Niels Stensen (1638-86)*, Aschendorff Verlag (Westfalia Sacra Band 13), Münster 2004, p.154.

[12] Papa PIO XII, *Discorso alla Pontificia Accademia delle Scienze* (30 novembre 1941) in *DP*, pp.43-44.

[13] Cfr. Romani 1:20; Sapienza 13:1-9.

piede nella realtà delle cose che vediamo e tocchiamo, e il cercare le più profonde e alte cause della natura e dell'universo? Non comincia dal senso ogni nostra cognizione?»[14]

Ordinato sistema di leggi (21 febbraio 1943)

«Questo mirabile e ordinato sistema di leggi qualitative e quantitative, particolari e generali, del macrocosmo e del microcosmo oggi sta innanzi agli occhi dello scienziato nel suo intreccio in buona parte svelato e scoperto. E perché lo diciamo scoperto? Perché non è proiettato né costruito da noi nella natura, mercé una pretesa innata forma soggettiva della conoscenza o dell'intelletto umano, ovvero artefatto a vantaggio e uso di una tale economia di pensiero e di studio, per rendere la nostra cognizione delle cose più agevole; e neppure è il frutto o la conclusione di intese o convenzioni di sapienti investigatori della natura.»[15] In questo modo, il *convenzionalismo* è respinto. Il Papa proseguì, respingendo anche l'idealismo kantiano: «Non dite che la materia non è una realtà, ma una astrazione foggiata dalla fisica, che la natura è in sé inconoscibile, che il nostro mondo sensibile è un altro mondo a sé, dove il fenomeno, ch'è apparenza del mondo esteriore, ci fa sognare la realtà delle cose che occulta. No: la natura è realtà, e realtà conoscibile.»[16]

Il Papa ha proseguito dicendo che «i più geniali scienziati del passato e del presente sono venuti nella nobile persuasione di essere gli araldi di una verità, identica e medesima per tutti i popoli e le stirpi che calcano

---

[14] Papa PIO XII, *Discorso alla Pontificia Accademia delle Scienze* (30 novembre 1941) in *DP*, p.44.

[15] Papa PIO XII, *Discorso alla Pontificia Accademia delle Scienze* (21 febbraio 1943) in *DP*, pp.53-54.

[16] *Ibid.*, p.54.

il suolo del globo e guardano il cielo; una verità, poggiante nella sua essenza su una *adequatio rei et intellectus*, che altro non è se non l'acquisita conformità, più o meno perfetta, più o meno compiuta, del nostro intelletto alla realtà obbiettiva delle cose naturali, in che consiste la verità del nostro sapere.»[17] Ha aggiunto che «il voler vedere solo leggi statistiche nel mondo è un errore dei tempi nostri, come uno straniarsi dalla natura dell'ingegno umano, —il quale *solo da sensato apprende ciò che fa poscia d'intelletto degno* è l'asserire che dall'antica concezione rigidamente dinamica della legge naturale possa farsi del tutto a meno e sia divenuta vuota di senso. Anzi tanto oltre si avanza il recente positivismo a fianco del convenzionalismo, da metter in dubbio persino il valore della legge causale.»[18] Vediamo ora l'importanza di opporsi alle nozioni di un cosmo regolato dal caso.

Un valore oggettivo (8 febbraio 1948)

Le leggi naturali hanno un valore oggettivo: «Voi (scienziati) nella vostra fantasia e nella vostra mente formate e inventate e architettate mirabili immagini e progetti di apparecchi, di strumenti, di telescopi e microscopi e spettroscopi e di mille altri mezzi d'ogni sorta per domare, incatenare e dirigere le forze naturali; tuttavia la vostra arte non crea la materia che sta nelle vostre mani, ma con l'artificio sapiente solo la modifica, ne regge l'azione secondo le leggi che voi avete scoperte, combinando e accordando la vostra conoscenza pratica e tecnica della realtà delle cose con la vostra conoscenza speculativa delle medesime cose reali.»[19] C'è un'unità

---

[17] *Ibid.*, p.55.

[18] *Ibid.*, p.51.

[19] Papa PIO XII, *Discorso alla Pontificia Accademia delle Scienze* (8 febbraio

nell'ordine universale: «Ma legge dice ordine; e legge universale dice ordine nelle cose grandi come nelle piccole. È un ordine che il vostro intelletto e la vostra mano rinvengono derivante immediatamente dalle intime tendenze insite nelle cose naturali; ordine che nessuna cosa può crearsi o darsi da sé, come non può darsi l'essere.»[20]

Humani generis (12 agosto 1950)

Il Papa Pio XII ha proposto come si dovrebbe affrontare la questione dell'evoluzione:

> Il Magistero della Chiesa non proibisce che in conformità dell'attuale stato delle scienze e della teologia, sia oggetto di ricerche e di discussioni, da parte dei competenti in tutti e due i campi, la dottrina dell'evoluzionismo, in quanto cioè essa fa ricerche sull'origine del corpo umano, che proverrebbe da materia organica preesistente (la fede cattolica ci obbliga a ritenere che le anime sono state create immediatamente da Dio). Però questo deve essere fatto in tale modo che le ragioni delle due opinioni, cioè di quella favorevole e di quella contraria all'evoluzionismo, siano ponderate e giudicate con la necessaria serietà, moderazione e misura e purché tutti siano pronti a sottostare al giudizio della Chiesa, alla quale Cristo ha affidato l'ufficio di interpretare autenticamente la Sacra Scrittura e di difendere i dogmi della fede.[21]

Prova dell'inizio (22 novembre 1951)

Questo fu discorso chiave e famoso del Papa Pio XII. Analizzando l'universo e i suoi sviluppi, il Papa ha chiesto «È la scienza in grado di dire quando questo potente

---

1948) in *DP*, p.59.

[20] *Ibid.*, p.62.

[21] Papa Pio XII, *Humani Generis*, 36, come trovato in DS 3896.

principio del cosmo è avvenuto? E quale era lo stato iniziale, primitivo dell'universo?»[22] Pio XII ha indicato quattro elementi della scienza che puntano verso la nozione di un principio nel tempo del cosmo:

a) Il distanziamento delle nebulose spira o galassie.
b) L'età della crosta solida della terra.
c) L'età dei meteoriti.
d) La stabilità dei sistemi di stelle doppie e degli ammassi di stelle.

Però la radiazione a 3K fu scoperta solo nell'anno 1964 da Penzias e Wilson; nel 1951 la teoria del Big Bang non era ancora pienamente fondata. Il Papa Pio XII era cauto nella sua discussione di questa problematica: «Secondo le teorie che si prendono per base, i relativi calcoli differiscono non poco gli uni dagli altri...»[23] Il Papa sapeva che dalla sola scienza sarebbe stato impossibile arrivare alla nozione di creazione col tempo:

> Invano si attenderebbe una risposta dalla scienza naturale, la quale anzi dichiara lealmente di trovarsi dinanzi ad un enigma insolubile... D'altra parte con ragione la mente, avida di vero, insiste nel domandare, come mai la materia è venuta in un simile stato così inverosimile alla comune esperienza di oggi, e che cosa l'ha preceduta... È innegabile che una mente illuminata ed arricchita dalle moderne conoscenze scientifiche, la quale valuti serenamente questo problema, è portata a rompere il cerchio di una materia del tutto indipendente... È ben vero che della creazione nel tempo i fatti fin qui accertati non sono argomento di prova assoluta, come quelli attinti dalla metafisica e dalla rivelazio-

---

[22] Papa PIO XII, *Discorso alla Pontificia Accademia delle Scienze* (22 novembre 1951) in *DP*, p.78.
[23] *Ibid.*, p.79.

> ne, per quanto concerne la semplice creazione, e dalla rivelazione, se si tratta di creazione nel tempo. I fatti pertinenti alle scienze naturali, a cui Ci siamo riferiti, attendono ancora maggiori indagini e conferme, e le teorie fondate su di essi abbisognano di nuovi sviluppi e prove, per offrire una base sicura ad un'argomentazione, che per sé è fuori della sfera propria delle scienze naturali.[24]

Da questi brani è chiaro che per il Papa Pio XII, la nozione della creazione col tempo deriva dalla sola rivelazione come ha insegnato san Tommaso; riaffronteremo questo tema nel capitolo 4. Allo stesso tempo, Pio XII ha citato Sir Edmund Whittaker, *Space and Spirit* che è andato un po' oltre nella sua posizione: «Questi differenti calcoli convergono nella conclusione che vi fu un'epoca, circa 10^9 o 10^{10} anni fa, prima della quale il cosmo, se esisteva, esisteva in una forma totalmente diversa da qualsiasi cosa a noi nota: così che essa rappresenta l'ultimo limite della scienza. Noi possiamo forse senza improprietà riferirci ad essa come alla creazione.»[25] La conclusione del Papa era: «La creazione nel tempo, quindi; e perciò un Creatore; dunque Dio! E questa la voce, benché non esplicita né compiuta, che noi chiedevamo alla scienza, e che la presente generazione umana attende da essa.»[26] C'è allora una compatibilità fra la fede e la scienza riguardo all'inizio cosmico. La rivelazione afferma l'inizio, la scienza non lo può negare. Si vede allora che è certamente un'esagerazione sostenere come Hawking, che «La Chiesa cattolica... si

---

[24] *Ibid.*, p.80.
[25] *Ibid.*, p.81. Cfr. Sir E. WHITTAKER, *Space and Spirit. Theories of the universe and the arguments for the existence of God*, H. Regnery, Hinsdale 1948, pp.118-119.
[26] *Ibid.*, pp.81-82.

impadronì del modello del *big bang* e nel 1951 dichiarò che esso è in accordo con la Bibbia.»[27]

La scienza e la filosofia (24 aprile 1955)

Questo discorso trattava la relazione fra la scienza e la filosofia: «Si tratta di penetrare la struttura intima degli esseri materiali e di considerare i problemi che interessano i fondamenti sostanziali del loro essere e della loro azione. Allora si pone la domanda: «La scienza sperimentale può di per se stessa risolvere questi problemi? Sono essi di sua spettanza e rientrano nel campo di applicazione delle sue ricerche?» Dobbiamo rispondere di no. La scienza procede a partire da sensazioni, che sono esterne per loro natura, e da esse, attraverso il procedimento dell'intelligenza, discende sempre più profondamente nelle pieghe nascoste delle cose; ma essa deve a un certo punto arrestarsi, quando sorgono problemi che non è possibile risolvere per mezzo dell'osservazione sensibile.

Quando lo scienziato interpreta i dati sperimentali e si dedica a spiegare questi fenomeni che hanno per sede la natura materiale in quanto tale, egli ha bisogno di una luce che procede per via inversa, dall'assoluto al relativo, dal necessario al contingente, e che sia in grado di rivelargli quella verità che la scienza non è capace di raggiungere con i mezzi che le sono proprî, poiché essa sfugge completamente ai sensi: questa luce è la filosofia, cioè la scienza delle leggi generali che valgono per ciascun essere—e quindi anche per il campo delle scienze naturali—al di là delle leggi conosciute empiricamente.»[28] Allora la scienza non può sostituirsi con la filosofia e la

---

[27] HAWKING, *Dal Big Bang ai buchi neri*, p.65.
[28] Papa PIO XII, *Discorso alla Pontificia Accademia delle Scienze* (22 novembre 1951) in *DP*, p.86.

filosofia non può sostituirsi con la scienza; però lo scienziato può riflettere in modo filosofico sulla scienza. Questi brani illustrano i limiti della scienza contro il positivismo e lo scientismo. Questi limiti sono stati trattati anche da Paolo VI e Giovanni Paolo II.

2.4 Giovanni XXIII (1958–1963)

Scienza e fraternità umana (5 ottobre 1962)

Il Papa ha sottolineato l'importanza delle scoperte scientifiche anche per la Chiesa. La Chiesa s'interessa da vicino ai problemi che a buon diritto impegnano l'attenzione degli uomini del nostro tempo, e che sono oggetto di ricerca scientifica da parte dei migliori specialisti. La Chiesa fa sua la gioia che saluta con emozione le luminose realizzazioni dei tecnici e degli scienziati di oggi, le cui conquiste permettono di padroneggiare la natura in una maniera che ancora poco fa sembrava una sfida alla più ricca immaginazione. Il Beato Giovanni XXIII aveva anche affermato: «Oh, come vorremmo che queste imprese assumessero il significato di un omaggio reso a Dio, creatore e supremo legislatore. Possano questi storici avvenimenti, allo stesso modo in cui figureranno negli annali della conoscenza scientifica del cosmo, divenire l'espressione di un vero e pacifico progresso, che contribuisca a fondare la fraternità umana.»[29]

---

[29] Papa GIOVANNI XXIII, *Discorso alla Pontificia Accademia delle Scienze* (5 ottobre 1962), in *DP*, p.104. Si veda *OR* (24 agosto 1962).

2.5 Paolo VI (1963–1978)

Gaudium et spes (7 dicembre 1965)

Il Concilio Vaticano II, nella Costituzione *Gaudium et spes* ha trattato la legittima autonomia delle realtà terrene: «Se per autonomia delle realtà terrene intendiamo che le cose create e le stesse società hanno leggi e valori propri, che l'uomo gradatamente deve scoprire, usare e ordinare, allora si tratta di una esigenza legittima, che non solo è postulata dagli uomini del nostro tempo, ma anche è conforme al volere del Creatore... Se invece con l'espressione «autonomia delle realtà temporali» si intende che le cose create non dipendono da Dio, che l'uomo può adoperarle senza ridarle al Creatore, allora tutti quelli che credono in Dio avvertono quanto false siano tali opinioni.»[30]

Si genera allora la nozione di *autonomia relazionale*, legata all'idea di causalità secondaria; l'uomo deve gradatamente scoprire il cosmo creato, e allora l'idealismo ed il panteismo sono esclusi. Si riscontra l'idea dei «limiti» della scienza, i limiti nel metodo e nel contenuto. Da ciò il pericolo di trasportare i risultati della scienza alla teologia con troppo facilità, perché infatti, le ipotesi della scienza sono mutevoli. Mentre la teologia è basata sui dati della Divina Rivelazione che non cambiano mai. Un esempio della falsa applicazione della scienza fu l'uso della psicologia di Freud nella visione teologica dell'uomo. Alcuni teologi hanno fatto questo passo falso. Però è provato che la scienza di Freud è basata su un falso metodo. Ha provato di mettere tutti i risultati clinici dell'analisi del sogno sulla sua idea aprioristica della sessualità. Lo sbaglio in Freud è già stato respinto da

---

[30] VATICANO II, *Gaudium et spes* (7 dicembre 1965), 36.

Rudolf Allers nel suo libro *The Successful Error*.³¹ Abbiamo incontrato i limiti della scienza parecchie volte in questo trattato; è un tema ricorrente. Ma è importante porre molta attenzione all'interpretazione di questi limiti.

Autonomia e dipendenza (23 aprile 1966)

Riguardo all'autonomia e alla dipendenza delle scienze, Paolo VI ha notato che la scienza non «esaurisce tutta la realtà». Piuttosto «ne è che un segmento, quello delle verità che possono esser colte con dei procedimenti scientifici.»³² «La scienza è sovrana nel suo campo. Chi oserebbe negarlo? Ma essa è ancella rispetto all'uomo, re della creazione. Se essa rifiutasse di servire, se non tendesse più al bene e al progresso dell'umanità, diverrebbe sterile, inutile e, diciamolo, nociva.»³³

Slancio verso il Creatore (18 aprile 1970)

In un discorso alla Pontificia Accademia delle Scienze, Paolo VI ha affermato che la realtà dell'universo si pone dinanzi a noi, e che è una strada verso Dio Creatore: «È lo stesso spirito umano che è capace di scrutare i segreti della creazione e a «dominare la terra», e allo stesso tempo di riconoscere e accogliere «sotto l'impulso della grazia» il dono che Dio gli fa di se stesso... Vi è il problema dell'essere stesso di questo cosmo, di questo universo; la questione della sua esistenza. Voi rimanete, in effetti, nell'osservazione scientifica sperimentale, d'ordine matematico e cosmologico. Ma che cosa impedisce allo spirito di riconoscere, sul terreno filosofico, la possibilità di

---

[31] R. ALLERS, *The Successful Error*, Sheed and Ward, London 1941.
[32] Papa PAOLO VI, *Discorso alla Pontificia Accademia delle Scienze* (23 aprile 1966) in *DP*, p.116.
[33] *Ibid.*, p.117.

risalire al principio trascendente, al Creatore «causa subsistendi et ratio intelligendi et ordo vivendi»?...La vera scienza, ben lontana dal frenare lo slancio del pensiero, costituisce un trampolino che gli permette di elevarsi—in questo stesso slancio—verso Colui che generosamente gli fornisce il suo alimento.»[34]

2.6 Giovanni Paolo II (1978–2005)

Bontà del cosmo (31 marzo 1979)

Il Papa ha affermato la bontà essenziale della scienza: «La scienza in se stessa è buona poiché essa è conoscenza del mondo che è buono, creato e guardato dal Creatore con «soddisfazione», come dice il libro della Genesi: «Dio vide che tutto ciò che aveva fatto era buono.» Il peccato originale non ha totalmente alterato questa bontà originaria. La conoscenza umana del mondo è una maniera di partecipare alla scienza del Creatore. Essa costituisce dunque un primo grado della somiglianza dell'uomo con Dio, un atto di rispetto verso di Lui, perché tutto ciò che noi scopriamo rende omaggio alla verità prima.»[35] L'idea di partecipare alla scienza del Creatore è un appoggio al realismo.

Cosmologia: scienza della totalità

«La cosmologia, una scienza della totalità di quel che esiste come essere sperimentalmente osservabile, è quindi dotata di un suo statuto epistemologico particolare, che la colloca

---

[34] Papa PAOLO VI, *Discorso alla Pontificia Accademia delle Scienze* (18 aprile 1970) in *DP*, pp.126, 127, 128.

[35] Papa GIOVANNI PAOLO II, *Discorso alla European Physical Society*, IG 2/1 (1979) p.748, traduzione italiana in GARGANTINI, *I Papi e la Scienza*, p. 18. Cfr. anche Gen 1:31.

forse più di ogni altra ai confini con la filosofia e con la religione, poiché la scienza della totalità conduce spontaneamente alla domanda sulla totalità stessa, domanda che non trova le sue risposte all'interno di tale totalità.»[36] L'errore di Hawking ed altri è di tentare di spiegare il cosmo dal di dentro, e cioè, di isolare l'idea del cosmo. Ma il cosmo non trova la sua spiegazione dentro di sé. La nozione del cosmo è menzionata altrove nei discorsi di Giovanni Paolo II, come vedremmo; qui si ritrova anche l'importanza del pensiero di Stanley Jaki e della teoria di Gödel.

Il Papa Giovanni Paolo II, nella sua Lettera enciclica, *Sollicitudo rei socialis*, ha rilevato ancora una volta l'importanza della nozione dell'universo: «Occorre tener conto della *natura di ciascun essere* e della sua *mutua connessione* in un sistema ordinato, che è appunto il cosmo.»[37] Anche nel messaggio del Papa per la giornata della pace, Pace con Dio creatore. Pace con tutto il creato, è ritornato sul tema importante della nozione del cosmo: «Teologia, filosofia e scienza concordano nella visione di un universo armonioso, cioè di un vero «cosmo», dotato di una sua integrità e di un suo interno e dinamico equilibrio.»[38]

Il Big Bang (3 ottobre 1981)

Questo è un discorso chiave per il nostro argomento. Parlando della teoria del Big-Bang, il Papa diceva: «Ogni

---

[36] Papa GIOVANNI PAOLO II, *Discorso ai partecipanti alla conferenza su «Il problema del cosmo»* (28 settembre 1979), in *IG* 2/2 (1979) p.401, traduzione italiana in GARGANTINI, *I Papi e la Scienza*, p.173.

[37] Papa GIOVANNI PAOLO II, Lettera enciclica, *Sollicitudo rei socialis*, 34.2.

[38] Papa GIOVANNI PAOLO II, Messaggio per la giornata della pace, *Pace con Dio creatore. Pace con tutto il creato*, 8.1.

ipotesi scientifica sull'origine del mondo, come quella di un atomo primitivo, dal quale tutto l'universo fisico sarebbe derivato, lascia aperto il problema sul principio dell'universo. Non è la scienza, che possa da sola risolvere un tale quesito, ma è quel sapere dell'uomo che si eleva al di sopra della fisica e dell'astrofisica e che si suole chiamare metafisica, e soprattutto quel sapere che viene dalla rivelazione di Dio.»[39] La scienza da sola non può risolvere la questione dell'origine dell'universo.[40] A questo discorso riferisce Hawking, che ha sbagliato, perché il Papa non ha detto «non dovevamo cercare di penetrare i segreti del Big Bang»[41] ma piuttosto: «Non è la scienza, che possa da sola risolvere un tale quesito, ma è quel sapere dell'uomo che si eleva al di sopra della fisica e dell'astrofisica e che si suole chiamare metafisica, e soprattutto quel sapere che viene dalla rivelazione di Dio.»

Prova scientifica di Dio (10 luglio 1985)

Giovanni Paolo II ha chiarito ancora di più questo tema ad un'Udienza Generale nel 1985: «Volere una prova scientifica di Dio, significherebbe *abbassare Dio al rango degli esseri del nostro mondo*, e quindi sbagliarsi già metodologicamente su quello che Dio è. La scienza deve riconoscere i suoi limiti e la sua impotenza a raggiungere l'esistenza di Dio: essa non può né affermare, né negare questa esistenza.»[42] La nozione del cosmo è anche legata alla

---

[39] Papa GIOVANNI PAOLO II, *Discorso alla Pontificia Accademia delle Scienze* (3 ottobre 1981) in *DP*, p.159.

[40] Si veda il discorso di Papa PIO XII del 22 *novembre 1951*, come citato sopra.

[41] HAWKING, *Dal Big Bang ai buchi neri*, p.137.

[42] Papa GIOVANNI PAOLO II, *Discorso all'Udienza Generale* (10 luglio 1985) in *IG* 8/2 (1985) p. 110. Vedi anche *OR* 125/157 (11 luglio 1985) p.4.

provvidenza divina: «È proprio la provvidenza in quanto trascendente sapienza del Creatore a far sì che il mondo non sia il «caos» ma il «cosmos».»[43]

Non sono opposte (28 ottobre 1986)

Il Papa ha affermato in questo cinquantenario della Pontificia Accademia delle Scienze che non vi è contraddizione tra la scienza e la religione: «L'esistenza e l'attività di questa Accademia, fondata dalla santa Sede, in costante legame con essa, costituita da membri da essa nominati, illustrano innanzitutto questo fatto: *non vi è contraddizione tra la scienza e la religione*. La Chiesa stima la scienza, riconosce anche di avere una certa connaturalità con quelli che ad essa consacrano i loro sforzi, come con tutti coloro che cercano di aprire la famiglia umana ai nobilissimi valori del vero, del bene e del bello, ad una intelligenza delle cose, che abbia una valenza universale.»[44] Il vero corrisponde allo studio dell'epistemologia, il bene alla morale e il bello all'estetica. Il Papa ha parlato anche sul senso dell'universo o nozione del cosmo: «Ritengo che la comunità scientifica, dopo un periodo di estrema specializzazione necessaria sul piano sperimentale, stia ritrovando l'interesse per l'unitarietà, la questione del *senso dell'universo*, del mistero meraviglioso della natura e dell'essere umano.»[45]

---

[43] Papa GIOVANNI PAOLO II, *Discorso all'Udienza Generale* (14 maggio 1986) in *IG* 9/1 (1986) p.1413.

[44] Papa GIOVANNI PAOLO II, *Discorso alla Pontificia Accademia delle Scienze* (20 ottobre 1986), in *DP*, p.191.

[45] *Ibid.*, p.194.

Contro il riduzionismo (26 settembre 1987)

Il Papa ha dichiarato, contro il riduzionismo del positivismo e dello strumentalismo, che: «Riducendo la scienza a tutto ciò che può essere misurato, analizzato e ricostruito in un sistema matematico di relazioni, la filosofia e soprattutto la teologia, furono estromesse dalla sfera della conoscenza scientifica.»[46] Ha anche affrontato l'idealismo, dicendo che l'obiettivo della scienza «non deve essere manipolato o ridotto *a priori* ad un modello matematico, ma deve includere la totalità del reale.»[47] A favore del realismo invece il Papa ha proposto: «A questo punto desidero ricordare che la Chiesa Cattolica ritiene che un simile restringimento della prospettiva della conoscenza razionale e scientifica non è conforme all'autentica vocazione dell'intelligenza umana, poiché l'uomo è creato *uno* nelle sue diverse facoltà di conoscere il reale: siano esse analitiche o sintetiche, induttive o deduttive, sperimentale o intuitive.»[48] In questo senso, tutto il pensiero si incrocia sul reale. Il vincolo fra creazione ed incarnazione è stato accennato: «La teologia si occupa in primo luogo dello studio della Parola di Dio come è espressa nel patto della creazione e nell'economia della salvezza. Al di sopra di tutto, la teologia è basata sul fatto che «in questi giorni, (Dio) ha parlato a noi per mezzo del Figlio, che ha costituito erede di tutte le cose e per mezzo del quale ha fatto anche il mondo» (Eb 1:2).»[49]

---

[46] Papa GIOVANNI PAOLO II, *Discorso al Congresso promosso dalla Specola Vaticana in occasione del tricentenario del Newton «Principia»* in OR 127/231 (27 settembre 1987), p.5.
[47] *Ibid.*
[48] *Ibid.*
[49] *Ibid.*

Ciascuna ha i suoi principi (1 giugno 1988)

In una lettera a P. Coyne, Direttore della Specola Vaticana, in occasione della pubblicazione degli atti del Congresso da essa promossa in occasione del tricentenario di Newton, «Principia», il Papa ha dichiarato: «Per essere più chiari, sia la religione, sia la scienza devono conservare la loro autonomia e la loro distinzione. La religione non si fonda sulla scienza né la scienza è un'estensione della religione. Ciascuna ha i suoi principi, il suo modo di procedere, le sue differenti interpretazioni e le proprie conclusioni. Il Cristianesimo ha in se stesso la sorgente della propria giustificazione e non pretende di fare la sua apologia appoggiandosi primariamente sulla scienza... La scienza può purificare la religione dall'errore e dalla superstizione; la religione può purificare la scienza dall'idolatria e dai falsi assoluti.»[50] Si trova qui come la fede cristiana può purificare la scienza dalla contaminazione ideologica.

Il mosaico di sapere (29 ottobre 1990)

In un discorso indirizzato alla Pontificia Accademia delle Scienze, il Papa ha descritto il mosaico di sapere, ed in particolare come la scienza non è autonoma. Si trova qui un legame con le teorie di Gödel: «Ad un primo stadio, la cultura scientifica si sviluppa attraverso la somma di vari e diversi studi. Poco a poco, si viene a formare un mosaico del sapere in un determinato settore. Questo mosaico deve essere interpretato e analizzato, in modo da poter rispondere alle nuove esigenze di legittimazione razionale

---

[50] Papa GIOVANNI PAOLO II, *Lettera a P. Coyne, Direttore della Specola Vaticana, in occasione della pubblicazione degli atti del Congresso da essa promossa in occasione del tricentenario di Newton, «Principia»*. Versione inglese in *IG* 11/2 (1988), p.1706. Versione italiana in *OR* 128/256 (26 ottobre 1988), p.7.

che ogni disciplina costituita pone. Non è forse manifestazione di maturità da parte di una scienza, l'interrogarsi su se stessa e sui suoi rapporti con l'ordine più generale della conoscenza?»[51] Il Papa ha proseguito: «I vostri studi testimoniano lo sforzo compiuto dalla ragione umana per meglio indagare la realtà e scoprire la verità in ogni sua dimensione... Per la Chiesa, infatti, niente è altrettanto fondamentale della conoscenza della verità e della sua proclamazione... La Chiesa si fa continuamente avvocata dell'uomo, in grado di accogliere tutta la verità. Allo stesso modo, essa incoraggia la ricerca che indaga ogni tipo di verità, nella convinzione che tutte convergano verso la gloria dell'unico Creatore, egli stesso verità suprema e luce di tutta l'umanità, passata, presente e futura.»[52]

Una felice complementarità (4 ottobre 1991)

Ad un simposio promosso dalla Pontificia Accademia delle Scienze e dal Pontificio Consiglio della Cultura, il Papa ha detto: «Assistiamo ad uno straordinario sviluppo scientifico e tecnologico. I limiti della conoscenza sembra che si allontanino continuamente. Ma, allo stesso tempo, siamo colti quasi da un fremito di angoscia per l'uso che ne viene fatto. La storia contrastata del nostro secolo ci pone di fronte alle nostre rispettive responsabilità. Oggi ci rendiamo conto, forse più di un tempo, dell'ambivalenza della scienza. L'uomo può servirsene per il proprio progresso, ma anche per la propria rovina. La scienza ha

---

[51] Papa GIOVANNI PAOLO II, *Discorso alla Plenaria della Pontificia Accademia delle Scienze*, in *OR* 130/250 (29-30 ottobre 1990), p. 7; anche in *IG* 13/2 (1990), p.963.

[52] Papa GIOVANNI PAOLO II, *Discorso alla Plenaria della Pontificia Accademia delle Scienze*, in *OR* 130/250 (29-30 ottobre 1990), p.7; anche in *IG* 13/2 (1990), pp.963-964.

tante implicazioni da richiedere una maggiore vigilanza da parte della coscienza.»

«L'evoluzione del pensiero e il cammino della storia manifestano, spesso attraverso crisi e conflitti, un movimento incoercibile verso l'unità. I popoli prendono coscienza di non poter più vivere soli e che l'isolamento conduce a un sicuro indebolimento. Le culture si aprono all'universale e si arricchiscono reciprocamente. Le filosofie e le ideologie presuntuose, come lo scientismo, il positivismo e il materialismo, che si ritenevano esclusive e pretendevano di spiegare tutto al prezzo di un approccio riduttivo, sono oggi superate. Scoperta nella sua immensità e nella sua complessità, la realtà suscita nei ricercatori un atteggiamento di umiltà. Il metodo sperimentale non consente di comprendere la realtà se non in alcuni aspetti parziali, mentre la filosofia, l'arte e la religione la comprendono, nei loro specifici approcci, in modo più o meno globale.»[53]

«Oggi, è in una felice complementarità e senza sospetti né concorrenza, che gli astrofisici studiano l'origine dell'universo, e che i teologi e gli esegeti studiano la creazione dell'universo come un dono fatto all'uomo da Dio. Dinanzi ai movimenti antiscientifici, dalle motivazioni irrazionali, che emergono come grida d'angoscia di uomini che hanno perduto il senso della loro esistenza e che la tecnica schiaccia, la Chiesa difende la dignità e la necessità della ricerca scientifica e filosofica, per scoprire i segreti ancora celati dell'universo e chiarire la natura dell'essere umano. Scienziati e credenti possono

---

[53] Cf. Papa GIOVANNI PAOLO II, *Allocutio Genavae, in aedibus Instituti ad nuclei atomici conformationem investigandam, compendiariis litteris CERN nuncupati, habita,* 4-5 (15 giugno 1982) in *IG* V/2 (1982), pp.2312 s..

costituire una grande famiglia spirituale e costruire una cultura orientata verso l'autentica ricerca della Verità.»[54]

La grandezza del Creatore (11 ottobre 1992)

Il Catechismo della Chiesa Cattolica contiene alcuni passi molto pertinenti alla nostra questione: «La questione delle origini del mondo e dell'uomo è oggetto di numerose ricerche scientifiche, che hanno straordinariamente arricchito le nostre conoscenze sull'età e le dimensioni del cosmo, sul divenire delle forme viventi, sull'apparizione dell'uomo. Tali scoperte ci invitano ad una sempre maggiore ammirazione per la grandezza del Creatore, e a ringraziarlo per tutte le sue opere e per l'intelligenza e la sapienza di cui fa dono agli studiosi e ai ricercatori...»[55] Poi prosegue: «Il grande interesse, di cui sono oggetto queste ricerche, è fortemente stimolato da una questione di altro ordine, che oltrepassa il campo proprio delle scienze naturali. Non si tratta soltanto di sapere quando e come sia sorto materialmente il cosmo, né quando sia apparso l'uomo, quanto piuttosto di scoprire quale sia il senso di tale origine: se cioè sia governato dal caso, da un destino cieco, da una necessità anonima, oppure da un Essere trascendente, intelligente e buono, chiamato Dio. E se il mondo proviene dalla sapienza e dalla bontà di Dio, perché il male? Da dove viene? Chi ne è responsabile? C'è una liberazione da esso?»[56]

Dio ha creato un mondo ordinato e buono: «Per il fatto che Dio crea con sapienza, la creazione ha un ordine: «Tu

---

[54] Papa GIOVANNI PAOLO II, *Discorso al simposio promosso dalla Pontificia Accademia delle Scienze e dal Pontificio Consiglio della Cultura* in OR 131/230 (5 ottobre 1991), p.5 e IG 14/2 (1991), pp.736-737, 739.

[55] CCC 283.

[56] CCC 284.

hai disposto tutto con misura, calcolo e peso» (Sap 11,20). Creata nel e per mezzo del Verbo eterno, «immagine del Dio invisibile» (Col 1,15), la creazione è destinata, indirizzata all'uomo, immagine di Dio, chiamato a una relazione personale con Dio. La nostra intelligenza, poiché partecipa alla luce dell'Intelletto divino, può comprendere ciò che Dio ci dice attraverso la creazione, certo non senza grande sforzo e in spirito di umiltà e di rispetto davanti al Creatore e alla sua opera. Scaturita dalla bontà divina, la creazione partecipa di questa bontà. La creazione, infatti, è voluta da Dio come un dono fatto all'uomo, come un'eredità a lui destinata e affidata. La Chiesa, a più riprese, ha dovuto difendere la bontà della creazione, compresa quella del mondo materiale.»[57]

Il Catechismo anche propone l'importanza ed i limiti della ricerca scientifica: «La ricerca scientifica di base come la ricerca applicata costituiscono una espressione significativa della signoria dell'uomo sulla creazione. La scienza e la tecnica sono preziose risorse quando vengono messe al servizio dell'uomo e ne promuovono lo sviluppo integrale a beneficio di tutti; non possono tuttavia, da sole, indicare il senso dell'esistenza e del progresso umano. La scienza e la tecnica sono ordinate all'uomo, dal quale traggono origine e sviluppo; esse, quindi, trovano nella persona e nei suoi valori morali l'indicazione del loro fine e la coscienza dei loro limiti.»[58] Il Catechismo afferma che è illusorio rivendicare la neutralità morale della ricerca scientifica e delle sue applicazioni. «D'altra parte, i criteri orientativi non possono essere dedotti né dalla semplice efficacia tecnica, né dall'utilità che può derivarne per gli uni a scapito degli altri, né, peggio ancora, dalle ideologie

---

[57] CCC 299.
[58] CCC 2293.

dominanti. La scienza e la tecnica richiedono, per il loro stesso significato intrinseco, l'incondizionato rispetto dei criteri fondamentali della moralità; devono essere al servizio della persona umana, dei suoi inalienabili diritti, del suo bene vero e integrale, in conformità al progetto e alla volontà di Dio.»[59]

Cosmos non caos (31 ottobre 1992)

Papa Giovanni Paolo II ha dichiarato alla Plenaria della Pontificia Accademia delle Scienze in riguardo alla relazione conclusiva dei lavori della commissione istituita nel 1981 per l'approfondimento del caso Galileo: «Non è questo caso archiviato da tempo e gli errori commessi non sono stati riconosciuti? Certo questo è vero. Tuttavia, i *problemi soggiacenti* a quel caso toccano la natura della scienza come quella del *messaggio della fede*. Non è dunque da escludere che ci si trovi un giorno davanti ad una situazione analoga, che richiederà agli uni e agli altri una coscienza consapevole del campo e dei limiti delle rispettive competenze.»[60] Ha affermato che sia necessario «delimitare meglio il loro campo proprio, il loro angolo di approccio, i loro metodi, così come l'esatta portata delle loro conclusioni.»[61] Il Papa ha aggiunto che le diverse discipline del sapere richiedono una diversità di metodi e che è doveroso ricordare la celebre sentenza attribuita a Cardinal Baronio: «Spiritui Sancto mentem fuisse nos docere quomodo ad coelum eatur, non quomodo coelum gradiatur.»[62] Ha aggiunto ancora: «Chi si impegna nella

---

[59] CCC 2294.

[60] Papa Giovanni Paolo II, *Discorso alla Plenaria della Pontificia Accademia delle Scienze*, 4 in OR 132/254 (1 novembre 1992), p.8.

[61] *Ibid.*, 6.

[62] Cfr. *ibid.*, 12. «Lo Spirito Santo si era preoccupato di insegnare agli

ricerca scientifica e tecnica ammette come presupposto del suo itinerario che il mondo non è un caos, ma un «cosmos», ossia che c'è un ordine e delle leggi naturali, che si lasciano apprendere e pensare...»[63] Questa frase si può benissimo applicare alla meccanica quantistica e all'evoluzione, dove si dovrebbero cercare le cause sottostanti gli effetti.

L'evoluzione (22 ottobre 1996)

Non è la prima volta che il Santo Padre tratta questo argomento: infatti già lo aveva affrontato, per esempio, il 26 aprile 1985, in un discorso ai partecipanti nel Simposio scientifico internazionale *Fede cristiana e teoria dell'evoluzione*[64]:

> Per quanto riguarda l'aspetto puramente naturalistico della questione, già il mio indimenticato predecessore Papa Pio XII richiamava l'attenzione del 1950, nella sua enciclica *Humani Generis*, sul fatto che il dibattito sul modello esplicativo di *evoluzione* non viene ostacolato dalla fede se questa discussione rimane nel contesto del metodo naturalistico e delle sue possibilità. In base a queste considerazioni del mio predecessore, non creano ostacoli una fede rettamente compresa nella creazione o un insegnamento rettamente inteso dell'evoluzione: l'evoluzione infatti presuppone la creazione; la creazione si pone nella luce dell'evoluzione come un avvenimento che si estende nel tempo — come una «creatio continua» — in cui Dio diventa visibile agli occhi del credente come Creatore del cielo e della terra.

Il Santo Padre ha anche menzionato la questione in un paio di discorsi all'Udienza Generale. Il primo era del 29

---

uomini in che modo si vada in cielo e non in che modo vada il cielo.»
[63] *Ibid.*, 14.
[64] Cf. *Insegnamenti di Giovanni Paolo II*, VIII/1, pp. 1131-1132).

gennaio 1986. Nel fare il commento ai primi versetti del Libro della Genesi, il Santo Padre afferma: «Questo testo ha una portata soprattutto *religiosa* e *teologica*. Non si possono cercare in esso elementi significativi dal punto di vista delle scienze naturali. Le ricerche sull'origine e sullo sviluppo delle singole specie «*in natura*» non trovano in questa descrizione alcuna norma «vincolante», né apporti positivi di interesse sostanziale. Anzi, con la verità circa la creazione del mondo visibile—così come è presentata nel *Libro della Genesi*—*non contrasta*, in linea di principio, *la teoria dell'evoluzione naturale*, quando la si intenda in modo da non escludere la causalità divina.»[65]

L'altra occasione era il 16 aprile di 1986. Il Santo Padre, dopo aver citato di nuovo il testo dell'enciclica *Humani Generis*, conclude: «Si può dunque dire che, *dal punto di vista della dottrina della fede*, non si vedono difficoltà nello spiegare l'origine dell'uomo, in quanto corpo, mediante l'ipotesi dell'evoluzionismo. Bisogna tuttavia aggiungere che l'ipotesi propone soltanto una probabilità, non una certezza scientifica. *La dottrina della fede invece afferma* invariabilmente che *l'anima spirituale dell'uomo è creata direttamente da Dio*. È cioè possibile secondo l'ipotesi accennata, che il corpo umano, seguendo l'ordine impresso dal Creatore nelle energie della vita, sia stato gradatamente preparato nelle forme di esseri viventi antecedenti. L'anima umana, però, da cui dipende in definitiva l'umanità dell'uomo, essendo spirituale, non può essere emersa dalla materia.»[66]

---

[65] Cf. *Insegnamenti di Giovanni Paolo II*, IX/1, p.212; il corsivo appare nel testo di *Insegnamenti*.

[66] Cf. *Insegnamenti di Giovanni Paolo II*, IX/1, p.1041; il corsivo appare nel testo di *Insegnamenti*.

Il testo completo del messaggio del ottobre 1996 è riportato nell'Appendice 2; qui offriamo un analisi riassuntivo. La Chiesa è interessata sul tema giacché l'evoluzione dà una risposta scientifica al problema della natura e dell'origine dell'uomo. La Rivelazione contiene insegnamenti al riguardo, poiché essa ci assicura che l'uomo è stato creato ad immagine e somiglianza di Dio. A prima vista, sembra che esistano alcuni conflitti tra quello che gli scienziati dicono ed il messaggio della Rivelazione. Come è possibile risolverli? La verità non può contraddire la verità.[67] La scienza va avanti e i progressi pongono

---

[67] Cf. Papa LEONE XIII, *Providentissimus Deus* (*Leonis XIII Pont. Max. Acta*, XIII, 1894, p. 361); nella stessa enciclica, Leone XIII afferma: «La cognizione delle cose naturali sarà un valido sussidio per il dottore di sacra Scrittura, per scoprire più facilmente e confutare anche siffatti cavilli addotti contro i Libri divini. Nessuna vera contraddizione potrà interporsi tra il teologo e lo studioso delle scienze naturali, finché l'uno e l'altro si manterranno nei propri confini, guardandosi bene, secondo il monito di sant'Agostino di 'non asserire nulla temerariamente, né di presentare una cosa incerta come certa' (cf. S. AGOSTINO, *De Genesi ad litteram*, c.9, 30 in *PL* 34, 233.)» (cf. DS 3287; in questa edizione, nella versione italiana, c'è un errore, che abbiamo corretto, nella traduzione della citazione di S. Agostino). Si tratta qui di un principio fondamentale per questo tipo di questione, che ha alle sue spalle una lunga tradizione (si potrebbe far risalire fino alla condanna della dottrina della doppia verità degli averroisti; cf. DS 1441). Questo principio è stato invocato con una certa frequenza nel Magistero recente, come lo possono illustrare i testi seguenti: «Ma anche se la fede è sopra la ragione, non vi potrà mai essere vera divergenza tra fede e ragione: poiché lo stesso Dio, che rivela i misteri e comunica la fede, ha anche deposto nello spirito umano il lume della ragione, questo Dio non potrebbe negare se stesso, né il vero contraddire il vero» (VATICANO I, *Dei Filius*, DS 3017); «(...) la ricerca metodica di ogni disciplina, se procede in maniera veramente scientifica e secondo le norme morali non sarà mai in reale contrasto con la fede, perché le realtà profane e le realtà della fede hanno origine dal medesimo Dio» (VATICANO II: *Gaudium et spes*, 36; cf. anche *CCC* 159, (cita il testo della *Dei Filius* e della *Gaudium et spes*), e Papa GIOVANNI PAOLO II, *Discorso alla Pontificia*

nuove questioni. La Chiesa è interessata a conoscere tali progressi, per chiarire le conseguenze di tipo etico e religioso che essa presenta e compiere così la sua missione specifica. Il Papa fa notare che già il Magistero si era pronunciato sul tema dell'evoluzione «nell'ambito della propria competenza», cioè per quanto attiene alla religione. Pio XII, nell'enciclica *Humani Generis*, dichiarò che, in linea di principio, non c'è opposizione tra la teoria dell'evoluzione e la dottrina della fede sull'uomo, se si rispettano certe condizioni. Giovanni Paolo II stesso, in un altro discorso alla Pontificia Accademia delle Scienze a proposito del caso Galileo, aveva precisato che, per interpretare correttamente la parola ispirata, è necessario servirsi di una ermeneutica rigorosa.[68] È necessario definire bene il senso proprio della Scrittura, per non farle dire ciò che non intende. Per delimitare bene i rispettivi campi di scienza e teologia, è necessario che i teologi conoscano i risultati delle scienze naturali.

A partire dalle conoscenze scientifiche dell'epoca di Pio XII, e delle esigenze della teologia, nell'enciclica *Humani Generis* si considerava la dottrina dell'*evoluzionismo* come un'ipotesi seria, degna di ricerca e di riflessione profonda come lo era l'ipotesi opposta. Tuttavia, si devono rispettare due premesse metodologiche molto significative. In primis, non adottare l'*evoluzionismo* come se fosse una dottrina certa e dimostrata (e questo in contrasto con ciò che alcuni autori hanno preteso, anche nell'ambito cattolico).[69] Poi non affrontare tale questione come se si

---

Accademia delle Scienze (10 novembre 1979).

[68] Cf. Papa GIOVANNI PAOLO II, *Discorso alla Sessione Plenaria della Pontificia Accademia delle Scienze* (31 ottobre 1992) in OR (1 novembre 1992), p.8.

[69] Tale è il caso di P. Teilhard de Chardin, il quale affermava che

potesse prescindere dalla rivelazione, con riferimento agli interrogativi che l'ipotesi dell'evoluzione potrebbe sollevare. In seguito, il Papa afferma che ci troviamo di fronte ad una nuova situazione: recenti scoperte scientifiche indicano che non si può considerare più la teoria dell'evoluzione una semplice ipotesi. Si potrebbe parlare allora dell'evoluzione come di una *teoria*, piuttosto che di una mera ipotesi, perché così lo richiedono le nuove scoperte scientifiche in questo campo, e lo suggerisce anche la convergenza dei risultati di diverse ricerche condotte indipendentemente le une dalle altre.

La questione qui è di tipo epistemologico: una teoria si propone di andare oltre i dati osservati ai quali fa riferimento (*elaborazione metascientifica*), e consente di relazionare ed interpretare una serie di dati e fatti, tra loro indipendenti, per mezzo di una spiegazione complessiva. Affinché una teoria scientifica sia valida, deve essere verificabile. Se essa non corrisponde ai dati che intende spiegare, allora non è valida; deve ripartire dalle sue basi. Una teoria come quella dell'evoluzione deve inoltre tenere conto di alcuni presupposti di tipo filosofico, metafisico. Non c'è una, infatti, ma varie teorie dell'evoluzione, per due motivi principali. Primo è quello che si riferisce ai meccanismi dell'evoluzione. Poi c'è quello che attiene ai contesti filosofici in cui esse rientrano (materialista,

---

«l'evoluzione ha cessato da molto tempo di essere una 'ipotesi' per diventare una condizione generale della conoscenza (una dimensione nuova) cui debbono ormai soddisfare tutte le ipotesi» (*L'apparizione dell'uomo*, Il Saggiatore, Milano 1979, p.258); «Una teoria, un sistema, un'ipotesi, l'Evoluzione...? Assolutamente no: ma, molto più di ciò, una condizione generale alla quale devono conformarsi e soddisfare ormai tutte le teorie, tutte le ipotesi, tutti i sistemi, se vogliono essere pensabili e veri» (*Il fenomeno umano*, Queriniana, Brescia 1995, p.204).

spiritualista), i quali pure devono essere considerati, tanto in sede filosofica quanto in quella teologica.

Il Papa ribadisce che la questione dell'evoluzione è di interesse per la Chiesa, poiché è in gioco la concezione dell'uomo, e in particolare la sua dignità come persona. L'uomo è creato a somiglianza di Dio per la sua intelligenza e libera volontà, le quali lo rendono capace di entrare in comunione con Dio e con gli altri uomini. La sua dignità (anche del corpo) deriva dall'anima spirituale, che non può sorgere per emanazione dalla materia, ma è immediatamente creata da Dio. Di conseguenza, le teorie dell'evoluzione che, in base ai loro presupposti filosofici, considerano lo spirito come qualcosa che emerge dalla materia, o come un semplice epifenomeno di quest'ultima, sono incompatibili non solo con la religione, ma ancor prima con la verità della condizione umana, e non sono in grado di dare fondamento alla sua dignità.[70]

Esiste una differenza ontologica tra l'uomo e tutti gli altri esseri viventi. Infatti, tra quel che è semplicemente animale e l'uomo c'è un «salto ontologico», una «discontinuità ontologica», sebbene, afferma il Papa, essa di per sé non si oppone ad una possibile continuità fisica riguardo all'origine del corpo umano. L'infusione dell'anima da parte di Dio in un corpo atto a riceverla non può essere oggetto di studio per la scienza, poiché non si tratta di un

---

[70] Qui il Papa sembra fare allusione di nuovo, fra altri, a Teilhard de Chardin, il quale affermava: «lo spirito non è più indipendente dalla materia, né opposto a essa, ma emerge da essa faticosamente sotto l'attrazione di Dio, per sintesi e centrazione» (*L'avvenire dell'uomo*, Il Saggiatore, Milano 1972, p. 149); «la materia matrice dello Spirito; lo Spirito, stato superiore della Materia» (*Il cuore della materia*, Queriniana, Brescia 1993, p.27); «lo spirito emerge sperimentalmente nel mondo solo da una materia sempre più sintetizzata» (*La mia fede*, Queriniana, Brescia 1993, p.161).

fenomeno empirico, osservabile. Tuttavia, si potrebbe avere una certa esperienza empirica di questo fatto in modo indiretto, attraverso alcuni indizi e manifestazioni che pongano in evidenza che ci troviamo di fronte ad esseri dotati di un'anima spirituale; ma tali manifestazioni sono piuttosto oggetto della filosofia e della teologia. Tali sarebbero, per esempio, i fenomeni che facessero riferimento ad un'esperienza di un sapere metafisico, della coscienza di sé, della coscienza morale, della libertà, dell'esperienza estetica e religiosa.

Il Santo Padre conclude invitando a non dimenticare lo straordinario messaggio di vita che si trova nella Sacra Scrittura, la visione di saggezza sulla vita che ci offre. E ci ricorda che pur essendo presenti delle tentazioni che ci assediano, nostro Signore afferma col libro del Deuteronomio che «l'uomo vive di quanto esce dalla bocca del Signore».

La grandezza del Creatore (24 febbraio 1998)

Il Papa ha fatto delle dichiarazioni significative alla Pontificia Accademia per la Vita: «Il genoma umano è come l'ultimo continente che ora viene esplorato. In questo millennio che sta per concludersi, così ricco di drammi e di conquiste, gli uomini attraverso le esplorazioni geografiche e le scoperte si sono conosciuti ed in qualche modo avvicinati. La conoscenza umana ha pure realizzato importanti acquisizioni nel mondo della fisica, fino alla scoperta recente della struttura dei componenti dell'atomo. Ora gli scienziati, attraverso le conoscenze di genetica e di biologia molecolare, leggono con lo sguardo penetrante della scienza entro il tessuto intimo della vita ed i meccanismi che caratterizzano gli individui, garantendo la continuità delle specie viventi.

Queste conquiste svelano sempre più la grandezza del Creatore, perché consentono all'uomo di constatare l'ordine insito nel creato e di apprezzare le meraviglie del suo corpo, oltre che del suo intelletto, nel quale, in qualche misura, si riflette la luce del Verbo «per mezzo del quale tutte le cose sono state create» (Gv 1,3).

Nell'epoca moderna, tuttavia, è viva la tendenza a ricercare il sapere non tanto per ammirare e contemplare, quanto piuttosto per aumentare il potere sulle cose. Sapere e potere si intrecciano sempre di più in una logica che può imprigionare l'uomo stesso. Nel caso della conoscenza del genoma umano, questa logica potrebbe portare ad intervenire nella struttura interna della vita stessa dell'uomo con la prospettiva di sottomettere, selezionare e manipolare il corpo e, in definitiva, la persona e le generazioni future.»[71]

Fides et ratio (14 settembre 1998)

L'enciclica *Fides et ratio* contiene molto materiale pertinente al nostro discorso, fra l'altro in riguardo al pericolo dello *scientismo*:

> Questa concezione filosofica si rifiuta di ammettere come valide forme di conoscenza diverse da quelle che sono proprie delle scienze positive, relegando nei confini della mera immaginazione sia la conoscenza religiosa e teologica, sia il sapere etico ed estetico. Nel passato, la stessa idea si esprimeva nel positivismo e nel neopositivismo, che ritenevano prive di senso le affermazioni di carattere metafisico. La critica epistemologica ha screditato questa posizione, ed ecco che essa rinasce sotto le nuove vesti dello scientismo. In questa prospettiva,

---

[71] Papa GIOVANNI PAOLO II, *Discorso alla Pontificia Accademia per la Vita* (24 febbraio 1998), 2-3.

> i valori sono relegati a semplici prodotti dell'emotività e la nozione di essere è accantonata per fare spazio alla pura e semplice fattualità. La scienza, quindi, si prepara a dominare tutti gli aspetti dell'esistenza umana attraverso il progresso tecnologico. Gli innegabili successi della ricerca scientifica e della tecnologia contemporanea hanno contribuito a diffondere la mentalità scientista, che sembra non avere più confini, visto come è penetrata nelle diverse culture e quali cambiamenti radicali vi ha apportato.
>
> Si deve constatare, purtroppo, che quanto attiene alla domanda circa il senso della vita viene dallo scientismo considerato come appartenente al dominio dell'irrazionale o dell'immaginario. Non meno deludente è l'approccio di questa corrente di pensiero agli altri grandi problemi della filosofia, che, quando non vengono ignorati, sono affrontati con analisi poggianti su analogie superficiali, prive di fondamento razionale. Ciò porta all'impoverimento della riflessione umana, alla quale vengono sottratti quei problemi di fondo che l'*animal rationale*, fin dagli inizi della sua esistenza sulla terra, costantemente si è posto. Accantonata, in questa prospettiva, la critica proveniente dalla valutazione etica, la mentalità scientista è riuscita a fare accettare da molti l'idea secondo cui ciò che è tecnicamente fattibile diventa per ciò stesso anche moralmente ammissibile.[72]

In questa enciclica, il Papa rivolge una parola anche agli scienziati, che

> con le loro ricerche ci forniscono una crescente conoscenza dell'universo nel suo insieme e della varietà incredibilmente ricca delle sue componenti, animate ed inanimate, con le loro complesse strutture atomiche e molecolari. Il cammino da essi

---

[72] Papa GIOVANNI PAOLO II, Lettera enciclica *Fides et ratio*, 88.

compiuto ha raggiunto, specialmente in questo secolo, traguardi che continuano a stupirci. Nell'esprimere la mia ammirazione ed il mio incoraggiamento a questi valorosi pionieri della ricerca scientifica, ai quali l'umanità tanto deve del suo presente sviluppo, sento il dovere di esortarli a proseguire nei loro sforzi restando sempre in quell'orizzonte *sapienziale*, in cui alle acquisizioni scientifiche e tecnologiche s'affiancano i valori filosofici ed etici, che sono manifestazione caratteristica ed imprescindibile della persona umana. Lo scienziato è ben consapevole che «la ricerca della verità, anche quando riguarda una realtà limitata del mondo o dell'uomo, non termina mai; rinvia sempre verso qualcosa che è al di sopra dell'immediato oggetto degli studi, verso gli interrogativi che aprono l'accesso al Mistero.»[73]

La storia non è ciclica (27 ottobre 1998)

Giovanni Paolo II ha affermato l'importanza di una visione lineare della storia: «Noi percepiamo dunque che questo concetto (della natura) esprime anche il senso della storia, che viene da Dio e che va verso il suo termine, il ritorno di tutte le cose create a Dio; la storia dunque non può essere intesa come una storia ciclica, in quanto il Creatore è anche il Dio della storia della salvezza.»[74]

Un nuovo areopago (23 maggio 1999)

Un documento del Pontificio Consiglio della Cultura, *Per una Pastorale della Cultura* ha parlato della cultura scientifica come un nuovo areopago: «La divulgazione

---

[73] *Ibid.*, 106. Cfr anche Papa GIOVANNI PAOLO II, *Discorso all'Università di Cracovia per il 600° anniversario dell'Alma Mater Jagellonica* (8 giugno 1997), 4 in *OR* (9-10 giugno 1997), p.12.

[74] Papa GIOVANNI PAOLO II, *Discorso alla Pontificia Accademia delle Scienze*, 4 in *OR* 249/138 (28 ottobre 1998), p.5.

delle conoscenze scientifiche conduce spesso l'uomo a collocarsi nell'immensità del cosmo e ad estasiarsi davanti alle proprie capacità e davanti all'universo, senza pensare minimamente che Dio ne è l'autore. Ed ecco, quindi, la sfida, per la pastorale della cultura: portare l'uomo alla trascendenza, insegnargli a ripercorrere il cammino che parte dalla sua esperienza intellettuale ed umana, per arrivare a conoscere il Creatore, utilizzando saggiamente le migliori acquisizioni delle scienze moderne, alla luce della retta ragione. Anche se la scienza, grazie al suo prestigio, influenza fortemente la cultura contemporanea, non può tuttavia cogliere ciò che costituisce nella sua essenza l'esperienza umana, né la realtà più intrinseca delle cose. Una cultura coerente, fondata sulla trascendenza e la superiorità dello spirito rispetto alla materia, richiede una saggezza nella quale il sapere scientifico si estrinsechi in un orizzonte illuminato dalla riflessione metafisica. Sul piano della conoscenza, fede e scienza non sono sovrapponibili, e non bisogna confondere i principi metodologici, ma distinguerli per unire e ritrovare, al di là della dispersione del senso nei campi divisi del sapere, questa sintesi armoniosa e il senso unificante della totalità che caratterizzano una cultura pienamente umana. Nella nostra cultura disgregata, che fatica a integrare l'abbondante accumulo di conoscenze, le meravigliose scoperte delle scienze e i considerevoli apporti delle tecniche moderne, la pastorale della cultura richiede, come presupposto, una riflessione filosofica che si sforzi di organizzare e strutturare il sapere nel suo insieme e affermi, in tal modo, l'attitudine alla verità della ragione e la sua funzione regolatrice in seno alla cultura.»

«La settorialità del sapere, in quanto comporta un approccio parziale alla verità con la conseguente frammentazione del senso, impedisce l'unità interiore dell'uomo contemporaneo. Come potrebbe la Chiesa non preoccuparsene? Questo compito sapienziale deriva ai suoi Pastori deriva direttamente dal Vangelo ed essi non possono sottrarsi al dovere di perseguirlo».»[75]

Il documento prosegue proponendo che sia altresì compito di filosofi e teologi qualificati identificare con competenza, al centro della cultura scientifica e tecnologica dominante, le sfide e i punti di ancoraggio per l'annuncio del Vangelo: «Tale esigenza implica un rinnovamento dell'insegnamento filosofico e teologico, in quanto la condizione di qualsiasi dialogo e di qualsiasi inculturazione risiede in una teologia pienamente fedele a ciò che è dato dalla fede. La pastorale della cultura ha parimenti bisogno di scienziati cattolici che sentano il dovere di fornire il loro contributo specifico alla vita della Chiesa, rendendo partecipi della loro personale esperienza d'incontro tra scienza e fede. La carenza di qualificazione teologica e di competenza scientifica rende aleatoria la presenza della Chiesa in seno alla cultura, nata dalle ricerche scientifiche e dalle loro applicazioni tecniche. Eppure, viviamo in un periodo particolarmente favorevole al dialogo tra scienza e fede.»[76]

Scienza e visione cristiana (28 febbraio 2000)

Il discorso del Cardinal Poupard per la presentazione del Giubileo degli scienziati fu significativo per l'affermazione della nascita della scienza nel medioevo cristiano: «Chi avrebbe pensato, nel lontano 1300, il primo Giubileo della storia, ad una giornata speciale per gli scienziati? Il

---

[75] Pontificio Consiglio della Cultura, *Per una Pastorale della Cultura*, 11. Cfr. Papa Giovanni Paolo II, *Fides et Ratio*, 85.

[76] *Ibid*, 12.

concetto stesso di «dialogo scienza–fede», sarebbe senz'altro ritenuto strano sia da Alberto Magno che da Maimonide, come pure da Galileo, Keplero, Tycho Brahe, e persino Newton. Per essi, eminenti scienziati e credenti nel Dio creatore dell'universo, l'armonia fra queste due forme di conoscenza era qualcosa di connaturale.

Questa armonia fra scienza e fede venne a frantumarsi in un'epoca che corrisponde più o meno all'inizio dell'Illuminismo. L'*aude sapere*, sintesi programmatica dell'Illuminismo nella sua celebre formulazione kantiana, si presenta come il tentativo della ragione autonoma di non ammettere altro fondamento che se stessa. E proprio a quest'epoca, l'epoca dell'Encyclopédie, risale la strumentalizzazione del caso Galileo Galilei, assurto a simbolo di una presunta opposizione fra scienza e fede, che ha portato molti a ritenere scienza e fede radicalmente incompatibili.

Questo sentimento di apparente incompatibilità è rimasto a lungo nella cultura dominante, con le sue ben note conseguenze. Da parte di molti cristiani, ha significato un certo isolamento della Chiesa dalla scienza moderna. La scienza moderna è prodotto genuino di una visione giudeo–cristiana del mondo che ha la sua fonte di ispirazione nella Bibbia e nella dottrina del Logos, eppure è accaduto che certi settori della Chiesa guardassero con diffidenza e sospetto la scienza, come se fosse una minaccia per essa. In questo clima, molti scienziati credenti hanno conservato la loro fede, ma a patto di evitare qualsiasi contatto tra la fede professata e la scienza esercitata; oppure, risuscitando la vecchia teoria medievale della «duplice verità», secondo la quale, esisterebbero due ordini di realtà autonomi e indipendenti, ciascuno con la propria verità, che possono essere tranquillamente in conflitto tra di loro. Il che, in fondo, è solo una varietà del classico fideismo.

Da parte della scienza, questo allontanamento dalla religione è forse responsabile dello sviluppo di una scienza senza vincoli con l'etica o senza riferimento all'uomo che ha portato ad un uso inumano dei progressi della tecnica fino alla possibilità di distruzione dell'umanità e del nostro pianeta.»[77]

Scoprire il Creatore (25 maggio 2000)

Alla celebrazione del Giubileo degli Scienziati, il discorso di Papa Giovanni Paolo II contiene molti spunti di riflessione per il nostro argomento. Nel corso dei secoli passati, la scienza, le cui scoperte sono affascinanti, ha occupato un posto determinante ed è stata a volte considerata come l'unico criterio della verità o come la via della felicità. Una riflessione basata esclusivamente su elementi scientifici aveva tentato di abituarci a una cultura del sospetto e del dubbio. Essa si rifiutava di considerare l'esistenza di Dio e di esaminare l'uomo nel mistero della sua origine e della sua fine, come se una simile prospettiva potesse rimettere in discussione la scienza stessa. A volte ha pensato che Dio fosse una semplice costruzione della mente incapace di resistere alla conoscenza scientifica. Simili atteggiamenti hanno portato ad allontanare la scienza dall'uomo e dal servizio che essa è chiamata a rendergli.

Oggi invece, «una grande sfida ci aspetta...quella di saper compiere il passaggio, tanto necessario quanto urgente, dal fenomeno al fondamento. Non è possibile fermarsi alla sola esperienza;... è necessario che la

---

[77] Cardinal PAUL POUPARD, *Discorso per la presentazione del Giubileo degli scienziati* (28 febbraio 2000).

riflessione speculativa raggiunga la sostanza spirituale e il fondamento che la sorregge».[78] La ricerca scientifica si basa anch'essa sulle capacità della mente umana di scoprire ciò che è universale. Questa apertura alla conoscenza introduce al significato ultimo e fondamentale della persona umana nel mondo. «I cieli narrano la gloria di Dio, e l'opera delle sue mani annunzia il firmamento» (Sal 18, 2); con queste parole, il salmista evoca la «testimonianza silenziosa» dell'ammirevole opera del Creatore, inscritta nella realtà stessa del creato. Coloro che sono impegnati nella ricerca sono chiamati a fare, in un certo senso, la stessa esperienza del salmista e a provare la stessa meraviglia. «È necessario coltivare lo spirito in modo che si sviluppino le facoltà dell'ammirazione, dell'intuizione, della contemplazione, e si diventi capaci di formarsi un giudizio personale, di coltivare il senso religioso, morale e sociale.»[79]

Basandosi su un'attenta osservazione della complessità dei fenomeni terrestri e seguendo l'oggetto e il metodo propri di ogni disciplina, gli scienziati scoprono le leggi che governano l'universo così come i loro rapporti. Stanno attoniti e umili di fronte all'ordine creato e si sentono attratti dall'amore dell'Autore di tutte le cose. La fede, da parte sua, è in grado di integrare e assimilare ogni ricerca, perché tutte le ricerche, attraverso una comprensione più profonda della realtà creata in tutta la sua specificità, donano all'uomo la possibilità di scoprire il Creatore, fonte e scopo di tutte le cose. «Infatti, dalla creazione del mondo in poi, le sue perfezioni invisibili possono essere contemplate con l'intelletto nelle opere da lui compiute» (Rm 1, 20).

---

[78] Papa GIOVANNI PAOLO II, *Fides et ratio*, 81.
[79] VATICANO II, *Gaudium et spes*, 59.

Approfondendo la sua conoscenza dell'universo, e in particolare dell'essere umano, che è il suo centro, l'uomo ha una percezione velata della presenza di Dio, una presenza che è in grado di discernere nel «manoscritto silente» che il Creatore ha iscritto nel creato, riflesso della sua gloria e grandezza. Dio ama farsi udire nel silenzio della creazione, nella quale l'intelletto percepisce la trascendenza del Signore del Creato. Quanti cercano di comprendere i segreti della creazione e i misteri dell'uomo devono essere pronti ad aprire la loro mente e il loro cuore alla verità profonda che ivi si manifesta e che «porta l'intelletto a dare il proprio consenso.»[80]

La Chiesa nutre grande stima per la ricerca scientifica e per quella tecnica, poiché «costituiscono un'espressione significativa della signoria dell'uomo sulla creazione»[81] e un servizio alla verità, al bene e alla bellezza. Da Copernico a Mendel, da Alberto Magno a Pascal, da Galileo a Marconi , la storia della Chiesa e la storia delle scienze ci mostrano chiaramente come vi sia una cultura scientifica radicata nel cristianesimo. Di fatto, si può dire che la ricerca, esplorando al contempo ciò che è più grande e ciò che è più piccolo, contribuisce alla gloria di Dio che si riflette in ogni parte dell'universo.

La fede non teme la ragione. Esse «sono come le due ali con le quali lo spirito umano s'innalza verso la contemplazione della verità. È Dio ad aver posto nel cuore dell'uomo il desiderio di conoscere la verità e, in definitiva, di conoscere Lui perché, conoscendolo e amandolo, possa giungere anche alla piena verità su se stesso.»[82] Se nel passato la separazione fra fede e ragione ha costituito un

---

[80] Sant'Alberto Magno, *Commentario su Giovanni*, 6, 44.

[81] CCC 2293.

[82] Papa Giovanni Paolo II, *Fides et ratio*, Introduzione.

dramma per l'uomo, che ha corso il rischio di perdere la propria unità interiore sotto la minaccia di un sapere sempre più frammentato, oggi la vostra missione consiste nel proseguire la ricerca convinti che, «per l'uomo intelligente... tutte le cose si armonizzano e si accordano».[83] Amare la verità significa vivere dello Spirito Santo, il che ci permette di avvicinarci a Dio e di chiamarlo a voce alta Abbà, Padre.[84]

La scienza e la tecnica necessitano d'un rimando indispensabile al valore dell'interiorità della persona umana. Scrutando costantemente i misteri del mondo, gli scienziati debbono lasciare aperti i propri spiriti agli orizzonti che spalanca davanti a noi la fede. Gli scienziati debbono essere appassionati ricercatori del Dio invisibile, che solo può soddisfare l'anelito profondo della nostra vita, colmandoci della sua grazia. Il ricco panorama della cultura contemporanea, apre inedite e promettenti prospettive nel dialogo fra la scienza e la fede, come tra la filosofia e la teologia. Il Papa ha concluso: «Vi protegga Maria, Sede della Sapienza. Intercedano per Voi San Tommaso d'Aquino e gli altri Santi e Sante che, in vari campi del sapere, hanno offerto un notevole apporto all'approfondimento della conoscenza delle realtà create alla luce del mistero divino.»

Laboratori culturali (9 settembre 2000)

Nello stesso anno del Giubileo, il Papa ha pronunciato un discorso ai partecipanti all'incontro mondiale dei docenti universitari, nel quale ha richiamato l'importanza di una apertura a Cristo: «Sia chiaro tuttavia che questa dimensione «verticale» del sapere non implica alcuna

---

[83] GREGORIO PALAMAS, *Theophanes*.
[84] Cfr. SANT'AGOSTINO, *Sermo* 267, 4.

chiusura intimistica; al contrario, si apre per sua natura alle dimensioni del creato. E come potrebbe essere diversamente? Riconoscendo il Creatore, l'uomo riconosce il valore delle creature. Aprendosi al Verbo incarnato, accoglie anche tutte le cose che in lui sono state fatte e da lui sono state redente (cfr Gv 1, 3). È necessario perciò riscoprire il senso originario ed escatologico della creazione, rispettandola nelle sue esigenze intrinseche, ma al tempo stesso godendone in termini di libertà, responsabilità, creatività, gioia, «riposo» e contemplazione. Come ci ricorda una splendida pagina del Concilio Vaticano II, «godendo delle creature in povertà e libertà di spirito, [l'uomo] viene introdotto nel vero possesso del mondo, quasi al tempo stesso niente abbia e tutto possegga. «Tutto infatti è vostro: ma voi siete di Cristo, e Cristo di Dio».[85] Oggi la più attenta riflessione epistemologica riconosce la necessità che le scienze dell'uomo e quelle della natura tornino a incontrarsi, perché il sapere ritrovi una ispirazione profondamente unitaria. Il progresso delle scienze e delle tecnologie pone oggi nelle mani dell'uomo possibilità magnifiche, ma anche terribili. La consapevolezza dei limiti della scienza, nella considerazione delle esigenze morali, non è oscurantismo, ma salvaguardia di una ricerca degna dell'uomo e posta al servizio della vita. Fate in modo, carissimi Uomini della ricerca scientifica, che le Università diventino «laboratori culturali» nei quali tra teologia, filosofia, scienze dell'uomo e scienze della natura si dialoghi costruttivamente, guardando alla norma morale come a un'esigenza intrinseca della ricerca e condizione del suo pieno valore nell'approccio alla verità.»[86]

---

[85] 1 Cor 3, 22-23; cfr. VATICANO II, *Gaudium et spes*, 37.

[86] Papa GIOVANNI PAOLO II, *Discorso ai Partecipanti all'incontro Mondiale dei Docenti Universitari* (9 Settembre 2000), 5.

Oggettività del suo metodo (13 novembre 2000)

In occasione della Sessione Plenaria della Pontificia Accademia delle Scienze, il Papa Giovanni Paolo II ha affermato che il discorso sulla dimensione antropologica della scienza evoca soprattutto una precisa problematica epistemologica: «Si vuole cioè sottolineare che l'osservatore è sempre parte in causa nello studio dell'oggetto osservato. Ciò vale non solo per le ricerche sull'estremamente piccolo, ove i limiti conoscitivi dovuti a questo stretto coinvolgimento sono stati già da molto tempo evidenziati e filosoficamente discussi, ma anche per le più recenti ricerche sull'estremamente grande, ove la particolare prospettiva filosofica adottata dallo scienziato può influire in modo significativo sulla descrizione del cosmo, quando si sfiorano le domande sul tutto, sull'origine e sul senso dell'universo stesso. In linea più generale, come ci mostra assai bene la storia della scienza, tanto la formulazione di una teoria come l'intuizione che ha guidato molte scoperte, si rivelano spesso condizionate da precomprensioni filosofiche, estetiche, e talvolta perfino religiose o esistenziali, già presenti nel soggetto. Ma anche in relazione a questa tematica, il discorso sulla dimensione antropologica o il valore umanistico della scienza non riguarderebbe che un aspetto peculiare, all'interno del più generale problema epistemologico del rapporto fra soggetto e oggetto.»[87]

Il Papa ha aggiunto che verità, libertà e responsabilità sono collegate nell'esperienza dello scienziato. «Egli, infatti, nell'intraprendere il suo cammino di ricerca, comprende che deve attuarlo non solo con l'imparzialità richiesta dall'oggettività del suo metodo, ma anche con

---

[87] Papa GIOVANNI PAOLO II, *Discorso in occasione della Sessione Plenaria della Pontificia Accademia delle Scienze* (13 novembre 2000), 2.

l'onestà intellettuale, la responsabilità e direi con una sorta di «riverenza» quali si addicono allo spirito umano nel suo accostarsi alla verità. Per lo scienziato comprendere sempre meglio la realtà singolare dell'uomo rispetto ai processi fisico–biologici della natura, scoprire sempre nuovi aspetti del cosmo, sapere di più sull'ubicazione e la distribuzione delle risorse, sulle dinamiche sociali e ambientali, sulle logiche del progresso e dello sviluppo, si traduce nel dovere di *servire di più l'intera umanità* cui egli appartiene.»[88]

Scienza e sapienza (6 luglio 2001)

Nel suo messaggio ai Partecipanti all'ottava Scuola di Astrofisica e ai Benefattori della Specola Vaticana, il Papa ha sottolineato l'importanza della ricerca scientifica: «La vostra ricerca astrofisica non è un lusso lontano dalle preoccupazioni quotidiane delle persone e irrilevante per l'edificazione di un mondo più umano. La vostra attività di scienziati è importante per tutti noi, in particolare quando la vostra visione della realtà basata sull'esperienza porta a un'interpretazione della persona umana quale elemento integrante dell'universo creato, ossia, quando conduce alla sapienza che è al centro di ogni umanesimo autentico. Tuttavia la comprensione di noi stessi e dell'universo raggiungerà un momento di autentica sapienza solo se saremo aperti ai numerosi modi nei quali la mente umana giunge alla conoscenza: mediante la scienza, l'arte, la filosofia e la teologia. La vostra ricerca scientifica sarà più creativa e benefica per la società quando contribuirà a unificare il sapere derivante da queste diverse fonti e condurrà a un dialogo fecondo con quanti operano in altri campi di apprendimento. La scienza è stata certamente

---

[88] *Ibid.*, 3.

uno dei fari dell'umanità nel corso del tempo, ma, cercando di unificare il sapere scientifico con quello che ci deriva dall'essere umani, percepiamo di venire condotti verso realtà ancora più misteriose e che il nostro anelito alla conoscenza è incompleto se non accende in noi il desiderio di dare e ricevere amore.»[89]

Stupore creaturale (11 novembre 2002)

Prima di parlare dei valori culturali della scienza, potremmo affermare che la scienza stessa è un valore per la conoscenza e per le comunità umane. È infatti grazie alla scienza che oggi possediamo una comprensione più ampia del posto occupato dall'uomo nell'universo, delle connessioni fra la storia umana e la storia del cosmo, della coesione strutturale e della simmetria degli elementi di cui la materia è composta, della notevole complessità e, al contempo, del coordinamento sorprendente dei processi vitali stessi. È grazie alla scienza che siamo in grado di apprezzare ancor di più ciò che un membro di questa Accademia ha definito «la meraviglia di essere uomo»: è il titolo che John Eccles, Premio Nobel per la Neurofisiologia e membro della Pontificia Accademia delle Scienze, ha dato al suo libro sul cervello e sulla mente dell'uomo.[90]

Questa conoscenza rappresenta un valore profondo e straordinario per tutta la famiglia umana e ha anche un significato incommensurabile per le discipline della Filosofia e della Teologia, mentre proseguono lungo il cammino dell'*intellectus quaerens fidem* e della *fides quarens intellectum* e aspirano a una comprensione sempre più

---

[89] Papa GIOVANNI PAOLO II, *Messaggio ai Partecipanti all'ottava Scuola di Astrofisica e ai Benefattori della Specola Vaticana* (6 luglio 2001).

[90] J. C. ECCLES, D. N. ROBINSON, *The Wonder of Being Human: Our Brain and Our Mind*, Free Press, New York 1984.

completa della ricchezza del sapere umano e della rivelazione biblica. Se oggi la Filosofia e la Teologia comprendono meglio che in passato cosa significhi essere un essere umano nel mondo, lo devono in gran parte alla scienza, perché quest'ultima ci ha mostrato quanto numerose e complesse siano le opere della creazione e quanto similmente sia infinito il cosmo. La meraviglia assoluta che ha ispirato le prime riflessioni filosofiche sulla natura non scema di fronte a nuove scoperte scientifiche. Al contrario, aumenta con l'acquisizione di una nuova nozione. La specie capace di «stupore creaturale» viene trasformata nel momento in cui la nostra comprensione della verità e della realtà diviene più ampia, mentre siamo condotti ad una ricerca sempre più in profondità dell'esperienza e dell'esistenza umane.

Tuttavia, il valore culturale e umano della scienza è visibile anche nel suo progresso dal livello di ricerca e di riflessione a quello dell'attuazione pratica. Infatti, il Signore Gesù ha ammonito i suoi seguaci: «a chiunque fu dato molto, molto sarà chiesto» (Lc 12, 48). Gli scienziati, quindi, proprio perché «sanno di più», sono chiamati a «servire di più». Poiché la libertà di cui godono nella ricerca dà loro accesso al sapere specializzato, hanno la responsabilità di utilizzare quest'ultimo saggiamente per il bene di tutta la famiglia umana. Non mi riferisco solo ai pericoli impliciti in una scienza priva di un'etica saldamente radicata nella natura della persona umana e nel rispetto per l'ambiente, temi che ho affrontato molte volte in passato.[91]

---

[91] Cfr. Papa GIOVANNI PAOLO II, *Discorsi alla Pontificia Accademia delle Scienze*, 28 ottobre 1994, 27 ottobre 1998 e 12 marzo 1999; IDEM, *Discorso alla Pontificia Accademia per la Vita*, 24 febbraio 1998.

Esistono benefici enormi che la scienza può apportare ai popoli del mondo attraverso la ricerca di base e le applicazioni tecnologiche. La comunità scientifica, proteggendo la sua legittima autonomia dalle pressioni economiche e politiche, non cedendo alle forze del consenso o al desiderio di profitto, impegnandosi in una ricerca generosa volta alla verità e al bene comune, può aiutare i popoli del mondo e servirli in modi non accessibili ad altre strutture.

All'inizio di questo nuovo secolo, gli scienziati devono chiedersi se non possono fare di più a questo proposito. In un mondo sempre più globalizzato, non possono forse fare di più per aumentare i livelli di istruzione e migliorare le condizioni di salute, per studiare strategie per una distribuzione più equa delle risorse, per facilitare la libera circolazione dell'informazione e l'accesso di tutti a quel sapere che migliora la qualità della vita, elevandone il livello? In tal modo, la scienza contribuirà a unire menti e cuori, promuovendo il dialogo non solo fra singoli ricercatori in diverse parti del mondo, ma anche fra nazioni e culture, offrendo un contributo inestimabile alla pace e all'armonia fra i popoli.

Dimensione spirituale (10 novembre 2003)

Nel 2003, il discorso di Papa Giovanni Paolo II ai membri della Pontificia Accademia delle Scienze trattava della celebrazione del quattrocentesimo anniversario dell'Accademia. Egli ha accennato che le riunioni hanno consentito di chiarire aspetti importanti della dottrina e della vita della Chiesa riguardanti la ricerca scientifica. Il Papa ha affermato:

> Siamo uniti nel nostro comune desiderio di correggere i fraintendimenti e ancor più di lasciarci illuminare dall'unica Verità che governa il mondo e

guida la vita di tutti gli uomini e le donne. Sono sempre più convinto che la verità scientifica, che è di per sé una partecipazione alla Verità divina, possa aiutare la filosofia e la teologia a comprendere sempre più pienamente la persona umana e la Rivelazione di Dio sull'uomo, una Rivelazione compiuta e perfezionata in Gesù Cristo. Per questo importante arricchimento reciproco nella ricerca della verità e del bene dell'umanità, io, insieme a tutta la Chiesa, sono profondamente grato.[92]

I due temi scelti per l'attuale incontro riguardano le scienze della vita, e in particolare la natura stessa della vita umana. Il primo, *Mente, cervello ed educazione*, attira l'attenzione sulla complessità della vita umana e la sua preminenza sulle altre forme di vita. La neuroscienza e la neurofisiologia, attraverso lo studio dei processi chimici e biologici del cervello, contribuiscono molto alla comprensione del suo funzionamento. Tuttavia, lo studio della mente umana comprende molto più che i semplici dati osservabili, propri delle scienze neurologiche. La conoscenza della persona umana non deriva solo dal livello dell'osservazione e dell'analisi scientifica, ma anche dall'interconnessione tra lo studio empirico e la comprensione riflessiva.

Gli scienziati stessi percepiscono, nello studio della mente umana, il mistero di una dimensione spirituale che trascende la fisiologia cerebrale e sembra guidare tutte le nostre attività come esseri liberi e autonomi, capaci di responsabilità e di amore, e caratterizzati dalla dignità. Lo dimostra il fatto di allargare la ricerca fino ad includervi gli aspetti dell'apprendimento e dell'educazione, che sono attività specificamente umane. Pertanto, le riflessioni non

---

[92] Papa GIOVANNI PAOLO II, *Discorsi alla Pontificia Accademia delle Scienze* (10 novembre 2003).

si incentrano solo sulla vita biologica comune a tutte le creature viventi, ma includono anche il lavoro interpretativo e valutativo della mente umana.

Gli scienziati, oggi, spesso riconoscono la necessità di mantenere una distinzione tra la mente e il cervello, o tra la persona che agisce con libero arbitrio e i fattori biologici che sostengono il suo intelletto e la sua capacità di apprendere. In questa distinzione, possiamo vedere le fondamenta di quella dimensione spirituale propria della persona umana che la Rivelazione biblica indica come rapporto speciale con Dio Creatore (cfr Gn 2, 7) a immagine e somiglianza del quale è fatto ogni uomo e ogni donna (Gn 1, 26–27).

Il secondo tema dell'incontro riguardava *La cellula staminale—Tecnologia e altre terapie innovative*. La ricerca in questo campo ha assunto maggiore importanza negli ultimi anni, vista la speranza che offre nella cura di malattie di cui soffrono molte persone. Il Papa ha riaffermato che le cellule staminali usate ai fini della sperimentazione o del trattamento non possono provenire dal tessuto embrionale umano; invece ha incoraggiato la ricerca sul tessuto umano adulto o sul tessuto superfluo per il normale sviluppo del feto. Qualsiasi trattamento che pretende di salvare vite umane ma, tuttavia, è basato sulla distruzione della vita umana nel suo stato embrionale, è contraddittorio dal punto di vista logico e morale, così come lo è ogni produzione di embrioni umani al fine, diretto o indiretto, della sperimentazione o dell'eventuale distruzione.[93]

---

[93] Cf. *ibid.*.

Scienza e creatività (8 novembre 2004)

Questa volta, il discorso di Papa Giovanni Paolo II ai partecipanti alla Sessione Plenaria della Pontificia Accademia delle Scienze era dedicato alla scienza e alla creatività, sollevando questioni importanti legate profondamente alla dimensione spirituale dell'uomo.

Attraverso la cultura e l'attività creativa, gli esseri umani hanno la capacità di trascendere la realtà materiale e di «umanizzare» il mondo che li circonda. La Rivelazione insegna che uomini e donne sono creati a «immagine e somiglianza di Dio» (cfr. Gn 1, 26) e quindi possiedono una dignità speciale che permette loro, mediante il proprio lavoro, di riflettere l'azione creativa di Dio.[94]

Veramente, devono essere «co-creatori» con Dio, utilizzando la proprie conoscenze e le proprie abilità per plasmare un cosmo in cui il disegno divino sia costantemente volto al compimento.[95] Questa attività umana trova la sua espressione privilegiata nella ricerca del sapere e nell'indagine scientifica. In quanto realtà spirituale, questa creatività deve essere esercitata in maniera responsabile. Esige rispetto per l'ordine naturale e, soprattutto, per la natura di ogni essere umano, in quanto l'uomo è suo soggetto e suo fine.

La creatività che ispira il progresso scientifico si esprime soprattutto nella capacità di affrontare e risolvere questioni e problemi sempre nuovi, molti dei quali hanno ripercussioni planetarie. Uomini e donne di scienza sono sfidati a porre questa creatività sempre più al servizio della famiglia umana, operando per migliorare la qualità della vita sul nostro pianeta e promuovendo lo sviluppo

---

[94] Cfr. Papa GIOVANNI PAOLO II, *Laborem exercens*, n.4.
[95] Cfr. VATICANO II, *Gaudium et spes*, 34.

integrale della persona umana, sia materialmente sia spiritualmente. Se la creatività scientifica deve giovare al progresso umano autentico, deve rimanere estranea a qualsiasi forma di condizionamento finanziario o ideologico per potersi dedicare soltanto alla ricerca spassionata della verità e al servizio disinteressato all'umanità. La creatività e le nuove scoperte dovrebbero riunire la comunità scientifica e le popolazione del mondo in un clima di cooperazione che privilegi la condivisione generosa del sapere rispetto alla competitività e agli interessi individuali.

Il Papa ha invitato ad una riflessione rinnovata sulle «vie della scoperta». Esiste infatti una profonda logica interna al processo di scoperta. Gli scienziati si avvicinano alla natura sapendo di affrontare una realtà che non hanno creato, ma ricevuto, una realtà che lentamente si rivela alla loro paziente indagine. Essi percepiscono, spesso solo implicitamente, che la natura contiene un *Logos* che invita al dialogo. Lo scienziato cerca di porre le giuste domande alla natura, mantenendo al contempo di fronte ad essa un atteggiamento di umile ricettività e perfino di contemplazione. Lo «stupore» che ha dato vita alla prima riflessione filosofica sulla natura e alla scienza stessa, non viene assolutamente meno con le nuove scoperte. Infatti, aumenta costantemente e spesso suscita un timore reverenziale per la distanza che separa la nostra conoscenza della creazione dalla pienezza del suo mistero e della sua grandezza.

Gli scienziati contemporanei, di fronte all'esplosione di nuovo sapere e di nuove scoperte, percepiscono spesso di trovarsi al cospetto di un orizzonte vasto e infinito. Infatti, si può affermare che la generosità inesauribile della natura, con le sue promesse di scoperte sempre nuove, indichi, al di là di se stessa, il Creatore che ce l'ha data come un dono i cui segreti restano da esplorare. Nel tentativo di comprendere questo dono e di utilizzarlo saggiamente e bene, la scienza si imbatte costantemente in una realtà che gli esseri umani «trovano». In ogni fase della scoperta scientifica, la natura è qualcosa di «dato». Per questo motivo, la creatività e il cammino lungo le vie della scoperta, così come tutti gli sforzi umani, vanno visti definitivamente sullo sfondo del mistero della creazione stessa.[96] Nonostante le incertezze e la fatica che ogni tentativo di interpretare la realtà implica, non solo nelle scienze, ma anche nella filosofia e nella teologia, le vie della scoperta sono sempre vie orientate alla verità. Chiunque cerchi la verità, che ne sia consapevole o meno, percorre un cammino che alla fine conduce a Dio, che è la Verità stessa.[97]

2.7 Benedetto XVI (dal 2005)

La persona umana (21 novembre 2005)

In questo discorso, il Papa ha indirizzato la parola alle due Accademie, la Pontificia Accademia delle Scienze e quella delle Scienze Sociali:

«La persona umana è al centro di tutto l'ordine sociale e, di conseguenza, al centro del vostro ambito di studio. Come afferma san Tommaso d'Aquino, la persona umana «è ciò che è più perfetto in natura».[98] Gli esseri umani fanno parte della natura e, tuttavia, quali liberi soggetti con valori morali e spirituali, la trascendono. Questa realtà antropologica è parte integrante del pensiero cristiano e

---

[96] Cfr. Papa GIOVANNI PAOLO II, *Laborem exercens*, 12.
[97] Cfr. Papa GIOVANNI PAOLO II, *Fides et ratio*, 16, 28.
[98] S. TOMMASO D'AQUINO, *Summa Theologiae* I, q.29, a.3.

risponde direttamente ai tentativi di abolire il confine fra scienze sociali e scienze naturali, spesso proposti nella società contemporanea.

Compresa in maniera corretta, questa realtà offre una risposta profonda alle questioni poste oggi sullo status dell'essere umano. È un tema che deve continuare a far parte del dialogo con la scienza. L'insegnamento della Chiesa si basa sul fatto che Dio ha creato l'uomo e la donna a sua immagine e somiglianza e ha concesso loro una dignità superiore e una missione condivisa verso tutto il Creato (cfr. Gn 1 e 2).

Secondo il disegno di Dio, le persone non possono essere separate dalle dimensioni fisiche, psicologiche e spirituali della natura umana. Anche se le culture mutano nel tempo, sopprimere o ignorare la natura che esse sostengono di «coltivare» può avere conseguenze gravi. Parimenti, i singoli individui troveranno la propria realizzazione autentica solo quando accetteranno quegli elementi genuini della natura che li costituiscono come persone. Il concetto di persona continua a offrire una comprensione profonda del carattere unico e della dimensione sociale di ogni essere umano. Ciò è particolarmente vero negli istituti legali e sociali, in cui la nozione di «persona» è fondamentale. A volte, tuttavia, anche se ciò è riconosciuto da dichiarazioni internazionali e statuti legali, alcune culture, in particolare quando non toccate profondamente dal Vangelo, vengono fortemente influenzate da ideologie gruppo–centriche o da una visione della società secolare e individualistica.»

Calligrafia del Creatore (22 dicembre 2005)

Il Papa Benedetto XVI ha proposto due inviti. Il primo di «non vedere il mondo che ci circonda soltanto come la materia grezza con cui noi possiamo fare qualcosa, ma a cercare di scoprire in esso la «calligrafia del Creatore», la ragione creatrice e l'amore da cui è nato il mondo e di cui ci parla l'universo, se noi ci rendiamo attenti, se i nostri sensi interiori si svegliano e acquistano percettività per le dimensioni più profonde della realtà.» Come secondo elemento, il Papa ha aggiunto l'invito «a mettersi in ascolto della rivelazione storica che, sola, può offrirci la chiave di lettura per il silenzioso mistero della creazione, indicandoci concretamente la via verso il vero Padrone del mondo e della storia che si nasconde nella povertà della stalla di Betlemme.»[99]

Il Papa ha precisato anche i rapporto fra la Chiesa e il mondo, ed in particolare il mondo scientifico: «Questo rapporto aveva avuto un inizio molto problematico con il processo a Galileo. Si era poi spezzato totalmente, quando Kant definì la religione entro la sola ragione.» Benedetto XVI ha indicato come, in seguito, «le scienze naturali cominciavano, in modo sempre più chiaro, a riflettere sul proprio limite, imposto dallo stesso loro metodo che, pur realizzando cose grandiose, tuttavia non era in grado di comprendere la globalità della realtà.»[100]

Amore del suo Creatore (11 giugno 2006)

In un discorso all'*Angelus* della domenica, il Papa ha indicato come il disegno nell'universo è manifestazione dell'Amore del suo Creatore: «Tutto l'universo, per chi ha fede, parla di Dio Uno e Trino. Dagli spazi interstellari fino alle particelle microscopiche, tutto ciò che esiste rimanda ad un Essere che si comunica nella molteplicità e varietà

---

[99] Papa BENEDETTO XVI, *Discorso alla Curia Romana in occasione della presentazione degli Auguri Natalizi* (22 dicembre 2005).
[100] *Ibid.*.

degli elementi, come in un'immensa sinfonia. Tutti gli esseri sono ordinati secondo un dinamismo armonico che possiamo analogicamente chiamare «amore».»

Razionalità del creato (12 settembre 2006)

Dalla Baviera il Papa ha sottolineato la razionalità del creato. I conti sull'uomo, senza Dio, non tornano, e i conti sul mondo, su tutto l'universo, senza di Lui non tornano. In fin dei conti, resta l'alternativa: che cosa esiste all'origine? La Ragione creatrice, lo Spirito Creatore che opera tutto e suscita lo sviluppo, o l'Irrazionalità che, priva di ogni ragione, stranamente produce un cosmo ordinato in modo matematico e anche l'uomo, la sua ragione. Questa, però, sarebbe allora soltanto un risultato casuale dell'evoluzione e quindi, in fondo, anche una cosa irragionevole. Noi cristiani diciamo: «Credo in Dio Padre, Creatore del cielo e della terra» — credo nello Spirito Creatore. Noi crediamo che all'origine c'è il Verbo eterno, la Ragione e non l'Irrazionalità. Con questa fede non abbiamo bisogno di nasconderci, non dobbiamo temere di trovarci con essa in un vicolo cieco.[101]

Ragione oggettivata nella natura (19 ottobre 2006)

Nel discorso a Verona il Papa ha sottolineato le basi razionali della scienza: «La matematica come tale è una creazione della nostra intelligenza: la corrispondenza tra le sue strutture e le strutture reali dell'universo — che è il presupposto di tutti i moderni sviluppi scientifici e tecnologici, già espressamente formulato da Galileo Galilei con la celebre affermazione che il libro della natura è scritto in linguaggio matematico — suscita la nostra ammirazione

---

[101] Papa BENEDETTO XVI, *Omelia alla Santa Messa nella spianata dell'Islinger Feld*, Regensburg (12 settembre 2006).

e pone una grande domanda. Implica infatti che l'universo stesso sia strutturato in maniera intelligente, in modo che esista una corrispondenza profonda tra la nostra ragione soggettiva e la ragione oggettivata nella natura. Diventa allora inevitabile chiedersi se non debba esservi un'unica intelligenza originaria, che sia la comune fonte dell'una e dell'altra. Così proprio la riflessione sullo sviluppo delle scienze ci riporta verso il *Logos* creatore. Viene capovolta la tendenza a dare il primato all'irrazionale, al caso e alla necessità, a ricondurre ad esso anche la nostra intelligenza e la nostra libertà. Su queste basi diventa anche di nuovo possibile allargare gli spazi della nostra razionalità, riaprirla alle grandi questioni del vero e del bene, coniugare tra loro la teologia, la filosofia e le scienze, nel pieno rispetto dei loro metodi propri e della loro reciproca autonomia, ma anche nella consapevolezza dell'intrinseca unità che le tiene insieme. È questo un compito che sta davanti a noi, un'avventura affascinante nella quale merita spendersi, per dare nuovo slancio alla cultura del nostro tempo e per restituire in essa alla fede cristiana piena cittadinanza.»[102]

Riferimento a Dio (3 novembre 2006)

Nel discorso indirizzato nel contesto della sua visita alla Pontificia Università Gregoriana, il Papa Benedetto XVI ha affermato:

> Non posso in questo momento dimenticare le altre scienze umane che in questa insigne Università vengono coltivate, sulla scia della gloriosa tradizione accademica del Collegio Romano. Quale grande prestigio abbia assunto il Collegio Romano

---

[102] Papa BENEDETTO XVI, *Discorso ai partecipanti del IV convegno nazionale della Chiesa italiana* (19 ottobre 2006).

nel campo della matematica, della fisica, dell'astronomia, è a tutti noto. Basti ricordare che il calendario, cosiddetto «Gregoriano», perché voluto dal mio predecessore Gregorio XIII, attualmente in uso in tutto il mondo, fu elaborato nel 1582 dal P. Cristoforo Clavio, professore del Collegio Romano. Basti anche fare menzione del P. Matteo Ricci, che portò fin nella lontana Cina, insieme alla sua testimonianza di fede, il sapere acquisito come discepolo del P. Clavio. Oggi queste discipline non vengono più coltivate nella Gregoriana, ma sono subentrate altre scienze umane, quali la psicologia, le scienze sociali, la comunicazione sociale. Con esse vuole essere più profondamente compreso l'uomo sia nella sua dimensione personale profonda, che nella sua dimensione esterna di costruttore della società, nella giustizia e nella pace, e di comunicatore della verità. Proprio perché tali scienze riguardano l'uomo non possono prescindere dal riferimento a Dio. Infatti, l'uomo, sia nella sua interiorità che nella sua esteriorità, non può essere pienamente compreso se non lo si riconosce aperto alla trascendenza.[103]

Il Papa ha spiegato che privo del suo riferimento a Dio, l'uomo non può rispondere alle domande fondamentali che agitano e agiteranno sempre il suo cuore riguardo al fine e quindi al senso della sua esistenza. Conseguentemente neppure è possibile immettere nella società quei valori etici che soli possono garantire una convivenza degna dell'uomo. Il destino dell'uomo senza il suo riferimento a Dio non può che essere la desolazione dell'angoscia che conduce alla disperazione. Solo in riferimento al Dio–Amore, che si è rivelato in Gesù Cristo, l'uomo può trovare il senso della sua esistenza e vivere

---

[103] Papa BENEDETTO XVI, *Discorso alla Pontificia Università Gregoriana*, 3 novembre 2006.

nella speranza, pur nell'esperienza dei mali che feriscono la sua esistenza personale e la società in cui vive. La speranza fa sì che l'uomo non si chiuda in un nichilismo paralizzante e sterile, ma si apra all'impegno generoso nella società in cui vive per poterla migliorare. È il compito che Dio ha affidato all'uomo nel crearlo a sua immagine e somiglianza, un compito che riempie ogni uomo della più grande dignità, ma anche di un'immensa responsabilità.[104]

Limiti della scienza (6 novembre 2006)

Nel discorso ai partecipanti alla Plenaria della Pontificia Accademia delle Scienze, il Papa Benedetto ha proclamato:

> La crescente «avanzata» della scienza, e specialmente la sua capacità di controllare la natura attraverso la tecnologia, talvolta è stata collegata a una corrispondente «ritirata» della filosofia, della religione e perfino della fede cristiana. In effetti, alcuni hanno visto nel progresso della scienza e della tecnologia moderna una delle principali cause della secolarizzazione e del materialismo: perché invocare il controllo di Dio su questi fenomeni quando la scienza si è dimostrata capace di fare lo stesso? Certamente la Chiesa riconosce che l'uomo «coll'aiuto della scienza e della tecnica, ha dilatato e continuamente dilata il suo dominio su quasi tutta intera la natura» e che pertanto «molti beni, che un tempo l'uomo si aspettava dalle forze superiori, oggi ormai se li procura con la sua iniziativa e con le sue forze».[105]

Il Papa ha proseguito: «La scienza, tuttavia, pur donando generosamente, dà solo ciò che deve donare. L'uomo non

---

[104] *Ibid..*

[105] Papa BENEDETTO XVI, *Discorso ai partecipanti alla Plenaria della Pontificia Accademia delle Scienze*, 6 novembre 2006. Cfr. anche VATICANO II, *Gaudium et spes*, 33.

può riporre nella scienza e nella tecnologia una fiducia talmente radicale e incondizionata da credere che il progresso scientifico e tecnologico possa spiegare qualsiasi cosa e rispondere pienamente a tutti i suoi bisogni esistenziali e spirituali. La scienza non può sostituire la filosofia e la rivelazione rispondendo in mondo esaustivo alle domande più radicali dell'uomo: domande sul significato della vita e della morte, sui valori ultimi, e sulla stessa natura del progresso. Per questa ragione, il Concilio Vaticano II, dopo aver riconosciuto i benefici ottenuti dai progressi scientifici, ha sottolineato che «il metodo di investigazione (...) viene innalzato a torto a norma suprema di ricerca della verità totale», aggiungendo che «vi è il pericolo che l'uomo, troppo fidandosi delle odierne scoperte, pensi di bastare a se stesso e più non cerchi cose più alte».»[106]

Il Papa ha indicato che il metodo scientifico stesso, nel suo raccogliere dati, nell'elaborarli e nell'utilizzarli nelle sue proiezioni, ha dei limiti insiti che necessariamente restringono la prevedibilità scientifica a contesti ed approcci specifici. La scienza, pertanto, non può pretendere di fornire una rappresentazione completa, deterministica, del nostro futuro e dello sviluppo di ogni fenomeno da essa studiato. La filosofia e la teologia potrebbero dare un importante contributo a questa questione fondamentalmente epistemologica, per esempio aiutando le scienze empiriche a riconoscere la differenza tra l'incapacità matematica di prevedere determinati eventi e la validità del principio di causalità, o tra l'indeterminismo o la contingenza (casualità) scientifici e la causalità a livello filosofico o, più

---

[106] Papa BENEDETTO XVI, *Discorso ai partecipanti alla Plenaria della Pontificia Accademia delle Scienze*, 7 novembre 2006. Cfr. anche Vaticano II, *Gaudium et spes*, 57.

radicalmente, tra l'evoluzione come origine ultima di una successione nello spazio e nel tempo e la creazione come prima origine dell'essere partecipato nell'Essere essenziale.

Al contempo, vi è un livello più alto che necessariamente trascende le previsioni scientifiche, ossia il mondo umano della libertà e della storia. Mentre il cosmo fisico può avere un proprio sviluppo spazio–temporale, solo l'umanità, in senso stretto, ha una storia, la storia della sua libertà. La libertà, come la ragione, è una parte preziosa dell'immagine di Dio dentro di noi e non può essere ridotta a un'analisi deterministica. La sua trascendenza rispetto al mondo materiale deve essere riconosciuta e rispettata, poiché è un segno della nostra dignità umana. Negare questa trascendenza in nome di una supposta capacità assoluta del metodo scientifico di prevedere e condizionare il mondo umano comporterebbe la perdita di ciò che è umano nell'uomo e, non riconoscendo la sua unicità e la sua trascendenza, potrebbe aprire pericolosamente la porta al suo sfruttamento.

Ragione con un cuore (9 novembre 2006)

Il Papa ha inserito il rapporto fra fede e scienza nel discorso fede e ragione. Ha fatto un forte richiamo contro il deismo: «E per questo la nostra fede è una cosa che ha da fare con la ragione, può essere trasmessa mediante la ragione e non deve nascondersi davanti alla ragione, neanche a quella del nostro tempo. Ma questa ragione eterna ed incommensurabile, appunto, non è soltanto una matematica dell'universo e ancora meno qualche prima causa che, dopo aver provocato il Big Bang, si è ritirata. Questa ragione, invece, ha un cuore, tanto da poter rinunciare alla propria immensità e farsi carne.»[107]

---

[107] Papa BENEDETTO XVI, *Discorso alla conclusione dell'incontro con i*

Effetti positivi e negativi (28 gennaio 2007)

Nel corso dell'introduzione all'Angelus della domenica, ricordando san Tommaso d'Aquino, il Papa ha affermato che lo sviluppo moderno delle scienze reca innumerevoli effetti positivi, come noi tutti vediamo; essi vanno sempre riconosciuti. Al tempo stesso, però, la tendenza a considerare vero soltanto ciò che è sperimentabile costituisce una limitazione della ragione umana e produce una terribile schizofrenia, per cui convivono razionalismo e materialismo, ipertecnologia e istintività sfrenata. È urgente, pertanto, riscoprire in modo nuovo la razionalità umana aperta alla luce del Logos divino e alla sua perfetta rivelazione che è Gesù Cristo, Figlio di Dio fatto uomo. Quando è autentica la fede cristiana non mortifica la libertà e la ragione umana; ed allora, perché fede e ragione devono avere paura l'una dell'altra, se incontrandosi e dialogando possono esprimersi al meglio? La fede suppone la ragione e la perfeziona, e la ragione, illuminata dalla fede, trova la forza per elevarsi alla conoscenza di Dio e delle realtà spirituali. La ragione umana non perde nulla aprendosi ai contenuti di fede, anzi, questi richiedono la sua libera e consapevole adesione.[108]

Creazione ed evoluzione (24 luglio 2007)

Rispondendo ad una domanda del clero, il Papa ha descritto il rapporto fra la creazione e l'evoluzione. Il grande problema è che se Dio non c'è e non è il Creatore anche della mia vita, in realtà la vita è un semplice pezzo dell'evoluzione, nient'altro, non ha senso di per sé stessa. «Ma io devo invece cercare di mettere senso in questo

---

vescovi della svizzera (9 novembre 2006).

[108] Cf. Papa BENEDETTO XVI, *Discorso alla recita dell'Angelus* (28 gennaio 2007).

pezzo di essere. Vedo attualmente in Germania, ma anche negli Stati Uniti, un dibattito abbastanza accanito tra il cosiddetto creazionismo e l'evoluzionismo, presentati come fossero alternative che si escludono: chi crede nel Creatore non potrebbe pensare all'evoluzione e chi invece afferma l'evoluzione dovrebbe escludere Dio. Questa contrapposizione è un'assurdità, perché da una parte ci sono tante prove scientifiche in favore di un'evoluzione che appare come una realtà che dobbiamo vedere e che arricchisce la nostra conoscenza della vita e dell'essere come tale. Ma la dottrina dell'evoluzione non risponde a tutti i quesiti e non risponde soprattutto al grande quesito filosofico: da dove viene tutto? e come il tutto prende un cammino che arriva finalmente all'uomo? Mi sembra molto importante, questo volevo dire anche a Ratisbona nella mia lezione, che la ragione si apra di più, che veda sì questi dati, ma che veda anche che non sono sufficienti per spiegare tutta la realtà. Non è sufficiente, la nostra ragione è più ampia e può vedere anche che la ragione nostra non è in fondo qualcosa di irrazionale, un prodotto della irrazionalità, ma che la ragione precede tutto, la ragione creatrice, e che noi siamo realmente il riflesso della ragione creatrice. Siamo pensati e voluti e, quindi, c'è una idea che mi precede, un senso che mi precede e che devo scoprire, seguire e che dà finalmente significato alla mia vita. Mi sembra questo il primo punto: scoprire che realmente il mio essere è ragionevole, è pensato, ha un senso e la mia grande missione è scoprire questo senso, viverlo e dare così un nuovo elemento alla grande armonia cosmica pensata dal Creatore. Se è così, allora anche gli elementi di difficoltà diventano momenti di maturità, di processo e di progresso del mio stesso essere, che ha senso dal suo concepimento fino all'ultimo momento di vita.»[109]

Scienza e speranza (30 novembre 2007)

Nell'enciclica *Spe Salvi*, il Papa ha affrontato il rapporto fra la speranza cristiana e l'impresa scientifica:

> Che un'epoca nuova sia sorta—grazie alla scoperta dell'America e alle nuove conquiste tecniche che hanno consentito questo sviluppo—è cosa indiscutibile. Su che cosa, però, si basa questa svolta epocale? È la nuova correlazione di esperimento e metodo che mette l'uomo in grado di arrivare ad un'interpretazione della natura conforme alle sue leggi e di conseguire così finalmente «la vittoria dell'arte sulla natura» (*victoria cursus artis super naturam*)... Fino a quel momento il ricupero di ciò che l'uomo nella cacciata dal paradiso terrestre aveva perso si attendeva dalla fede in Gesù Cristo, e in questo si vedeva la «redenzione». Ora questa «redenzione», la restaurazione del «paradiso» perduto, non si attende più dalla fede, ma dal collegamento appena scoperto tra scienza e prassi. La restaurazione del «paradiso» perduto, non si attende più dalla fede, ma dal collegamento appena scoperto tra scienza e prassi. Non è che la fede, con ciò, venga semplicemente negata; essa viene piuttosto spostata su un altro livello—quello delle cose solamente private ed ultraterrene—e allo stesso tempo diventa in qualche modo irrilevante per il mondo. Questa visione programmatica ha determinato il cammino dei tempi moderni e influenza pure l'attuale crisi della fede che, nel concreto, è soprattutto una crisi della speranza cristiana.[110]

---

[109] Papa BENEDETTO XVI, *Incontro con il Clero delle diocesi di Belluno-Feltre e Treviso* (24 luglio 2007).

[110] Papa BENEDETTO XVI, Enciclica *Spe Salvi*, 16-17. Cfr. anche F. BACON,

Il Papa conclude che non è la scienza che redime l'uomo; l'uomo viene redento mediante l'amore e ciò vale già nell'ambito puramente intramondano.[111]

Contro ogni riduzionismo (28 gennaio 2008)

Il rischio che l'uomo possa diventare «oggetto di manipolazioni ideologiche o abusi» è stato denunciato ancora una volta da Benedetto XVI, per il quale il progresso scientifico deve saper «resistere alla tentazione di circoscrivere l'identità umana entro parametri tecnici, lasciando spazio alla ricerca sul chi siamo, da dove veniamo e dove andiamo». Questo impegno il Papa lo ha chiesto in particolare ai membri della Pontificia Accademia delle Scienze e ai loro omologhi dall'Accademia di Parigi che hanno partecipato ad un Convegno su *L'identità mutevole dell'individuo* in Vaticano.

«Nel momento in cui le scienze esatte, naturali e umane hanno compiuto prodigiosi progressi nella conoscenza dell'essere umano e del suo universo, la tentazione consiste nel voler circoscrivere totalmente l'identità dell'essere umano e di chiuderla nel sapere che possiamo avere», ha spiegato il Papa.[112] «Per evitare questo pericolo—ha aggiunto—, è necessario lasciare spazio alla ricerca antropologica, alla filosofia e alla teologia, che permettono di mostrare e mantenere il mistero proprio dell'uomo, perché una scienza non può dire chi è l'uomo, da dove viene o dove va». In questo modo, ha riconosciuto, «la scienza dell'uomo diventa la più necessaria di tutte le

---

Novum Organum I, 117, 129.

[111] Papa BENEDETTO XVI, Enciclica *Spe Salvi*, 26.

[112] Papa BENEDETTO XVI, *Discorso ai partecipanti al Convegno Inter-Accademico promosso dalla Académie des Sciences di Parigi e dalla Pontificia Accademia delle Scienze* (28 gennaio 2008).

scienze», perché «l'uomo rappresenta qualcosa che va al di là di ciò che si può vedere o si può percepire con l'esperienza». «L'uomo non è frutto del caso, né di un insieme di circostanze, né di determinismi, né di interazioni fisico-chimiche; è un essere che gode di una libertà che, tenendo conto della sua natura, la trascende ed è il segno del mistero di alterità che lo abita», ha indicato. La libertà, ha aggiunto, «mostra chiaramente che l'esistenza dell'uomo ha un senso. Nell'esercizio della sua autentica libertà, la persona realizza la sua vocazione; si compie; dà forma alla sua identità profonda». «Nella nostra epoca, in cui lo sviluppo delle scienze attira e seduce per le possibilità che offre, è più che mai importante educare le coscienze dei nostri contemporanei perché la scienza non si trasformi nel criterio del bene», ha affermato. In questo modo, l'uomo sarà «rispettato come centro della creazione» e non diventerà «oggetto di manipolazioni ideologiche, di decisioni arbitrarie né di abuso dei più forti sui più deboli». «Si tratta di pericoli le cui manifestazioni abbiamo potuto conoscere nel corso della storia umana, e in particolare nel XX secolo», ha avvertito. «Ogni progresso scientifico deve anche essere un progresso d'amore, chiamato a mettersi al servizio dell'uomo e dell'umanità e a offrire il suo contributo all'edificazione dell'identità delle persone». Il Papa ha concluso: «L'amore permette di uscire da se stessi per scoprire e riconoscere l'altro; aprendosi all'alterità, afferma anche l'identità del soggetto, perché l'altro mi rivela a me stesso».[113]

---

[113] *Ibid.*.

Dialogo fecondo (8 marzo 2008)

Più recentemente la globalizzazione, per mezzo delle nuove tecnologie dell'informazione, ha spesso avuto come esito anche la diffusione in tutte le culture di molte componenti materialistiche e individualistiche dell'Occidente. Sempre più la formula *Etsi Deus non daretur* diventa un modo di vivere che trae origine da una specie di superbia della ragione—realtà pur creata e amata da Dio—la quale si ritiene sufficiente a se stessa e si chiude alla contemplazione e alla ricerca di una Verità che la supera. La luce della ragione, «esaltata», ma in realtà impoverita, dall'Illuminismo, si sostituisce radicalmente alla luce della fede, alla luce di Dio.[114] Il Papa ha sottolineato l'importanza di un dialogo fecondo tra scienza e fede.

> È un confronto tanto atteso dalla Chiesa, ma anche dalla comunità scientifica, e vi incoraggio a proseguirlo. In esso la fede suppone la ragione e la perfeziona, e la ragione, illuminata dalla fede, trova la forza per elevarsi alla conoscenza di Dio e delle realtà spirituali. In questo senso la secolarizzazione non favorisce lo scopo ultimo della scienza che è al servizio dell'uomo, «imago Dei». Questo dialogo continui nella distinzione delle caratteristiche specifiche della scienza e della fede. Infatti, ognuna ha propri metodi, ambiti, oggetti di ricerca, finalità e limiti, e deve rispettare e riconoscere all'altra la sua legittima possibilità di esercizio autonomo secondo i propri principi; entrambe sono chiamate a servire l'uomo e l'umanità, favorendo lo sviluppo e la crescita integrale di ciascuno e di tutti.[115]

---

[114] Cfr. Papa BENEDETTO XVI, *Allocuzione per l'incontro con l'Università di Roma «La Sapienza»*, (17 gennaio 2008).

[115] Papa BENEDETTO XVI, *Discorso ai partecipanti all'assemblea plenaria del Pontificio Consiglio della Cultura*, 8 marzo 2008. Cfr. VATICANO II, *Gaudium et spes*, 36.

Logica interna visibile del cosmo (31 ottobre 2008)

Il cosmo non è un sistema caotico, ma un ordine fondato su delle regole interne, in cui è possibile leggere, attraverso le scienze empiriche, la presenza di un Creatore, ha affermato il Papa Benedetto XVI nel ricevere i partecipanti alla plenaria della Pontificia Accademia delle Scienze, incentrata sul tema: «Approcci scientifici sull'evoluzione dell'universo e della vita». Nel suo indirizzo di saluto il professor Nicola Cabibbo, Presidente della Pontificia Accademia delle Scienze, ha parlato dei passi avanti compiuti dalla scienza negli ultimi anni nell'ambito delle ricerche sulle «particelle che costituiscono gli elementi costitutivi alla base di tutti i tipi di materia» e nelle «tecniche d'osservazione», tanto che «i cosmologi cominciano ora a scrutare al di là dei confini posti dal Big Bang». Il Papa ha tenuto a precisare che vi può essere armonia tra creazione ed evoluzione, tra Rivelazione cristiana e lettura scientifica e che la provvidenziale sapienza all'origine del cosmo e del suo sviluppo non limita la creazione all'inizio della storia del mondo e della vita. Ha affermato: «I miei predecessori, Pio XII e Giovanni Paolo II, hanno osservato che non vi è alcuna opposizione tra la comprensione della creazione data dalla fede e la prova offerta dalle scienze empiriche».[116]

In un'ottica di fede, leggere l'evoluzione è come «leggere un libro» — ha continuato richiamando l'immagine utilizzata da Galileo Galilei — «la cui storia, la cui evoluzione, il cui 'essere scritto' ed il cui significato, noi 'leggiamo' in base ai diversi approcci delle scienze». «Nonostante gli elementi irrazionali, caotici e distruttivi rilevabili nel lungo processo di cambiamento nel cosmo, la

---

[116] Papa BENEDETTO XVI, *Discorso ai partecipanti alla Plenaria della Pontificia Accademia delle Scienze*, 31 ottobre 2008.

materia in quanto tale è 'leggibile'. È una costruzione interna 'matematica'», ha continuato. «La mente umana — ha poi spiegato — può pertanto impegnarsi non solo in una 'cosmografia', studiando i fenomeni misurabili, ma anche in una 'cosmologia', cioè discernendo la logica interna visibile del cosmo». «Potremmo non essere all'inizio in grado — ha ammesso il Papa — di cogliere sia l'armonia nel suo complesso sia nelle relazioni delle singole parti, o il loro rapporto rispetto a tutto l'insieme».[117] Tuttavia, ha sottolineato Benedetto XVI, i rapporti che l'uomo nel corso dei secoli ha saputo cogliere e descrivere dimostrano che la ricerca sperimentale e filosofica sa scoprire «gradualmente questi ordini, li percepisce lavorando per mantenerli in essere, per difendersi dagli squilibri e superare gli ostacoli». La verità scientifica — ha concluso ricordando un intervento di Giovanni Paolo II del 2003 —, che è di per sé una partecipazione alla verità divina, può aiutare la filosofia e la teologia a comprendere ancor più pienamente la persona umana e la Rivelazione di Dio sull'uomo, una rivelazione che è stata completata e perfezionata in Gesù Cristo.[118]

Cultori della scienza (21 dicembre 2008)

Nel contesto di un discorso prima dell'Angelus, il Papa ha commentato come il mistero di salvezza, oltre a quella storica, ha una dimensione cosmica: Cristo è il sole di grazia che, con la sua luce, trasfigura ed accende l'universo in attesa. Benedetto XVI ha proseguito:

---

[117] *Ibid.*.
[118] Cf. *ibid.*. Cfr. Papa GIOVANNI PAOLO II, *Discorso ai membri della Pontificia Accademia delle Scienze nella celebrazione del quattrocentesimo anniversario dell'Accademia* (10 novembre 2003).

Il fatto che proprio oggi, 21 dicembre, in questa stessa ora, cade il solstizio d'inverno, mi offre l'opportunità di salutare tutti coloro che parteciperanno a vario titolo alle iniziative per l'anno mondiale dell'astronomia, il 2009, indetto nel quarto centenario delle prime osservazioni al telescopio di Galileo Galilei. Tra i miei Predecessori di venerata memoria vi sono stati cultori di questa scienza, come Silvestro II, che la insegnò, Gregorio XIII, a cui dobbiamo il nostro calendario, e san Pio X, che sapeva costruire orologi solari. Se i cieli, secondo le belle parole del salmista, «narrano la gloria di Dio» (Sal 19, 2), anche le leggi della natura, che nel corso dei secoli tanti uomini e donne di scienza ci hanno fatto capire sempre meglio, sono un grande stimolo a contemplare con gratitudine le opere del Signore.[119]

Origine cristiana della scienza (6 gennaio 2009)

Mentre la teologia pagana divinizzava gli elementi e le forze del cosmo, ha affermato il Papa, la fede cristiana, portando a compimento la rivelazione biblica, contempla un unico Dio, Creatore e Signore dell'intero universo. Non sono, dunque, gli elementi cosmici che vanno divinizzati, bensì, al contrario, in tutto e al di sopra di tutto vi è una volontà personale, lo Spirito di Dio, che in Cristo si è rivelato come Amore. Se è così, allora gli uomini – come scrive san Paolo ai Colossesi – non sono schiavi degli «elementi del cosmo» (cfr Col 2,8), ma sono liberi, capaci cioè di relazionarsi alla libertà creatrice di Dio. Egli è all'origine di tutto e tutto governa non alla maniera di un freddo ed anonimo motore, ma quale Padre, Sposo, Amico, Fratello, quale Logos, «Parola-Ragione» che si è unita alla nostra carne mortale una volta per sempre ed ha condiviso

---

[119] Papa BENEDETTO XVI, *Discorso alla recita dell'Angelus* (21 dicembre 2008).

pienamente la nostra condizione, manifestando la sovrabbondante potenza della sua grazia. C'è dunque nel cristianesimo una peculiare concezione cosmologica, che ha trovato nella filosofia e nella teologia medievali delle altissime espressioni. Essa, anche nella nostra epoca, dà segni interessanti di una nuova fioritura, grazie alla passione e alla fede di non pochi scienziati, i quali—sulle orme di Galileo—non rinunciano né alla ragione né alla fede, anzi, le valorizzano entrambe fino in fondo, nella loro reciproca fecondità.[120]

---

[120] Cf. Papa BENEDETTO XVI, *Omelia nella Solennità della Epifania del Signore* (6 gennaio 2009).

Capitolo 3

La mediazione del realismo

Attraverso la ragione della creazione Dio stesso ci guarda. La fisica, la biologia, le scienze naturali in genere ci hanno fornito un racconto della creazione nuovo, inaudito, con immagini grandiose e nuove, che ci permettono di riconoscere il volto del Creatore e ci fanno di nuovo sapere: sì, all'inizio e al fondo di tutto l'essere c'è lo Spirito creatore. Il mondo non è il prodotto dell'oscurità e dell'assurdo. Esso deriva da un'intelligenza, deriva da una libertà, deriva da una bellezza che è amore. Riconoscere questo ci infonde il coraggio che ci permette di vivere, che ci rende capaci di affrontare fiduciosi l'avventura della vita.

J. Ratzinger, *Creazione e peccato.*

3.1 Il realismo filosofico

Non si può avere una posizione di semplice neutralità fra scienza, filosofia e teologia che sono tra loro interrellate e non indipendenti. Al realismo filosofico è richiesto di delineare questi rapporti a patto però di evitare i tre seguenti errori. Il primo è una teocrazia o misticismo fondamentalista, nella cui dottrina la scienza e la filosofia vengono distrutte o assorbite nella teologia. Ne è un esempio il fondamentalismo islamico. Il secondo errore da evitare è il modernismo liberale–razionalista dove la teologia e la scienza vengono assorbite nell'ideologia, per esempio nel caso dell'ideologia darwinista, che nega la trascendenza. La terza trappola è lo scientismo positivista dove la teologia e la filosofia vengono assorbite nella scienza. Se si riesce a mantenere una posizione equilibrata, ogni disciplina ha il suo campo di operazione in relazione all'altro, e ci sono diversi livelli di dialogo. Uno è quello storico–diacronico, che dà alla storia della scienza il posto esemplificato nel primo capitolo. Un altro livello è quello teorico–sincronico, trattando per esempio la meccanica quantistica, la cosmologia del Big Bang e l'evoluzione. Un altro ancora è quello linguistico, in cui si deve essere attento di non attuare una pericolosa mescolanza dei significanti nelle varie discipline, per esempio riguardo alle nozioni del tempo, di materia e di persona. La «materia» è una cosa nella fisica, sta in relazione alla forma nella filosofia e in teologia si parla della materia dei sacramenti. In tutti i livelli di dialogo, la filosofia è come un ponte fra la scienza e la teologia.

Nel linguaggio comune a questi tre livelli di scienza, filosofia, teologia, alle parole «universo», «tempo», corrispondono relazioni di analogia per assicurare una continuità ma anche la giusta autonomia. Per esempio, la scienza tratta l'universo come totalità misurabile. La filosofia tratta l'universo come totalità esistente. La teologia tratta l'universo come totalità creata dalla Santissima Trinità. Nelle parole di Jaki:

> Viene reso il più grande servizio alla verità quando si stima la sua certezza incondizionatamente; solo allora la verità attua il suo vero ruolo, che è quello di liberare l'uomo. Anche l'argomento cosmologico

si dimostrerà con certezza solo se non ci si concedono esitazioni sul fatto che l'uomo può veramente conoscere e ogni volta che conosce nel particolare avverte l'universale, il tutto.[1]

Per apprezzare la specificità, l'unità, l'unicità e la bellezza e le altre proprietà del cosmo ed il cosmo stesso ci vuole la prospettiva filosofica realista che è l'elemento sintetico che collega fede e scienza. Ci prefiggiamo lo scopo di esaminare il tipo di realismo che, derivando dalla fede cristiana in Dio il Creatore, è stato rilevante ai fini della nascita, unica e vitale della scienza. Tale realismo è inoltre suffragato dalle scoperte della scienza moderna, e costituisce un «ponte» tra la fede in Dio Creatore e la scienza. Per poter collocare più chiaramente tale realismo, esso verrà qui contrapposto al nominalismo, al positivismo, allo strumentalismo, all'idealismo e ad ogni tipo di nichilismo. Il realismo possiede queste cinque dimensioni:

1) L'affermazione dei concetti universali, contro il nominalismo.
2) L'affermazione che la realtà si estende oltre ciò che la scienza può misurare, contro il positivismo.
3) L'affermazione del valore del metodo scientifico in sé, contro lo strumentalismo che gli attribuisce un valore meramente pragmatico nel campo della ricerca scientifica.
4) L'affermazione dell'esistenza obiettiva del mondo esterno, contro l'idealismo.
5) L'affermazione che la realtà ha senso, contro il nichilismo.

---

[1] S. L. JAKI, *Dio e i cosmologi*, LEV, Città del Vaticano 1991, p.216.

3.1.1 Il nominalismo

Il realismo deve essere innanzitutto contrapposto al *nominalismo* in una controversia incentrata sullo status dei concetti universali. La soluzione offerta da Platone al problema ha portato al realismo assoluto, nel quale esistevano due livelli di realtà: un primo livello, quello di un essere assolutamente reale che corrisponde al giudizio dell'identità, ed un secondo, nel quale la realtà partecipa all'essere delle forme e che corrisponde al giudizio di partecipazione. Nel realismo assoluto di Platone il concetto universale in tutta la sua universalità è l'essere ed il ruolo della mente è unicamente quello di discernere tale essere.

La fase iniziale del Medio Evo era caratterizzata da un realismo esagerato, o ultra–realismo. In questa concezione: «[...]i nostri concetti generici e specifici corrispondono ad una realtà esistente extramentalmente negli oggetti, una realtà sussistente alla quale partecipano gli individui.» Nel suo dibattito con l'ultra–realista Guglielmo di Champeaux , Pietro Abelardo ha fatto una distinzione tra gli ordini logici e reali, senza negare assolutamente le fondamenta oggettive del concetto universale. Abelardo apparteneva al movimento che ha portato al realismo moderato tomistico, dove si sosteneva l'oggettività delle specie e nature reali.

Giovanni Duns Scoto ha compiuto un ulteriore passo lungo la strada del realismo, dal momento che per lui: «[...] gli universali erano entità reali, a prescindere dalla loro esistenza negli individui.»[2] Mentre per San Tommaso: «[...] gli universali sono virtualmente presenti negli individui, dai quali essi vengono astratti dal nostro intelletto.»[3]

---

[2] F. COPLESTON, *A History of Philosophy*, Vol. II, «Augustine to Scotus», Image Books, New York 1985, p.140.

[3] E. GILSON, *The Unity of Philosophical Experience*, Christian Classics,

Nel XIV secolo, tuttavia, Guglielmo di Ockham (c.1290–1349) offrì una nuova soluzione al problema dei concetti individuali, soluzione che non andava nella direzione del realismo. Per Ockham ed i nominalisti non vi sono realtà universali al di fuori della mente. L'uomo incontra soltanto delle entità esistenti individualmente, senza essere in grado di arrivare ad una unità di significato per un gruppo di entità esistenti individualmente che abbiano qualcosa in comune. Il concetto di universale veniva ridotto ad una parola (sia mentale, che pronunciata o scritta) che è essa stessa una entità individuale. Noi respingiamo un legame troppo stretto tra la tradizione scientifica medioevale di Buridano e Oresme (qualunque possano essere state le loro tendenze nominaliste) e Ockham: «Il loro interesse per le osservazioni non nasceva da Guglielmo: già molto prima lo studio di soggetti particolari era stato raccomandato da S. Alberto Magno, Bacone, Witelo, Teodorico di Vriberg e altri ancora.»[4]

3.1.2 Il positivismo

Il positivismo si pone in contrasto con il realismo. A. Comte (1798–1857), il fondatore del *positivismo*, formulò la «filosofia positiva» che, unitamente alle scienze positive, avrebbe dato la risposta completa a tutti gli interrogativi relativi all'uomo e al cosmo. Per Comte, la conoscenza viene ottenuta solamente dall'esperienza dei sensi attraverso il metodo scientifico. Ora gli oggetti della scienza sono fatti empirici ed un sistema di rapporti tra tali fatti. Dal momento che per Comte le leggi esprimono solo rapporti estrinseci, esse non possono fornire spiegazioni ai fenomeni in termini di principi intrinseci. Quindi Comte:

Westminster, Md. 1982, p.66.

[4] JAKI, *La Strada della Scienza e le Vie verso Dio*, p.63.

«[...]propugnava un tipo di agnosticismo metafisico: la conoscenza umana non può arrivare alle sostanze, alle cose, all'anima, o a Dio; essa è impotente ad affermare o negare la loro esistenza.»[5] J. S. Mill (1806–1873), riprese e integrò il positivismo di Comte. La sua teoria della conoscenza era basata sul *fenomenalismo*, nel quale erano ammissibili solo i dati dei sensi: «[...] tutte le proposte verificabili devono essere traducibili in affermazioni sulle impressioni dei sensi.»[6] Per Mill la realtà non era in sostanza indipendente dalla mente ma «[...]un complesso di sensazioni effettive e possibili.»[7] Oltre alla variante *fenomenalista* del positivismo, abbiamo anche un'impostazione *fisicista* (abbracciata da H. Reichenbach, O. Neurath e dal primo Carnap), secondo la quale le affermazioni concettuali devono essere tradotte in affermazioni su eventi esterni o eventi sperimentali. Per P. W. Bridgman, tutti i concetti devono essere messi in relazione con operazioni sperimentali effettuabili; quindi il significato di un concetto viene visto in termini della serie di operazioni corrispondente. Questa impostazione va sotto il nome di *operazionalismo*, sotto taluni aspetti analogo allo *strumentalismo*.

I contributi del positivismo e dell'empirismo verso un sistema della conoscenza, uniti agli effetti della filosofia di Cartesio e di Kant, hanno gettato le basi del movimento della filosofia della scienza che si può dividere in quattro parti. Prima, l'empiriocriticismo (il nome dato al pensiero

---

[5] W. A. WALLACE, *From a Realist Point of View (Essays on the Philosophy of Science)*, University Press of America, Washington, D.C. 1979, p.4.

[6] I. G. BARBOUR, *Issues in Science and Religion*, Harper and Row, New York 1971, p.163.

[7] M. D. HUNNEX, *Chronological and Thematic Charts of Philosophies and Philosophers*, Academie Books, Grand Rapids, Mich. 1986, p.44.

di E. Mach e R. Avenarius). Secondo, la critica della scienza, trattata principalmente da H. Poincaré e P. Duhem. Terzo, il positivismo logico, che si è sviluppato dal pensiero del Circolo di Vienna. Quarto, il neoempiricismo, il cui principale rappresentante è E. Nagel. In particolare, P. Duhem (1861–1916), non era anti–metafisico ma impiegava un positivismo metodico; ne consegue dunque che Duhem viene associato alla scuola positivista per errore. Infatti Duhem teneva a dimostrare che la scienza moderna aveva le sue radici a partire dal Medioevo, grazie alla teologia e alla filosofia cristiana. In questo senso, S. L. Jaki è nella linea di Duhem, mostrando che in tutte le culture pagane, antiche e moderne non c'era una matrice favorevole alla scienza. Con lo sviluppo della meccanica quantistica e della relatività divenne sempre più difficile a sostenere il positivismo.

3.1.3 Lo strumentalismo

Il realismo deve essere inoltre contrapposto allo *strumentalismo*: quest'ultimo si collega all'analisi linguistica, che a sua volta si è sviluppata dal positivismo logico. Nel positivismo logico, era solo il *significato* delle affermazioni ad essere in discussione; le uniche affermazioni significative erano ritenute: (a) le proposizioni analitiche che potevano essere verificate dall'esperienza sensoria; (b) le definizioni formali, tautologie e convenzioni linguistiche. Nell'analisi linguistica, invece, il punto centrale è l'*uso* del linguaggio, piuttosto che il suo significato. Mentre i positivisti logici ritenevano che le frasi avessero un unico ruolo, quello di riferire fatti empirici, gli analisti linguistici vedono invece la varietà di funzioni servite dal linguaggio.

Quando l'analisi linguistica viene applicata al linguaggio della scienza, in genere ciò promuove una visione *strumentalista* della scienza. Questa impostazione viene spesso riscontrata tra i filosofi della scienza di oggi, per esempio S. Toulmin, F. P. Ramsey, G. Ryle e R. B. Braithwaite. Per gli strumentalisti le leggi scientifiche sono ausili all'indagine, le teorie scientifiche sono giudicate in base alla loro utilità più che alla loro verità, ed i concetti scientifici sono messi in relazione, in modo funzionale, alle osservazioni, ma non è necessario che i concetti stessi siano riducibili ad osservazioni.

Gli strumentalisti attribuiscono più importanza al ruolo del conoscitore di quanto facciano i positivisti. I primi creano schemi e modelli concettuali, anche se per ragioni pragmatiche; i secondi si limitano a registrare ed organizzare dati: «A differenza dei positivisti, gli strumentalisti non chiedano che i concetti debbano corrispondere agli osservabili, e non fanno alcuno sforzo per eliminare i termini teorici; a differenza dei realisti, tuttavia, essi *non* insistono che vi siano *entità reali* corrispondenti ai concetti. Le leggi sono inventate, non scoperte.»[8] Tuttavia gli strumentalisti non sostengono, con gli idealisti, che i concetti originino dalla mente che impone la propria struttura sull'esperienza. Gli strumentalisti tendono a ridurre la verità scientifica al consenso scientifico, come fa per esempio T. S. Kuhn.

Lo strumentalismo è basato su una visione pragmatista della realtà. Il pragmatismo è un

> atteggiamento mentale che è proprio di chi, nel fare le sue scelte, esclude il ricorso a riflessioni teoretiche o a valutazioni fondate su principi etici. Notevoli sono le conseguenze pratiche derivanti da questa linea di pensiero. In particolare, vi si è venuta affermando una concezione della democrazia che

---

[8] BARBOUR, *Issues in Science and Religion*, p.164.

non contempla il riferimento a fondamenti di ordine assiologico e perciò immutabili: la ammissibilità o meno di un determinato comportamento si decide sulla base del voto della maggioranza parlamentare. È chiara la conseguenza di una simile impostazione: le grandi decisioni morali dell'uomo vengono di fatto subordinate alle deliberazioni via via assunte dagli organi istituzionali. Di più: è la stessa antropologia ad essere fortemente condizionata, mediante la proposta di una visione unidimensionale dell'essere umano, dalla quale esulano i grandi dilemmi etici, le analisi esistenziali sul senso della sofferenza e del sacrificio, della vita e della morte.[9]

3.1.4 L'idealismo

Il realismo epistemologico poi, deve essere contrapposto all'*idealismo*. Secondo i realisti, il fattore ultimo dell'essere risiede al di là o al di fuori della mente, mentre gli idealisti ritengono che il principio ultimo e il punto di partenza filosofico sia la mente. Trasferendo questa nozione alla comprensione della scienza, gli idealisti affermano che le strutture della teoria sono completamente *imposte* dalla mente sul caos dei dati sensoriali. L'idealismo quindi, rispetto allo strumentalismo, pone ulteriormente l'accento sul ruolo del conoscitore. All'idealismo hanno aderito, fra altri, A. S. Eddington, J. Jeans e E. A. Milne ma oggi la loro impostazione aprioristica ha scarso seguito. Tutte le diverse forme di idealismo si oppongono al realismo, nella misura in cui esse asseriscono che la realtà procede dall'intelligenza o dallo spirito e, che in ultima analisi, essa rappresenta semplicemente un'altra dimensione della mente.

---

[9] Papa GIOVANNI PAOLO II, *Fides et ratio*, 89.

L'interpretazione della meccanica quantistica

L'interpretazione della meccanica quantistica ha in effetti intensificato il dibattito fra il realismo, l'idealismo ed anche il positivismo. Nella meccanica quantistica le particelle hanno alcune proprietà tipiche delle onde, non sono quindi oggetti puntiformi, e non possiedono una ben definita coppia posizione e momento. Nella fisica quantistica, il principio di indeterminazione di Heisenberg stabilisce che non è possibile conoscere simultaneamente la quantità di moto e la posizione di una particella con certezza. Si consideri la seguente analogia: supponiamo di avere un segnale che varia nel tempo, come un'onda sonora, e che si vogliano sapere le frequenze esatte che compongono il segnale in un dato momento. Questo è impossibile: infatti per poter determinare le frequenze accuratamente, è necessario campionare il segnale per un intervallo temporale e si perde quindi la precisione sul tempo. (In altre parole, un suono non può avere sia un tempo preciso, come in un breve impulso, che una frequenza precisa, come in un tono puro continuo). Il tempo e la frequenza dell'onda nel tempo, sono analoghi alla posizione e al momento dell'onda nello spazio. Il principio di indeterminazione di Heisenberg viene abitualmente reso con la formula $\Delta x \Delta p \geq \hbar/2$, in cui Δx è l'errore sulla posizione e Δp quello sulla quantità di moto, mentre $\hbar$ è la costante di Planck ridotta, $\hbar = h/2\pi$. Il principio formulato per la coppia posizione-movimento, è anche applicabile alla coppia energia–tempo.

Contrariamente ai presupposti del «dogma» positivista della pura obiettività, il principio di indeterminazione di Heisenberg ha reso evidente, come per le scienze naturali il cui «oggetto» sembra essere regolato da invariabili leggi di natura, la prospettiva dell'osservatore è un fattore che condiziona e determina il risultato dell'esperimento scientifico, e quindi della conoscenza scientifica come tale. La pura obiettività risulta perciò pura astrazione, espressione di una gnoseologia inadeguata e irrealistica.[10]

Le difficoltà di interpretazione riflettono una serie di temi riguardo la descrizione tradizionale della meccanica quantistica, tra cui:

1. la natura matematica astratta della descrizione della meccanica quantistica;
2. l'esistenza di ciò che sembrano essere processi non deterministici e irreversibili;
3. il fenomeno del cosiddetto *entanglement* quantistico e, in particolare, le correlazioni tra eventi remoti che non sono previste nella teoria classica;[11]
4. la complementarietà delle possibili descrizioni della realtà.

La fisica della meccanica quantistica si è prestato quindi ad alcune interpretazioni della meccanica quantistica, che sono talvolta filosofiche o addirittura ideologiche.

L'interpretazione statistica

L'interpretazione statistica è un'interpretazione che può essere definita minimalista, ovvero che fa uso del minimo numero di elementi da associare al formalismo matematico.

---

[10] Si veda Papa BENEDETTO XVI, *Messaggio al 30° Meeting per l'Amicizia fra i Popoli*, 23 agosto 2009.

[11] L'*entanglement* quantistico o correlazione quantistica è un fenomeno quantistico, privo di analogo classico, in cui ogni stato quantico di un insieme di due o più sistemi fisici dipende dagli stati di ciascuno dei sistemi che compongono l'insieme, anche se questi sistemi sono separati spazialmente. Il termine viene a volte reso in italiano con 'non-separabilità', in quanto uno stato *entangled* implica la presenza di correlazioni tra le quantità fisiche osservabili dei sistemi coinvolti.

In sostanza, è un'estensione dell'interpretazione statistica di Max Born. L'interpretazione afferma che la funzione d'onda non si applica ad un sistema individuale, ad esempio una singola particella, ma è un valore matematico astratto, di natura statistica, applicabile ad un insieme di sistemi o particelle. Probabilmente, il più importante sostenitore di questa interpretazione fu Albert Einstein: «Il tentativo di concepire la descrizione quantistica teorica come la descrizione completa dei sistemi individuali porta a interpretazioni teoriche innaturali, che diventano immediatamente non necessarie se si accetta che l'interpretazione si riferisca ad insiemi di sistemi e non a sistemi individuali.» Ad oggi, il più importante sostenitore dell'interpretazione statistica della meccanica quantistica è Leslie E. Ballentine, professore della Simon Fraser University e autore del libro di testo universitario Quantum Mechanics, a Modern Development.

L'interpretazione di Copenhagen

L'interpretazione di Copenhagen è un'interpretazione molto diffusa della meccanica quantistica, formulata da Niels Bohr e Werner Heisenberg durante la loro collaborazione a Copenhagen nel 1927. Bohr e Heisenberg estesero l'interpretazione probabilistica della funzione d'onda, proposta da Max Born. Questa interpretazione considera senza significato domande relative, per esempio, alla posizione della particella prima che essa venga misurata. Il processo di misura estrae quindi casualmente una tra le molte possibilità permesse dalla funzione d'onda che descrive lo stato. L'interpretazione che ha dato Niels Bohr, è fondamentalmente antirealista, finalizzata a negare la possibilità di qualsiasi rapporto causale. Con la sua interpretazione di Copenaghen, Bohr ha spianato la strada ad una errata concezione filosofica della realtà materiale:

numerosi sono infatti attualmente i pensatori che hanno decretato l'invalidità del principio di causalità, proprio partendo dalle speculazioni relative a questa scoperta scientifica.

Coscienza causa del collasso

La teoria speculativa secondo la quale la coscienza sarebbe all'origine del collasso della funzione d'onda è un tentativo di risolvere il paradosso dell'amico di Wigner semplicemente affermando che il collasso è causato dal primo osservatore cosciente del fenomeno.[12] I sostenitori di questa teoria sostengono che essa non sia semplicemente un nuovo dualismo, come era stata da taluni definita. In una derivata di questa interpretazione, ad esempio, la coscienza e gli oggetti sono in *entanglement* e non possono essere considerati distinti. La teoria può essere considerata come un'appendice speculativa alla maggior parte delle interpretazioni. Molti fisici la considerano non-scientifica, affermando che non sarebbe verificabile e che introdurrebbe nella fisica elementi non necessari, mentre i fautori della teoria replicano che la questione se la mente in fisica sia o meno necessaria rimane aperta.

---

[12] L'esperimento mentale dell'amico di Wigner immagina che un amico di Eugene Wigner compia l'esperimento del gatto di Schrödinger dopo che Wigner ha lasciato il laboratorio. Solo quando Wigner ritorna può apprendere l'esito dell'esperimento cioè sapere se il gatto sia vivo o morto. La domanda che sorge è: lo stato del sistema era di sovrapposizione di «gatto morto/amico triste» e «gatto vivo/amico felice», determinato quindi solo all'arrivo di Wigner e dalla sua apprensione del risultato, o era in qualche modo pre-determinato rispetto all'arrivo dello scienziato (e dunque non di sovrapposizione)? Schrödinger ideò il paradosso del gatto per sottolineare le difficoltà a comprendere il rapporto tra mondo microscopico e macroscopico, dal momento che nel primo vige la sovrapposizione quantistica degli stati e nel secondo il comportamento 'classico' del gatto la nega.

Storie consistenti

La teoria delle storie quantistiche consistenti generalizza la convenzionale interpretazione di Copenhagen e tenta di fornire un'interpretazione naturale della cosmologia quantistica. La teoria è basata su un criterio di consistenza che permette quindi di descrivere un sistema in modo che le probabilità di ciascuna storia obbediscano al terzo assioma (di additività) del calcolo delle probabilità. Secondo questa interpretazione, lo scopo di una teoria in meccanica quantistica è il predire le probabilità relative alle diverse storie.

Teoria oggettiva del collasso

Le teorie oggettive del collasso differiscono dall'interpretazione di Copenhagen nel considerare sia la funzione d'onda sia il processo del collasso come ontologicamente oggettivi. Nelle teorie oggettive, il collasso avviene casualmente (localizzazione spontanea) o quando vengono raggiunte alcune soglie fisiche, mentre gli osservatori non hanno un ruolo particolare. Sono quindi teorie realiste, non deterministiche e prive di variabili nascoste. Il procedimento del collasso non è normalmente specificato dalla meccanica quantistica, che necessiterebbe di essere estesa se questo approccio fosse corretto; l'entità oggettiva del collasso è quindi più oggetto di una teoria che un'interpretazione in sé. Tra gli esempi di queste teorie vi sono quella di Ghirardi-Rimini-Weber e l'interpretazione di Penrose.

Interpretazione a molti mondi

L'interpretazione a molti mondi è un'interpretazione della meccanica quantistica che rifiuta l'irreversibile e non deterministico collasso della funzione d'onda associato all'operazione di misura nell'interpretazione di Copenhagen, in favore di una descrizione in termini di *entanglement* quantistico e di un'evoluzione reversibile degli stati. I fenomeni associati alla misura sono descritti dalla decoerenza quantistica che avviene quando gli stati interagiscono con l'ambiente. Ne consegue che le linee di universo degli oggetti macroscopici si separano ripetutamente in storie mutuamente non osservabili, ovvero universi distinti all'interno di un multiverso.

Decoerenza quantistica

La decoerenza quantistica si verifica quando un sistema interagisce con l'ambiente in cui si trova, o qualsiasi altro sistema complesso esterno, in un modo termodinamicamente irreversibile tale che che i differenti elementi nella funzione d'onda di sistema e ambiente non possano più interferire tra loro. La decoerenza non spiega il collasso della funzione d'onda, piuttosto spiega le evidenze del collasso. La natura quantistica del sistema è semplicemente dispersa nell'ambiente in modo che continui ad esistere una totale sovrapposizione della funzione d'onda, ma che rimanga al di là di ciò che è misurabile. La decoerenza quindi, come intepretazione filosofica, equivale a qualcosa di simile alla interpretazione a molti mondi, ma possiede il vantaggio di essere supportata da un dettagliato e plausibile contesto matematico, sviluppato principalmente da H. Dieter Zeh. L'approccio è quindi uno dei più condivisi tra i fisici odierni.

Interpretazione a molte menti

L'interpretazione a molte menti della meccanica quantistica estende l'interpretazione a molti mondi, proponendo che la distinzione tra i mondi debba essere compiuta al livello della mente di un osservatore individuale.

Logica quantistica

La logica quantistica può essere considerata come un tipo di logica proposizionale utilizzabile per la comprensione delle anomalie emergenti dalle misure in meccanica quantistica, in particolare quelle riguardanti la strutturazione delle operazioni di misura di variabili complementari. Quest'area di ricerca e il suo nome nacquero nell'articolo del 1936 di Garrett Birkhoff e John von Neumann, che tentarono di riconciliare alcune delle apparenti discrepanze tra la logica booleana classica e misure ed osservazioni in meccanica quantistica.

Interpretazione di Bohm

L'interpretazione di Bohm è un'interpretazione postulata da David Bohm nella quale l'esistenza di una funzione d'onda universale e non locale permette a particelle lontane di interagire istantaneamente. L'interpretazione generalizza la teoria di Louis de Broglie del 1927 che afferma che sia l'onda sia la particella sono reali. La funzione d'onda guida il moto della particella ed evolve in base all'equazione di Schrödinger. L'interpretazione assume un singolo universo, che non si dirama come nell'interpretazione a molti mondi, ed è deterministico, a differenza di quanto previsto dall'interpretazione di Copenhagen. L'interpretazione di Bohm asserisce che lo stato dell'universo evolve linearmente nel tempo, senza prevedere il collasso delle funzioni d'onda all'atto di una misurazione, previsto invece dall'interpretazione di Copenhagen. In questa interpretazione, si assume comunque l'esistenza di un certo numero di variabili nascoste, rappresentanti le posizioni di tutte le particelle nell'universo le quali, come le probabilità in altre interpretazioni, non possono mai essere misurate direttamente.

Interpretazione transazionale

L'interpretazione transazionale della meccanica quantistica (abbreviata TIQM dalla definizione inglese «transactional interpretation of quantum mechanics») è stata formulata da John Cramer ed è un'interpretazione piuttosto originale della meccanica quantistica che descrive le interazioni quantistiche in termini di onde stazionarie prodotte da onde ritardate e anticipate.[13] L'autore sostiene che essa eviti i problemi filosofici riguardo il ruolo dell'osservatore posti dall'interpretazione di Copenhagen, oltre a risolvere vari paradossi quantistici.

Meccanica quantistica relazionale

L'idea alla base della meccanica quantistica relazionale, seguendo la linea tracciata dalla relatività ristretta, è che diversi osservatori potrebbero dare descrizioni diverse della stessa serie di eventi: ad esempio, ad un osservatore in un dato punto nel tempo, un sistema può apparire in un singolo autostato, la quale funzione d'onda è collassata, mentre per un altro osservatore, allo stesso tempo, il sistema potrebbe trovarsi in una sovrapposizione di due o più stati. Di conseguenza, se la meccanica quantistica deve essere una teoria completa, l'interpretazione relazionale sostiene che il concetto di stato non sia dato dal sistema osservato in sé, ma dalla relazione tra il sistema e il suo osservatore (o i suoi osservatori). Il vettore di stato della

---

[13] Cf. J. G. CRAMER, «Quantum Nonlocality and the Possibility of Superluminal Effects» in *Proceedings of the NASA Breakthrough Propulsion Physics Workshop*, Cleveland, OH, August 12-14, 1997.

meccanica quantistica convenzionale diventa quindi una descrizione della correlazione di alcuni gradi di libertà nell'osservatore rispetto al sistema osservato. Ad ogni modo, questa interpretazione sostiene che ciò vada applicato a tutti gli oggetti fisici, che siano o meno coscienti o macroscopici. Ogni evento di misura è definito semplicemente come una normale interazione fisica, ovvero l'instaurazione del tipo di relazione descritto prima. Il significato fisico della teoria non riguarda quindi gli oggetti in sé, ma le relazioni tra di essi.

Interpretazioni modali della meccanica quantistica

L'originaria interpretazione modale della meccanica quantistica fu ideata nel 1972 da Bas van Fraassen nella pubblicazione *A formal approach to the philosophy of science* (dall'inglese, *Un approccio formale alla filosofia della scienza*). Ad ogni modo questa definizione è oggi usata per descrivere un ampio insieme di modelli nati da questo approccio.

Misure incomplete

La teoria delle misure incomplete (abbreviata TIM, dalla notazione inglese «theory of incomplete measurements») ricava i postulati principali della meccanica quantistica da proprietà di processi fisici che siano misurazioni accettabili. In questa interpretazione è presente il collasso della funzione d'onda poiché si richiede alle misure di fornire risultati consistenti e ripetibili. Le funzioni d'onda hanno valore complesso poiché rappresentato un campo di probabilità di tipo trovato/non trovato. Le equazioni degli autovalori sono associate a valori simbolici delle misure, che spesso si definiscono nei numeri reali. La teoria delle misure incomplete è più che una semplice interpretazione della meccanica quantistica, dal momento che in tale teoria sia la relatività generale sia i postulati della meccanica quantistica sono considerati come approssimazioni.

In questa prospettiva, non era però più in questione solo il determinismo, ma una questione filosofica di più vasta portata, riguardante la possibilità stessa di una realtà oggettiva indipendente dall'osservatore. L'indeterminismo veniva infatti spesso interpretato da un assunto ispirato a una forma radicale di empirismo, secondo la quale l'unica realtà fisica possibile è quella rilevabile dall'osservatore. Esso non è quindi propriamente una caratteristica della realtà, ma una conseguenza del nostro modo di conoscere. Come osservò criticamente E. Schrödinger (l'autore dell'equazione che descrive l'evoluzione della funzione d'onda), argomentazioni di questo tipo «sono inattaccabili perché basate sul principio semplice e sicuro che la sana e sobria realtà, per gli scopi della scienza, coincide esattamente con ciò che è (o può essere) osservato» e «che ciò che è o può essere osservato coincide esattamente con ciò che alla meccanica quantistica piace chiamare osservabile».[14] L'interpretazione di Copenhagen suscitò le giuste resistenze di quanti erano legati al realismo dei fisici. Einstein manifestò il suo dissenso, oltre che con una serie celeberrima di sentenze, con ingegnosi e solidi argomenti critici.[15] Secondo quanto recentemente ha sostenuto Roger Penrose, le questioni riguardanti quello che lui chiama il «paradosso della misura» sono lungi dall'essere oziose dispute filosofiche. Egli ritiene infatti che

---

[14] E. SCHRÖDINGER, *L'immagine del mondo*, Torino 1963, p. 15).

[15] Ad A. Pais, futuro biografo suo e di Bohr, per esempio, disse: «Veramente è convinto che la Luna esista solo se la si guarda?» Da A. PAIS, 'Sottile è il Signore' in *La scienza e la vita di Albert Einstein*, Bollati Boringhieri, Torino 1991, p. 15.

«il problema dell'ontologia abbia un'importanza fondamentale in meccanica quantistica» e che solo un'eventuale sua soluzione consentirebbe alla teoria di «acquistare un senso completamente coerente».[16]

Abbiamo visto una gradualità nelle posizioni trattate riguardo al contributo alla conoscenza del soggetto e dell'oggetto, del conoscitore e della realtà conosciuta. Il realista asserisce, in opposizione al nominalista, che è possibile addivenire ad un concetto universale; in opposizione al positivista asserisce che il reale non può essere ridotto all'osservabile. Il realista si oppone allo strumentalista affermando che i concetti validi sono veri oltre che soltanto utili. A differenza dell'idealista, il realista sostiene una corrispondenza tra concetti e la struttura degli eventi nel cosmo. Per il realista, «l'oggetto, non il soggetto, apporta il contributo prevalente alla conoscenza,» o, in altre parole, «*l'essere precede il conoscere.*»[17]

3.1.5 Il nichilismo

Il realismo deve essere contrapposto infine al nichilismo nelle sue diverse forme, anche estreme come in F. Nietzsche, che negano qualsiasi senso al cosmo. L'esistenzialismo (J. P. Sartre, M. Heidegger, R. Bultmann) nega l'essenza, nega la continuità in spazio, tempo e realtà. Di questo passo si arriva a negare il senso della vita. I Darwinisti e neo–Darwinisti (R. Dawkins) ed altri che basano la loro visione del cosmo sul caso e caos sono anch'essi un po' nichilisti; il loro pensiero tende a

---

[16] R. Penrose, *La strada che porta alla realtà*, Milano 2005, pp. 785-786.
[17] Si veda Barbour, *Issues in Science and Religion*, pp.168-169. Cfr. S. Tommaso d'Aquino, *Summa Theologiae* I, q.16, a.1: «esse rei, non veritas eius, causat veritatem intellectus.»

distruggere il tessuto filosofico della sapienza. Il nichilismo è una filosofia del nulla:

> I suoi seguaci teorizzano la ricerca come fine a se stessa, senza speranza né possibilità alcuna di raggiungere la meta della verità. Nell'interpretazione nichilista, l'esistenza è solo un'opportunità per sensazioni ed esperienze in cui l'effimero ha il primato. Il nichilismo è all'origine di quella diffusa mentalità secondo cui non si deve assumere più nessun impegno definitivo, perché tutto è fugace e provvisorio... Anzi—cosa anche più drammatica— in questo groviglio di dati e di fatti tra cui si vive e che sembrano costituire la trama stessa dell'esistenza, non pochi si chiedono se abbia ancora senso porsi una domanda sul senso. La pluralità delle teorie che si contendono la risposta, o i diversi modi di vedere e di interpretare il mondo e la vita dell'uomo, non fanno che acuire questo dubbio radicale, che facilmente sfocia in uno stato di scetticismo e di indifferenza o nelle diverse espressioni del nichilismo....Secondo alcune di esse, infatti, il tempo delle certezze sarebbe irrimediabilmente passato, l'uomo dovrebbe ormai imparare a vivere in un orizzonte di totale assenza di senso, all'insegna del provvisorio e del fuggevole. Parecchi autori, nella loro critica demolitrice di ogni certezza, ignorando le necessarie distinzioni, contestano anche le certezze della fede.[18]

Per alcuni pensatori, il nichilismo è stato a volte giustificato dalla «terribile esperienza del male che ha segnato la nostra epoca. Dinanzi alla drammaticità di questa esperienza, l'ottimismo razionalista che vedeva nella storia l'avanzata vittoriosa della ragione, fonte di felicità e di libertà, non ha resistito, al punto che una delle maggiori minacce, in questa fine di secolo, è la tentazione

---

[18] PAPA GIOVANNI PAOLO II, *Fides et Ratio*, 46.3, 81.1.

della disperazione.»[19] Il nichilismo spesso propone un rifiuto dei principi della causalità e della finalità, così come dell'analogia dell'essere. Si deve ricordare che il realismo si appoggia anche sui principi di causalità e di finalità, nonché sul principio di non–contraddizione.

3.1.6 La logica realista

La logica realista implica anche l'accettazione di alcuni principi basilari in quanto tutta la realtà ed il pensiero si fondano su di essi e non possono in alcun modo contraddirli. Primo, il Principio dell'Identità afferma che A è A. Sostiene semplicemente che una cosa è quello che è, è una con se stessa. Un cane è un cane, un uomo è un uomo. Ogni atto di ogni persona viene fatto in accordo con questo principio. È auto–evidente. Secondo, il Principio della Non–Contraddizione, afferma che A non è non–A. Questo principio nega che una cosa sia il suo opposto. Un cane non è un non–cane. Cioè, se un cane è un cane, esso non può essere niente di diverso. La sua natura di cane, esclude tutto il resto, cioè tutto ciò che è non–cane. Affermare che una cosa è sia quello che è che quello che non è, è chiaramente assurdo. La non–contraddizione è la precondizione essenziale acciocché una cosa esista o sia concepita. Terzo, il Principio del Medio Escluso propone che tra A e non–A non ci sia un termine intermedio. Questo principio dice che non c'è interspazio tra qualcosa ed il suo opposto. Ha molte applicazioni. Ad esempio, una cosa può essere sia un albero così come può non esserlo. Ma non c'è uno spazio intermedio tra essere e non essere, tra si e no. Se eliminiamo l'albero ed il non–albero, che, in opposta contraddizione, è tutto tranne l'albero, non resta nulla. Similmente, in psicologia abbiamo che una cosa o è vivente

---

[19] Ibid., 91.2-91.3.

o non vivente. Non c'è nulla in mezzo. Una cosa vivente può essere colui che conosce o colui che non conosce. Questa è la linea di divisione tra le piante che non posseggono conoscenza e gli esseri superiori alle piante. Se una cosa appare all'inizio come una pianta ma più tardi mostra segni di conoscenza sensoriale, essa è un animale. Non c'è una terza possibilità tra pianta ed animale perché non c'è spazio intermedio tra colui che conosce e colui che non conosce, tra essere e non–essere. Ciò può essere anche applicato alla distinzione che esiste tra animale razionale (l'uomo) ed animale irrazionale, tra Creatore e creatura.

Il realismo, tuttavia, si presenta sotto varie forme e aspetti, che possono essere raggruppati in varietà scolastiche e non–scolastiche. Per quanto riguarda le forme non scolastiche del realismo, la maggior parte di queste riflettono l'influsso di Kant, come ad esempio le filosofie di H. Bergson, W. James e G. Santayana. Alcune tendenze nella fenomenologia (come per esempio di F. Brentano, E. Husserl e M. Scheler) si possono definire realiste, ma si tratta di un realismo di essenza che prescinde da un realismo dell'esistenza.

Secondo il punto di vista scolastico, le cosiddette filosofie realiste di G. E. Moore, B. Russell, A. N. Whitehead, S. Alexander e N. Hartmann operano anch'esse una separazione eccessiva tra essenza ed esistenza. Anche alcuni Marxisti sembrano realisti, ma troncano la realtà. Tra le versioni scolastiche del realismo, riteniamo di grande valore la linea di San Tommaso, come teorizzata nell'ultimo secolo da J. Maritain e da E. Gilson. Tale realismo è anche presente negli scritti di G. K. Chesterton. Appoggiamo anche il realismo del beato Giovanni Duns Scoto. Non seguiremo invece nessuna delle scuole del tomismo trascendentale, esemplificato dagli scritti di J.

Maréchal, B. Lonergan e K. Rahner. Il tomismo trascendentale aveva lo scopo di riunire la filosofia di San Tommaso, il pensiero di Kant e di altri idealisti e di esistenzialisti come M. Heidegger; in questo caso «trascendentale» assume il significato di una conoscenza che non deriva dall'esperienza ma che proviene dal soggetto umano.

3.2 Le basi teologiche del realismo

Il Papa Benedetto XVI ci fornisce lo spunto per una riflessione teologica sul realismo:

> Solo la Parola di Dio è fondamento di tutta la realtà, è stabile come il cielo e più che il cielo, è la realtà. Quindi dobbiamo cambiare il nostro concetto di realismo. Realista è chi riconosce nella Parola di Dio, in questa realtà apparentemente così debole, il fondamento di tutto. Realista è chi costruisce la sua vita su questo fondamento che rimane in permanenza.[20]

Cristo come Somma Verità garantisce l'intelligibilità e l'unità del cosmo. L'uomo ha una tendenza naturale verso il realismo anche al di fuori del contesto della fede cristiana, come afferma il Vaticano I e poi le prove dell'esistenza di Dio. Però, questa tendenza è stata ferita dal peccato originale. La Rivelazione cristiana e la Grazia salvano, rafforzano e consolidano questa capacità umana naturale di realismo. A causa della mancanza del realismo, la scienza non è nata in tutte le culture antiche, ma soltanto nel contesto del Medio Evo cristiano. Che cosa c'era nel cristianesimo che ha suscitato la vera nascita della scienza? Ovviamente la risposta globale a questa domanda è la

---

[20] Papa BENEDETTO XVI, *Meditazione nel corso della prima Congregazione Generale della XII assemblea generale ordinaria del Sinodo dei Vescovi*, 6 ottobre 2008.

Redenzione dell'uomo da parte del Cristo. Un effetto secondario della Redenzione? Un effetto collaterale della Caduta era la perdita dei doni della conoscenza. Allora, nelle parole di San Paolo, «laddove abbondava il peccato, ha sovrabbondato la grazia» (Rom 5:20).

Ma che cos'è nella visione cristiana della creazione che dà e garantisce la visione stessa? Per Stanley Jaki, è proprio il dogma dell'Incarnazione redentiva che assicura la visione cristiana come tale. Jaki ha mostrato che la scienza ha subìto delle improvvise frenate in tutte le culture antiche. Nel libro *Il Salvatore della scienza*, Jaki traccia i punti cristologici in relazione con questo fatto.

Prima di tutto, mentre presso i greci e i romani antichi, la parola *monogenes* o *unigenitus* ha avuto il cosmo come punto di riferimento, presso la tradizione cristiana solo Cristo era *unigenitus*. In questo modo fu chiusa definitivamente la porta alla considerazione del cosmo come emanazione da Dio Padre.[21] Il vero posto del cosmo è stato così trovato nella prospettiva cristiana, di fronte a una tendenza sempre più pericolosa al panteismo presso altre culture che non accettano l'Incarnazione, quali quella ebraica e musulmana. Nella visione cristiana, il cosmo fu messo nel posto giusto cioè né di adorazione né di paura.

In secondo luogo, Jaki nota che la razionalità del cosmo è radicata nella divinità di Cristo. L'ugualianza della divinità del Padre e del Figlio divenne il centro di un enorme dibattito teologico fra Ario e Atanasio. Una delle argomentazioni anti–ariane di Atanasio si riferiva al ruolo del Verbo come Creatore. Secondo Atanasio, poiché il Logos era precisamente di natura divina, l'universo creato da Lui era precisamente razionale. Fra le conseguenze di questo argomento vi era anche la confutazione di una

---

[21] Cfr. JAKI, *Il Salvatore della scienza*, pp.78-83.

visione pagana secondo cui solo le leggi delle sfere celesti sopra–lunari erano razionali mentre sotto il cielo della Luna le cose sembravano regolate da una certa mescolanza di razionalità e di irrazionalità. Cristo garantisce che ciò che è creato per Lui è razionale e accessibile all'intelletto umano.[22]

Il terzo punto è che la venuta di Cristo come Salvatore salvaguarda la finalità del cosmo e dell'uomo.[23] Jaki mostra come i darwinisti e neo–darwinisti nella loro visione dell'evoluzione basata sul materialismo e sul caso, neghino questa finalità. Inoltre, Jaki respinge l'interpretazione della scuola di Copenhagen circa la meccanica quantistica: in quest'interpretazione Heisenberg e Bohr hanno confuso il livello operazionale ed il livello ontologico nella considerazione del principio di indeterminazione. Dando un valore ontologico al principio di indeterminazione, i seguaci della scuola di Copenhagen hanno chiuso la porta alla causalità aprendola al caso e alla creazione senza un Creatore.[24]

In quarto luogo Jaki mostra, con grande originalità, come l'Incarnazione redentiva presupponga l'anima umana e quindi ogni compromesso con il materialismo è impossibile. La risposta di Gesù al buon ladrone, «In verità ti dico, oggi sarai con me nel paradiso», e inoltre la discesa agli Inferi nel sabato santo, in breve la continuità nella natura umana di Cristo tra la sua Morte e la sua Risurrezione è garantita dall'immortale anima umana del Cristo.

---

[22] Cfr. *Ibid.*, p.82. Si veda anche Gv 1:3; Ebr 1:2 e SANT'ATANASIO, *Contra Gentiles*.

[23] Cfr. JAKI, *Il Salvatore della scienza*, Capitolo 4.

[24] Cfr. JAKI, *Dio e i cosmologi*, pp.126-129 ed anche IDEM, *La strada della scienza e le vie verso Dio*, capitolo 13 «I corni della complementarietà», pp.284-307.

A sua volta, questa verità garantisce il fatto che ogni essere umano possiede un'anima spirituale ed immortale.[25]

L'Incarnazione redentiva garantisce non soltanto la vera nascita della scienza e la giusta visione dell'uomo e del cosmo, ma anche l'applicazione della stessa scienza, mediante la tecnologia, per il bene comune dell'umanità Cristo, «che è il nuovo Adamo, proprio rivelando il mistero del Padre e del suo amore svela anche pienamente l'uomo a se stesso e gli manifesta la sua altissima vocazione.»[26]

L'Incarnazione garantisce una visione lineare (e non ciclica) del tempo. La linearità della storia e del tempo viene ulteriormente rafforzata perché la venuta di Cristo nell'umiltà della nostra condizione umana è unica: così come unica è la venuta finale di Cristo alla fine della storia.

Riguardo all'opera di Jaki, forse alcuni si domanderanno se la sua posizione sulla nascita della scienza dovuta all'Incarnazione redentiva venga a negare il fatto che il livello naturale dell'uomo ha, per la teologia cattolica, un suo valore nonostante il peccato originale. Infatti, il Concilio Vaticano I assunse una posizione molto precisa riguardo questa problematica. Quando dice chiaramente che la ragione può arrivare da sola all'esistenza di Dio Creatore, questa possibilità implica anche l'eventualità di arrivare ad una visione del cosmo. Lo stesso Concilio dichiara che nello stato presente dell'essere umano c'è bisogno della Rivelazione nella conoscenza delle verità accessibili alla sola ragione affinché esse possano essere conosciute facilmente, con certezza e senza errore.[27] In

---

[25] Cfr. Luca 23:43, e JAKI, *Il Salvatore della scienza*, p.163.

[26] VATICANO II, *Gaudium et spes*, 22; Cfr. JAKI, *Il Salvatore della scienza*, pp.13-23, 169-206; e Papa GIOVANNI PAOLO II, *Veritatis splendor*.

[27] VATICANO I, Sessio III, Cap. 2, De revelatione, in DS 3005, «Huic divinae revelationi tribuendum quidem est, ut ea, quae in rebus

questa prospettiva, la visione del cosmo adeguata per la vera ed unica nascita della scienza è stata un dono del Dio incarnato; c'è anche il dono interiore del risanamento dell'intelletto e della volontà umana, danneggiati dal peccato originale così che l'uomo può vedere la realtà creata in modo tale da investigarla. Questo quadro di Jaki è un esempio meraviglioso del fatto che la fede cristiana e la grazia generano, con la cooperazione della persona umana, il vero progresso dell'umanità. Il Concilio Vaticano II ha parlato del contributo del Vangelo al progresso umano: «Effettivamente nella storia, anche temporale, degli uomini, il vangelo fu un fermento di libertà e di progresso.»[28]

L'Incarnazione redentiva garantisce una visione nuova dell'uomo e del cosmo; la scienza ne è un caso particolare: «Dio...decise di entrare in maniera nuova e definitiva nella storia, inviando il suo Figlio..., Colui dunque per opera del quale aveva creato anche l'universo, Dio costituì erede di tutte quante le cose, per tutto in lui riunire.»[29] Il Papa Giovanni Paolo II, aggiungeva: «Grazie al Verbo, il mondo delle creature si presenta come «cosmo» cioè come universo ordinato. Ed è ancora il Verbo, che, incarnandosi, rinnova l'ordine cosmico della creazione....Cristo, Figlio consustanziale al Padre, è dunque Colui che rivela il disegno di Dio nei riguardi di tutta la creazione e, in particolare, nei riguardi dell'uomo.»[30]

---

divinis humanae rationi per se impervia non sunt, in praesenti quoque generis humani condicione ab omnibus expedite, firma certitudine et nullo admixto errore cognosci possint.» Cfr. S. TOMMASO D'AQUINO, *Summa Theologiae*, I, q.1, a.1.

[28] VATICANO II, *Ad gentes*, 8.
[29] VATICANO II, *Ad gentes*, 3.
[30] Papa GIOVANNI PAOLO II, *Tertio millenio adveniente*, 3.3, 4.

Il progresso stimolato dalla vera fede si estende oltre la sfera scientifica. A differenza di altre credenze che mettono in rilievo il mistero e l'intuito, la teologia cristiana privilegia la ragione. È questo fattore, e non la geografia, un sistema agricolo più produttivo o la Riforma protestante, che spiega l'ascesa dell'Occidente.[31] Questa impostazione contrasta con quella di molti intellettuali occidentali del ventesimo secolo, i quali sostengono che l'Occidente è emerso al di sopra di altre culture proprio nella misura in cui ha superato le barriere religiose. L'unico credito che essi danno alla religione si limita al riconoscimento del contributo del Protestantesimo, come se i precedenti quindici secoli di Cristianesimo fossero di scarsa rilevanza. In effetti, la posizione dominante, che non accorda il posto giusto alla fede cattolica, è erronea. L'ascesa dell'Occidente, sostiene, si è fondata su quattro principali vittorie della ragione. In primo luogo, la fiducia nel progresso, all'interno della teologia cristiana. Poi, la trasmissione di questa fede nelle innovazioni tecnologiche e organizzative, molte di esse realizzate nell'ambito dei monasteri. Terzo, una politica teorica e pratica improntata alla ragione, che ha consentito l'affermazione delle libertà fondamentali. Quarto, l'applicazione della ragione al commercio, con il risultato dello sviluppo del capitalismo. Sin dai primi secoli del Cristianesimo, i Padri della Chiesa hanno insegnato che la ragione era un dono di Dio e lo strumento per crescere nella comprensione delle Scritture e della Rivelazione. Le religioni orientali, invece, non avevano questa idea di un Dio cosciente e onnipotente che potesse essere oggetto di una riflessione teologica.

---

[31] Si veda R. STARK, *The Victory of Reason: How Christianity led to Freedom, Capitalism, and Western Success*, Random House, New York 2005.

Il Giudaismo e l'Islam avevano certamente il concetto di un Dio sul quale sviluppare una teologia. Ma nell'ambito di queste religioni, la tendenza era verso un approccio costruzionista che concepisce la Scrittura come un qualcosa da capire e da applicare, e non come la base per una ulteriore indagine. Il Cristianesimo vede Dio come un Essere razionale e l'universo come la sua creazione. Ma una struttura razionale non può che essere chiamata alla comprensione da parte dell'uomo. A questa sfida si sono applicati quei teologi nella Chiesa cattolica, che nel corso dei secoli hanno intrapreso un'attenta razionalizzazione sfociata nell'elaborazione di una dottrina cristiana. Pensatori illustri come Sant'Agostino e San Tommaso d'Aquino hanno celebrato l'uso della ragione come mezzo per approfondire la volontà divina. Quindi, la rivoluzione scientifica del sedicesimo secolo non è stata l'eruzione improvvisa del pensiero laico. Piuttosto, essa è il risultato di secoli di un progresso costante compiuto dai pensatori medievali scolastici, sostenuto da un'invenzione cristiana del dodicesimo secolo: le università. Già molto tempo prima del Rinascimento e dell'Illuminismo, la capacità scientifica e tecnologica europea aveva superato quella del resto del mondo. L'idea che il medioevo sia un periodo di stagnazione è una menzogna inventata da intellettuali antireligiosi e aspramente anticattolici del diciottesimo secolo.

Fu proprio nei secoli medioevali che viene sostanzialmente resa fruibile l'energia idrica ed eolica, cosa che ha consentito di compiere enormi progressi nella produzione dei beni. Notevoli progressi nella tecnologia agricola hanno aumentato le rendite, rendendo possibile sfamare interi villaggi e città. Lungi dall'aver ostacolato questi progressi tecnici, il Cristianesimo li ha favoriti e promossi. Per contro, sia l'Impero ottomano che la Cina si erano, ad esempio, opposti alla fabbricazione di orologi meccanici. Né la fioritura dell'attività economica ha dovuto attendere il Protestantesimo. Sono gli Ordini monastici che hanno creato una sorta di protocapitalismo. Spronati dall'aumento della produttività indotto dai progressi tecnologici, i monasteri hanno guidato il percorso di affrancamento da un'economia di sussistenza, verso sistemi di specializzazione e di commercio. A sua volta questo ha facilitato l'emergere di un'economia monetaria e l'abbandono dell'economia del baratto, con la creazione del credito e del prestito di denaro. I monasteri hanno anche sviluppato un'etica lavorativa e un apprezzamento del valore dell'iniziativa economica, ben prima dell'avvento del Protestantesimo.

Inoltre, i teologi cattolici hanno affinato le teorie relative agli interessi sui prestiti e al giusto prezzo dei beni— elementi essenziali allo sviluppo del capitalismo, come si vede nella vita delle città–Stato italiane, in cui sono prosperate economie floride nei secoli prima della Riforma. Mentre in molti Paesi non sono mancate le condizioni per uno sviluppo del capitalismo, talvolta risultava invece carente l'elemento essenziale della libertà, che ha ostacolato il progresso economico. La libertà è una conquista della ragione, auspicata già dai teologi cristiani che da lungo tempo avevano teorizzato sulla natura dell'eguaglianza e dei diritti degli individui. Il Cristianesimo in generale afferma e insegna il valore dell'individuo e sottolinea l'importanza della responsabilità personale nelle decisioni morali. Strettamente legato a questo è il concetto del libero arbitrio. Si tratta di un cambiamento radicale introdotto dal Cristianesimo, rispetto al passato, che si rende evidente, ad esempio, nella letteratura. In questo senso, si potrebbe fare un paragone tra le tragedie greche in cui i personaggi sono in balia del destino, con Shakespeare in cui i protagonisti sono chiaramente responsabili delle proprie azioni. La nascita della democrazia nell'Europa occidentale è dovuta non ad un recupero della filosofia greca, ma all'effetto degli ideali cristiani. Il mondo classico fornisce esempi di democrazia, ma questi non si fondavano sull'idea dell'uguaglianza tra tutti i cittadini. Gli ideali insegnati dal Nuovo Testamento, invece, hanno posto la base per l'affermazione della fondamentale eguaglianza fra tutte le persone. Anche il diritto di proprietà, un'altra precondizione essenziale del capitalismo, deve la sua origine al cristianesimo. Sia la Bibbia che i maggiori teologi difendono la proprietà privata. San Tommaso sostiene che la proprietà è intrinseca alla natura umana.

La riflessione teologica ci porta a descrivere il rapporto fra la mediazione, in riguardo alla creazione, esercitata da Cristo, Verbo incarnato, col mistero trinitario. Il Padre ha creato il mondo nel suo Figlio e per Amore del suo Figlio, ed il Figlio riconduce ogni cosa al Padre per mezzo dello Spirito. I rapporti fra Dio e il mondo vengono impostati tradizionalmente all'interno di uno schema di *exitus-reditus* (uscita e ritorno). Questo schema fu presente nelle opere di San Tommaso d'Aquino e di San Bonaventura. Nella teologia contemporanea, in continuità con la tradizione patristica e medievale, le conseguenze teologiche e filosofiche della mediazione universale di Cristo sono discusse all'interno di una visione chiamata «Cristocentrismo».

In primo luogo, la creazione materiale, riassunta paradigmaticamente dall'umanità di Gesù Cristo, risulta in qualche modo associata al suo mistero pasquale.

L'invito rivolto ad ogni essere umano, creato e redento in Cristo, ad entrare, come figli nel Figlio, in comunione con la Trinità, coinvolge anche l'universo materiale. Il fatto poi che l'umanità del Verbo attraversi il mistero della sofferenza e della morte, rivela anche la caducità della creazione. In essa si dà una sorta di incompletezza e la possibilità di un disordine, quello introdotto dal peccato originale e attuale dell'uomo, cose che saranno superate dalla signoria definitiva di Cristo. La logica del mistero pasquale ha una portata cosmica: il limite, il dolore, l'inadeguatezza restano presenti nel creato fino a quando esso non sarà rinnovato dall'avvento di un nuovo cielo e di una nuova terra (cfr. 2Pt, 3,13; Ap 21,1.6). La partecipazione futura del creato accanto alla vita di Dio parrebbe dunque prevedere un suo mistero di attesa e di travaglio, di morte e di resurrezione, la disponibilità ad essere trasfigurato.

In secondo luogo va osservato che un universo creato in Cristo e in vista di Cristo assume una «unità» ed una «coerenza» senza precedenti. In prima istanza l'unità dell'universo e la coerenza della sua progettualità dipendono dall'unicità e dalla natura personale della sua Causa Prima, cioè dall'esistenza di un unico Creatore. La razionalità associata al Logos, in chiave cristiana, si distingue simultaneamente con i caratteri della trascendenza e dell'immanenza, con la solennità del mistero del disegno divino sul mondo e con la concretezza della storia e della carne. Non è una razionalità confinata nel circolo platonico del mondo delle idee, ma attraversa la natura con tutta l'oggettività dell'evento terreno di Gesù di Nazaret. Non è una razionalità totalmente immanente nella materia, come quella del Logos degli stoici, né totalmente immanente nel soggetto, come quella delle categorie a–priori kantiane.

Il Verbo ha una propria personalità trascendente, ma nondimeno ha voluto legarsi allo spazio, al tempo, alla materia: un universo plasmato dal Logos cristiano appare in maggiore sintonia con una gnoseologia realista, in accordo con l'impostazione induttiva delle scienze, ed assai meno con le varie forme di idealismo, dal funzionalismo allo psicologismo. In un universo così, in sostanza, viene favorita la convinzione che la verità delle cose non esista solo nella nostra mente, né implichi solo una coerenza astratta, ma appartenga alle cose stesse. Si registrerebbe dunque una consonanza con il realismo classico dell'impresa scientifica, come esposto ad esempio nelle riflessioni epistemologiche di Planck o Einstein, ed una implicita sintonia con il primato della esperienza. Vi sarebbe invece una maggiore distanza da interpretazioni del mondo fisico debitrici ad una prospettiva idealista, come potrebbero essere ad esempio la visione della meccanica quantistica offerta dalla scuola di Copenhagen o la visione di una cosmologia che si preoccupi esclusivamente della coerenza interna delle proprie formulazioni, rinunciando ad elaborare modelli in grado di mantenere un controllo con la realtà osservabile. Una comprensione realista dei rapporti fra matematica e fisica, inoltre, suggerirebbe che il fondamento di ogni teoria scientifica, anche di quella che faccia ricorso al formalismo più astratto, debba in ultima analisi poggiare su basi empiriche.

Rafforzando al nozione del realismo, la teologia cristiana del Verbo manifesta conseguenze importanti circa il carattere di «oggettività» della natura. Il Verbo-generato mantiene la sua piena distinzione dal mondo-creato. Tutte le cose sono fatte nell'unico Verbo, «per quem omnia facta sunt», ma egli è «genitum, non factum». L'universo non è divino: esso non procede da Dio come invece il Figlio, Lui che è Dio da Dio. Chi indaga la natura può porsi di fronte ad essa considerandola oggettivamente, come qualcosa di autonomo, la cui razionalità è effetto della causalità esemplare e finale di un Logos che non si identifica con essa. Ne viene esclusa ogni forma di panteismo, ma anche ogni tentazione dualista. La creazione procede *ex nihilo* e ciò assicura che il suo principio esemplare è unico, non il risultato di una dialettica fra spirito e materia o fra il bene e il male. Non vi sono altre logiche che reggono le sorti del cosmo se non quella del «Logos che si è fatto carne» (Gv 1,14).[32]

---

[32] Cfr. G. TANZELLA-NITTI, «Gesù Cristo, rivelazione e incarnazione del Logos», III: «Le conseguenze filosofiche e scientifiche di un mondo creato per mezzo di Cristo e in vista di Cristo» in *DISF*, Vol. 1, pp.701-706.

Capitolo 4

La cosmologia del Big Bang

> *Il movimento verso Dio, per essere sicuro, non deve essere una separazione dall'universo. Il movimento consiste piuttosto nell'avvertire la pulsazione della contingenza cosmica, il fatto che l'universo indica implacabilmente qualcosa al di là di se stesso.*
>
> S. L. Jaki, *Dio e i cosmologi*.

4.1 Le teorie scientifiche

Sia per le teorie del Big Bang che per quelle dell'evoluzione, il processo scientifico deve cercare di descrivere con ricostruzioni ed estrapolazioni una fase del cosmo anteriore a quella attuale. Proprio questo processo potrebbe dare luogo ad equivoci filosofici, e non solo.

Gli astrofisici hanno lavorato a ricostruire il «grande giallo» della «nascita» del cosmo e del suo sviluppo fino alla sua forma attuale. Verso la fine del 1912, Vesto Melvin Slipher riesce a disporre di quattro lastre fotografiche della Nebulosa di Andromeda: su di esse, oltre alle caratteristiche righe spettrali, egli discerne anche uno «spostamento verso il rosso» di tali linee rispetto alle loro posizioni consuete. Si tratta del celebre «effetto Doppler»: se una sorgente di luce è in moto rispetto a un osservatore, le lunghezze d'onda delle sue righe spettrali risultano spostate rispetto ai valori che avrebbero avuto in assenza di moto relativo.[1] Nel 1918, l'astronomo di Strasburgo, Carl Wilhelm Wirtz, aveva misurato un sistematico spostamento verso il rosso di certe «nebulose», e lo chiamò correzione–K, ma non sapeva delle implicazioni cosmologiche, né che le supposte nebulose erano in realtà galassie al di fuori della nostra Via Lattea. Già nel 1916 Albert Einstein elabora la sua teoria generale della relatività. L'anno successivo egli ha applicato la sua nuova teoria all'universo intero, ottenendo le famose «equazioni cosmologiche». La teoria della relatività generale di Einstein, sviluppata in questi anni, ebbe come risultato che l'Universo non poteva rimanere statico, un risultato che Einstein stesso considerò sbagliato, e che cercò di correggere aggiungendo una costante cosmologica che comunque non risolveva il problema. Applicare la relatività generale alla cosmologia fu un lavoro svolto da Alexander Friedman. Nel 1922 Alexander Friedman trova le soluzioni di quelle equazioni e si accorge che il nostro è un universo in espansione.[2] Nel 1927, il fisico teorico e sacerdote Mons. Georges Lemaître ha proposto che la recessione delle nebulae era dovuta all'espansione dell'universo.[3] Lemaître fu il primo a proporre la teoria

---

[1] V. M. SLIPHER, «The radial velocity of the Andromeda nebula» in *Lowell Observatory Bulletin* 1: 56–57; IDEM, «Spectrographic observations of nebulae» in *Popular Astronomy* 23: 21–24.

[2] A. FRIEDMAN, «Über die Krümmung des Raumes» in *Zeitschrift für Physik* 10 (1922), pp.377–386.

[3] G. LEMAÎTRE, «Un Univers homogène de masse constante et de rayon croissant rendant compte de la vitesse radiale des nébuleuses extragalactiques» in *Annals of the Scientific Society of Brussels*

secondo cui l'Universo avrebbe avuto inizio con l'esplosione di un «atomo primevo».[4] Nel 1929 l'astronomo Edwin Hubble osserva la «recessione delle galassie» e fornisce le prove che Friedmann ha ragione. L'universo, cioè, evolve secondo le leggi gravitazionali della relatività generale. Negli anni '30, Hubble trovò evidenze osservative che giustificavano la teoria di Lemaître. Usando di nuovo le misure di spostamento verso il rosso, Hubble determinò che le galassie distanti si stanno allontanando in ogni direzione a velocità (relativamente alla Terra) direttamente proporzionali alla loro distanza, un fatto conosciuto come Legge di Hubble.[5]

Il termine «Big Bang» fu coniato nel 1949 da Fred Hoyle durante un programma radio della BBC, *The Nature of Things* (La Natura delle Cose). Il testo fu pubblicato nel 1950. Hoyle non sottoscriveva la teoria, ed intendeva prenderla in giro. Forse è stata anche una battuta riferita al fatto che George Gamow, al tempo il principale sostenitore della teoria, aveva anche lavorato allo sviluppo della bomba atomica.

L'evidenza scientifica per la teoria del Big Bang è basata su tre strumenti a disposizione. Il *primo strumento* sono i dati osservati. Il *secondo strumento* è costituito dalla conoscenza delle leggi della fisica, che sono valide sempre, sulla terra come in qualsiasi angoletto dell'universo per quanto lontano da noi, e operano oggi come operavano miliardi di anni fa. Il *terzo strumento* dell'indagine

---

47A(1927), p.41.

[4] G. LEMAÎTRE, «The evolution of the universe: discussion» in *Nature* 128 (1931), supplement, p.704.

[5] E. HUBBLE, «A relation between distance and radial velocity among extra-galactic nebulae», in *Proceedings of the National Academy of Sciences* 15 (1929), pp.168-173.

cosmologica sono infine le tecniche matematiche sempre più raffinate e potenti che consentono la costruzione di vari modelli col computer.

Il punto di partenza di ogni modello sono tre dati osservati.[6] Il primo è la cosiddetta legge di Hubble del 1929: le righe di assorbimento negli spettri ottici delle galassie sono sistematicamente spostate verso il rosso, d'una entità proporzionale alla distanza stessa della galassia di cui si esamina lo spettro. Questo è un indizio che tutti gli oggetti che popolano l'universo si allontanano l'uno dall'altro come se facessero parte di una sfera che si dilata.[7] Poi, nel 1965, i due fisici Americani Penzias e Wilson hanno scoperto una «radiazione di fondo» distribuita con regolarità nell'universo, corrispondente alla temperatura di 2.7 K (270 sotto lo zero C). [0 K è quasi lo sciopero generale del cosmo!]. La sua presenza ci dà la prova più evidente della grande esplosione iniziale, in quanto è la fase finale di raffreddamento, dovuto all'espansione cosmica. Tale radiazione è dunque il residuo fossile delle alte temperature raggiunte nel Big Bang. Il terzo dato basilare riguarda l'abbondanza relativa degli elementi del cosmo, che oggi si presenta sperimentalmente nelle seguenti proporzioni: idrogeno 72%, elio 25%, tutti gli altri elementi 3%. In linea generale, si sarebbe indotti a pensare, per spiegare tali abbondanze osservate, che, non appena la temperatura del cosmo è calata a sufficienza, a circa 4000 K, i protoni e gli elettroni, fino a quel momento liberi, e cioè con un'energia cinetica troppo

---

[6] Si veda N. DALLAPORTA, «Alcune note di cosmologia» in *Pontificia Academia Scientiarum Commentarium* Vol. II, No. 32, Pontificia Accademia delle Scienze, Città del Vaticano 1990.

[7] HUBBLE, «A relation between distance and radial velocity among extra-galactic nebulae», pp.169ss.

grande per potersi legare, hanno potuto combinarsi insieme per formare atomi di idrogeno, il più semplice degli elementi. Molto più tardi, quando già le stelle si sono formate è avvenuta la nucleosintesi e la formazione degli elementi più pesanti. La sola eccezione è l'elio, la cui abbondanza (25%) si spiega con la sua formazione direttamente dall'idrogeno a circa tre minuti dopo il Big Bang proprio nella misura di quel 25%. Nel 1948 G. Gamow ha esplicitamente proposto l'ipotesi del *Big Bang* per spiegare l'origine degli elementi leggeri.[8]

Il misterioso momento «primordiale» ha una durata di 10 alla potenza meno quarantatré secondi;[9] durante questo periodo siamo al livello di effetti quantistici. Gli astrofisici sono molto prudenti a descriverlo. Si sa però che dopo questo la «sfera di fuoco» immediatamente si dilata e perde calore. Dopo i primi 10^{-43} secondi, lo scenario cambia.[10] Durante l'era inflazionaria, a 10^{28} K, (corrispondenti a un'energia di 10^{16} GeV), agivano solo l'interazione gravitazionale e un'unica interazione fondamentale costituita da interazione nucleare forte, nucleare debole ed elettromagnetismo unificati. Alla fine dell'era inflazionaria, l'interazione nucleare forte diviene riconoscibile come forza distinta e (dopo che dall'enorme energia accumulata si è formata materia e anti–materia) appaiono le particelle elementari, derivate dal fiotto di

---

[8] Cfr R. A. ALPHER, H. A. BETHE, G. GAMOW, in *Physical Review*(1948), 803ss, (scherzosamente «teoria α-β-γ»).

[9] In notazione matematica, 10^{-43} s: cioè un numero preceduto da quarantatré zeri.

[10] Non possiamo partire da t=0 perché a quei tempi la densità dell'Universo sarebbe infinita, e così la sua temperatura, e non sappiamo come si comporta la fisica in quelle condizioni. Per energie E>1.22 x 10^{19} GeV per particella ha luogo l'epoca della gravità quantistica, la quale termina (formalmente) al tempo di Planck, 5.39 x 10^{-44}s dopo il Big Bang.

energia primordiale, tutti i tipi che conosciamo e altre la cui esistenza è solo ipotizzata: quark, elettroni, neutrini, fotoni, gluoni, assioni, particelle X e loro rispettive antiparticelle. Subito dopo, fra 10^{-12}s e 10^{-10}s, anche l'interazione nucleare debole e quella elettromagnetica si sono distinte tra loro ed i fotoni non sono più confusi con le altre particelle; si formano protoni e neutroni per associazione di quark; spariscono quasi tutte le antiparticelle; l'energia dell'universo è ancora principalmente sotto forma di radiazione. La temperatura scende al disotto dei dieci alla ventotto gradi, 10^{28} K. Ogni particella così creata ha il suo omologo e contrario: una antiparticella, identica in tutto, ma di carica opposta. L'universo è ancora quindi altamente simmetrico: e l'incontro tra particella e antiparticella porta al reciproco annichilimento, con la «restituzione» al plasma che le circonda della loro energia. Ma il rapido decadimento delle particelle X porta alla nascita di nuovi quark: ed è questo residuo attivo che consentirà poi la nascita della materia. La temperatura diminuisce ancora mentre l'universo si dilata. Dopo il primo miliardesimo di secondo la temperatura è di «soli» dieci alla potenza tredici gradi. La temperatura scende a 10^{11} K e poi a 10^{10} K rispettivamente a 10^{-2} s e ad 1s di vita dell'universo; i tipi di particelle esistenti nell'universo ad ogni sua fase dipendono dalla sua temperatura.

L'universo al momento del Big Bang non è esploso nello spazio, ma il Big Bang ha formato lo spazio. Tutto lo spazio osservabile, oggi o in futuro, era allora raccolto in un unico «punto infinitesimo». Perciò il Big Bang è avvenuto «ovunque», non in un singolo punto dello spazio. Il plasma di particelle trova una simmetria interna, l'universo è popolato fondamentalmente di quark, gluoni, leptoni, fotoni e neutrini. L'energia è diminuita e quindi anche la velocità delle particelle. L'universo è maturo per l'arrivo di un nuovo, fondamentale protagonista: il protone. Prima che sia trascorso un millesimo di secondo dall'inizio (cioè di ciò che la scienza può misurare), nel compatto plasma di particelle, i quark sopravvissuti all'annichilimento si combinano con i gluoni, a gruppi di tre: è l'atto di nascita dei protoni (e anche dei neutroni), fondamento dei nuclei atomici. A questo punto ha inizio un'era «lunghissima»: da un millesimo di secondo a cento secondi. La temperatura è scesa a un miliardo di gradi (10^9). Elettroni e positroni si annichiliscono a vicenda: anche qui, come per i quark, si «salva» una eccedenza di elettroni, quella che poi ritroveremo nei gusci atomici: per ogni protone è sopravvissuto un elettrone. Intanto fotoni e neutrini, non interagiscono più col resto della materia e viaggiano per conto loro: la «palla» del cosmo diviene radiante. La temperatura scende ancora: a novecento milioni di gradi diviene possibile la sintesi dei primi elementi atomici, e almeno dei nuclei di deuterio e trizio (isotopi dell'idrogeno) e nuclei dell'idrogeno (un protone) e dell'elio (due protoni e due neutroni). È trascorsa mezz'ora dall'«inizio», e già esistono i fondamenti della materia attuale. Entro mezz'ora, con temperature vicine a 10^8 K, si formano altri elementi leggeri, cioè litio e berillio.

Da quel momento tutto procede più lentamente: dopo 300 mila anni i nuclei dell'idrogeno (80% dell'universo) e dell'elio (20% dell'universo) «catturano» i loro elettroni: nascono i veri e propri atomi. Continua l'espansione, con diminuzione di densità, e a circa trecentomila anni di vita dell'universo elettroni e protoni si combinano in atomi di idrogeno; atomi di altri elementi seguono lungo la storia dell'universo; tra mezzo ed un milione di anni di vita l'universo diventa trasparente, la materia libera radiazione elettromagnetica (come quella di un corpo nero a 3,500 K; la sua temperatura è oggi scesa a 2.735 K ed è rilevata come radiazione fossile di fondo cosmico) e i fotoni viaggiano liberamente. Dopo un milione di anni di esistenza la materia (tra cui l'eventuale materia oscura) e non più l'energia radiante comincia ad essere la fonte primaria di gravità. Riassumendo: più si va avanti nel tempo dal Big Bang, più l'universo espande; più la temperatura cala, più la densità diminuisce; più l'asimmetria cresce, più la stabilità cresce.

Entro il primo miliardo di anni di esistenza si formano le protogalassie, entro tre miliardi si formano le quasar (quasi stellar radio sources) e radiogalassie, entro otto miliardi quasi tutte le galassie, tra cui la nostra galassia e in seguito il Sole. In tutto questo periodo, attraverso nucleosintesi stellare, si formano gli elementi pesanti; il materiale è riciclato avanti e indietro, tra stelle e *medium* interstellare (fatto di nebulose gassose che brillano di luce diffusa e nebulose oscure fatte di polvere), durante molte generazioni di stelle per ogni galassia, e ad ogni generazione aumenta la quantità di elementi pesanti. La radiazione che è emessa origina da sorgenti singole, eccetto che nel caso della radiazione di fondo cosmico a microonde.

Comincia così la nostra storia, durata finora $13,7 \pm 0,2$ miliardi di anni fa ($13,7 \pm 0,2 \times 10^9$): l'universo si espande, si formano con ulteriori rotture della simmetria iniziale, le prime strutture: le protogalassie, nate forse dopo un miliardo di anni dalle sterminate nubi rarefatte di idrogeno ed elio. Stelle dalla vita breve trasformano nelle loro fornaci nucleari gli elementi pesanti. Poi esplodono e spargono nello spazio in espansione i loro prodotti. Nascono nuove stelle e nuove galassie, una generazione più stabile. Appaiono stelle dalla lunga e pacifica vita, come il nostro sole. In alcuni casi pianeti di solida materia, come la terra, li circondano.

Infine fu creata la vita, almeno sulla Terra. Le prime tracce di vita risalgono a tre miliardi e ottocento milioni di anni fa, quando la Terra aveva 800 milioni di anni; gli organismi pluricellulari apparvero 750 milioni di anni fa; i mammiferi iniziarono a proliferare 165 milioni di anni fa; gli ominidi sono comparsi 5 milioni di anni fa; il genere *Homo* 2.5 milioni di anni fa; l'*Homo sapiens* 200,000 anni fa, convivendo fino a 30,000 anni fa con l'*Homo neanderthalensis*. Quelli dell'inizio dell'universo, dell'inizio della vita e dell'inizio della coscienza umana costituiscono i tre maggiori problemi della attuale ricerca scientifica di base.

La teoria del Big Bang ha avuto una conferma nella primavera 1992. Si tratta del Lawrence Berkeley Laboratory nella California. Le scoperte più recenti si devono al Cosmic Background Explorer (COBE), il telescopio spaziale che ha per scopo di misurare la temperatura dell'universo al momento in cui la materia e l'energia si sono separate. Dopo il Big Bang infatti, durante le prime migliaia di anni, materia e energia non si differenziavano e si intercambiavano costantemente: sono perciò dei parametri, assieme alla temperatura, che ci danno un'idea della composizione e dell'uniformità dell'universo. La missione dell'Explorer ha dimostrato la presenza di fluttuazioni: anche se l'universo era molto uniforme non lo era esattamente già al momento della separazione fra materia e energia, il che conferma la validità dell'idea del Big Bang e spiega come sono nate le galassie in tempi successivi.

Inoltre, a seconda del valore effettivo di alcuni parametri rilevanti (massa totale dell'universo, decelerazione dell'espansione dell'universo), è stato ipotizzato quello che potrebbe essere il destino ulteriore dell'universo: andare incontro a un *Big Crunch* (universo chiuso con spazio a curvatura positiva, in cui a un certo punto l'espansione viene invertita per effetto dell'attrazione gravitazionale), o a un'espansione per un tempo infinito a velocità sempre finita e non nulla anche se decrescente (universo aperto con spazio a curvatura negativa, in cui le forze gravitazionali non sono sufficienti ad invertire l'espansione), o a un'espansione a velocità decrescente in modo asintotico verso il valore nullo tendendo quindi a uno stato stazionario (universo piatto con spazio euclideo senza curvatura, in cui energia di espansione e energia gravitazionale della massa totale dell'universo sono in perfetto equilibrio).[11]

Sia nel caso di universo aperto che piatto, esso, attraverso varie fasi, andrebbe gradualmente incontro—a un'età di 10^{100} anni?—ad una fine, caratterizzata da un mare indistinto di positroni ed elettroni (mentre i protoni, che sembra abbiano una vita media di 10^{30} anni, sarebbero disintegrati) e dalla temperatura della radiazione di fondo cosmico che tende allo zero assoluto.

D'altra parte la teoria del *Big Bang* lascia alcuni quesiti irrisolti (per esempio, la genesi dell'ordine nell'universo, o il fatto che la curvatura dell'universo non si accentui col tempo), per cui sono state formulate anche altre ipotesi integrative: quella dell'inflazione, o quella dell'inflazione più materia oscura fredda o più costante cosmologica, nonché quella espressa nell'ambito della cosmologia quantistica.

Secondo l'ipotesi dell'inflazione (che risale al 1980, ad opera di A. H. Guth), il modello evoluzionistico del *Big*

---

[11] Si veda, per esempio, P. DAVIES, *Gli ultimi tre minuti. Congetture sul destino dell'universo*, Rizzoli, Milano 2000.

La cosmologia del Big Bang 215

Bang viene integrato da una brevissima discontinuità, durata solo da 10^{-35} a 10^{-32}s di vita dell'universo, per la quale agli stadi iniziali di espansione, a causa di una fluttuazione di energia, si è verificata una inflazione, cioè una iperespansione di enorme entità e straordinariamente rapida di tipo esponenziale (espansione non decelerante, ma accelerante con raddoppiamento di diametro ogni 10^{-34}s, che, per un fenomeno di repulsione cosmica, ha prodotto un aumento di diametro dell'universo di almeno 10^{50} volte). Correlativamente l'universo ha subito una transizione di fase, iniziata alla temperatura critica di 10^{27}K e concretizzata nel passaggio da un «falso vuoto», contenente una enorme quantità di energia, a un «vero vuoto» con trasformazione di (quasi?) tutta l'energia sia nella massa di un numero enorme di particelle che in energia non gravitazionale (come energia termica delle particelle, energia di campo elettromagnetico), mentre si produceva una molto rapida diminuzione di temperatura fino a 10^{22} K. Inoltre, piccole disomogeneità (piccolissime fluttuazioni quantistiche) venivano fissate e amplificate durante l'inflazione fino a macroscopiche differenze, che darebbero ragione della attuale anisotropia di densità della materia su larga scala e della lievissima anisotropia della radiazione di fondo cosmico. Al termine della (instabile) fase di inflazione, la forza di repulsione sparisce, ma l'universo continua, ovviamente, a crescere enormemente (superando velocemente l'orizzonte di visibilità) durante la susseguente fase di espansione secondo il modello classico del *Big Bang*, in seguito all'impulso ricevuto durante l'episodio inflativo; la velocità di recessione diminuisce però gradualmente, a causa dell'attrazione gravitazionale; dopo un brusco riscaldamento, il raffreddamento continua in modo lineare.

Questo scenario così descritto pone dei problemi. La corrispondenza fra le attuali strutture (gli ammassi e filamenti giganti di galassie e le piccolissime increspature della radiazione di fondo cosmico) e le iniziali fluttuazioni quantistiche dell'universo risulta maggiore se la densità media della materia dell'universo è bassa, ed essa è appunto tale in base alle osservazioni astronomiche. Queste osservazioni mettono però in difficoltà l'ipotesi dell'inflazione, secondo la quale, affinché l'universo sia piatto, dovrebbe esistere molta più materia di quanta non sia osservata. È stata quindi ipotizzata l'esistenza della materia oscura. La materia oscura, la cui esistenza viene ricavata anche dall'osservazione dei moti stellari unitamente a considerazioni sull'attrazione gravitazionale e sulla cui natura si discute, sarebbe formata non da protoni ed elettroni, ma da altre particelle, probabilmente da neutrini, la cui massa è stata rilevata essere non nulla.

D'altra parte, un diverso aggiustamento dell'ipotesi inflazionaria tiene conto di recenti osservazioni di due gruppi internazionali di astronomi: la inaspettata diminuzione di luminosità apparente delle *supernovae* implica che la velocità di espansione dell'universo venga accelerata a causa di una forza repulsiva su larga scala, piuttosto che diminuita a causa della gravità. Questa forza repulsiva, rappresentata dalla costante cosmologica (L), cioè da una densità di energia fissa nello spazio e indipendente dalla densità della materia, deriverebbe dalle riserve di energia dello stesso spazio vuoto e coprirebbe fino al 70% dell'energia dell'universo; a differenza di quanto avviene per la gravità, essa non sarebbe rilevabile nel sistema solare ma a distanze enormemente più grandi; data l'equivalenza tra materia e energia secondo la nota equazione di Einstein, questa forza assicurerebbe che l'universo sia piatto nonostante il deficit di materia che (a prescindere dal citato contributo dei neutrini) è stato osservato, poiché la geometria dello spazio–tempo dipenderebbe dalla densità totale di energia in qualunque forma essa si trovi; il modo di variare, nel tempo, della velocità di espansione dipenderebbe invece dalla differenza tra il valore della densità di materia e della costante cosmologica.

A questo punto va segnalata una grossa difficoltà concettuale. In base alla seconda legge della termodinamica, ogni forma di energia dell'universo (considerato come un sistema isolato, in quanto per definizione non esiste un ambiente esterno ad esso) si trasforma gradualmente in calore a temperature via via più basse, finché viene raggiunto un equilibrio uniforme e definitivo della temperatura in ogni punto e l'energia non è più disponibile per compiere lavoro meccanico (morte termica). Ciò può essere espresso anche in termini di entropia crescente, in quanto l'entropia dà una misura del disordine di un sistema, nel senso di mancanza di differenze; l'ordine, invece, significa scostamento dall'uniformità indistinta e la misura del grado di ordine di un sistema è dato dal suo contenuto (calcolabile) di informazione (denominato anche entropia negativa o neghentropia).[12] D'altra parte, l'esistenza della radiazione di fondo cosmico a natura termica indica che alle fasi iniziali dell'universo materia e radiazione erano in

---

[12] Quando Dante riprende una teoria di Empedocle, si vede una pallida prefigurazione dell'entropia. Si veda DANTE ALIGHIERI, *Inferno*, Canto XII, 40-43:
«Da tutte parti l'alta valle feda
Tremò sì, ch'io pensai che l'universo
Sentisse amor, per lo quale a chi creda
Più volte il mondo in Caos converso.»

equilibrio termico, mentre ora non lo sono più; infatti, in un fondo di radiazione (quasi) isotropo a bassissima temperatura, caratterizzato da un elevato livello di entropia termica, è immersa la materia ad alta temperatura e disposta anisotropicamente, la quale per effetto della gravità ha dato luogo a strutture ordinate (superammassi, galassie, stelle, pianeti) in cui localmente l'entropia gravitazionale effettiva è più bassa dell'entropia possibile, mentre anche gli esseri viventi sono caratterizzati da un grandissimo ordine (distribuzione non uniforme di materia e funzioni). Anche le grandi transizioni con rottura di simmetria, che hanno portato alle successive distinzioni dell'interazione gravitazionale, di quella nucleare forte, di quella nucleare debole, nonché alla dissimmetria fra particelle e antiparticelle, sono esempi di perdita di uniformità e produzione di ordine.

Ciò significa che esistono due frecce del tempo, una termodinamica (tendenza al disordine e all'equilibrio) ed una cosmologica (tendenza all'ordine e al disequilibrio). È ben vero che, poiché il numero dei costituenti elementari della radiazione (i fotoni) nell'universo è almeno un miliardo di volte più elevato di quello dei costituenti della materia, l'entropia totale dell'universo è molto elevata, anche se localmente sono presenti strutture di ordine della materia.

Nel tentativo di spiegare che cosa è successo anteriormente all'era inflazionaria, la cosmologia quantistica si occupa invece dei primi 5.39×10^{-44}s dell'universo, l'era di Planck, prima cioè del limite temporale al di sotto del quale le nozioni stesse di materia, spazio, tempo non hanno ancora valore, il periodo durante il quale tutte e quattro le forze della natura (gravità, interazione nucleare forte, elettromagnetica e nucleare debole) si pensa fossero unificate e i loro effetti (su particelle lontane antenate dei quark) collegati fra loro cioè indistinguibili, data la piccolezza estrema dell'universo avente raggio inferiore a 10^{-50} cm, la sua enorme densità, la sua energia di 10^{19} GeV con temperatura di 10^{32} K. L'universo sembra così emergere da una singolarità iniziale, verso la quale le sue dimensioni tendono a zero, la sua intensità di campo gravitazionale e densità di energia della materia tendono a infinito e le leggi fisiche conosciute e le nozioni di spazio e di tempo non hanno significato. Questa branca più recente della cosmologia è ancora alla ricerca di una (necessaria) teoria quantistica della gravità (mentre le altre tre forze fondamentali sono state teoricamente rese compatibili con la meccanica quantistica) e della (auspicata) rilevazione sperimentale delle onde gravitazionali (probabili vestigia di eventi quantistici primordiali).

L'idea veramente nuova nella teoria del Big Bang è quella di un universo che evolve dal punto di vista dinamico, termico (come confermato dalla natura termica della radiazione di fondo cosmico) e strutturale. L'universo ha avuto un inizio (almeno secondo l'ipotesi maggiormente accreditata), attraversa varie fasi, è in evoluzione (è solo in tempi recenti di questa evoluzione che compare, e a sua volta si evolve, la vita sul pianeta Terra), ha un futuro (variamente caratterizzato nei diversi modelli esplicativi), avrà una fine (almeno secondo l'ipotesi maggiormente accreditata).

In particolare, l'ipotesi formulata dalla cosmologia quantistica circa i primi 10^{-41}s dell'universo e specialmente circa l'emergenza dell'universo dal «nulla» potrebbe far pensare che la scienza abbia descritto la *creatio ex nihilo*. Invece, proprio a questo punto è necessario evitare ogni fraintendimento. Lo stesso fatto di aver posto tra virgolette la parola *nulla* rende chiaro che nel linguaggio cosmologico tale nulla ha un valore tutt'affatto diverso che in filosofia, come si evince anche dalla precisazione che l'universo, emergendo dal «nulla», sarebbe apparso da una «nebulosità quantistica»; né la circostanza che ciò sarebbe avvenuto in un tempo immaginario, non nello spazio–tempo classico, vale ad attenuare la differenza tra questo «nulla» cosmologico ed il nulla in senso metafisico.

Per tutta la sua storia, la teoria del Big Bang ha ricevuto un numero considerevole di critiche. Alcune di esse sono oggi più che altro di interesse storico in quanto sono state eliminate, o attraverso progressi teorici nella spiegazione dei fenomeni fisici interessati, o attraverso migliori osservazioni che hanno smentito le teorie concorrenti (ad esempio, la teoria dello stato stazionario è stata smentita dall'osservazione che l'Universo è in espansione). Altri problemi sono al giorno d'oggi considerati importanti per la tenuta della teoria del Big Bang e che potrebbero portare ad una sua crisi definitiva. Essi riguardano, fra l'altro il paradosso della singolarità iniziale puntiforme avente un volume pari a zero ma dotata di energia e densità infinite, che sarebbe sorta praticamente dal nulla (un'ipotesi inverosimile sulla base di tutte le leggi fisiche note, in particolare perché viola il principio di conservazione dell'energia totale). Una seconda difficoltà è la sua contraddizione con le leggi della meccanica quantistica. Il terzo problema è la natura della materia oscura fredda e quella della energia oscura. In quarto luogo si riscontra il problema dell'alone a cuspide nel centro delle grandi distribuzioni di materia oscura. Quinto c'è la questione dell'abbondanza delle galassie nane. Finalmente, c'è la mancanza di una teoria accettata sull'inflazione cosmica, senza la quale il Big Bang perde senso.

Bisogna allora rifiutare le attuali sistematizzazioni delle scienze? Oppure mutuare direttamente dalle scienze le interpretazioni da trasferire in campo filosofico e teologico? Ovviamente nulla di tutto questo: la giusta autonomia di ogni disciplina va mantenuta, pur nel confronto. Le affermazioni cristiane sulla creazione, infatti, devono certamente confrontarsi con la concezione del mondo emergente dalle scienze. Ma non una sistematizzazione di dati sperimentali secondo il modello del *Big Bang* più inflazione, o, più precisamente, secondo lo stesso modello integrato da un'emergenza dell'universo dal «nulla», andrà considerata una migliore conferma, rispetto a differenti modelli interpretativi, dell'esistenza del Creatore, quasi che si fosse fotografato l'atto creativo. Diverso è l'ambito della descrizione della modalità di emergenza dell'universo, diverso quello della giustificazione del Fondamento di tale emergenza. Questa giustificazione sarebbe in ogni caso fornita da speculazioni non scientifiche, ma filosofiche. Per un pelo, il cosmo è diventato ciò che è.

4.1.1 I modelli cosmologici

Adesso proponiamo una descrizione dei diversi modelli cosmologici in base al loro trattamento della singolarità iniziale, il che sarà molto utile per identificare la confusione corrente tra l'inizio temporale del cosmo creato dal Creatore, e la singolarità originale proposte dai modelli scientifici.

Il modello standard

Le equazioni di campo gravitazionale, elaborate da Einstein nella sua teoria della relatività generale, ammettevano nelle loro soluzioni, trovate da Friedmann, una singolarità spazio-temporale iniziale. I primi modelli cosmologici, derivati dalle equazioni della relatività generale, che descrivevano l'universo nel suo insieme, avevano questa singolarità. Si tratta dei cosiddetti modelli standard (ossia del Big Bang), che provengono dalle soluzioni di Friedmann con geometria FLRW (Friedmann-Lemaître-Robertson-Walker).

> I modelli in questione (indicati come FLRW models) sono modelli relativamente semplici, che prevedono un universo isotropo ed omogeneo, dotato di simmetria sferica, con valori costanti di pressione e materia. In accordo con essi, il valore della temperatura e della densità dell'universo nel Big Bang diverge all'infinito. I cosmologi assegnano abitualmente al Big Bang o a questa «singolarità iniziale», un valore del tempo t = 0 [...]. Strettamente parlando, il Big Bang giace al di là del dominio in cui questi modelli di universo sono trattabili, poiché essi restano adeguati solo per temperature inferiori a 10^{32} K. Al di là di questo limite, la fisica dalla quale i modelli stessi dipendono, in modo particolare la fisica associata alla teoria della gravitazione e dello spazio-tempo di Einstein, crolla, vale a dire non è più applicabile. Per comprendere cosa possa essere avvenuto a temperature ancora più alte abbiamo bisogno di una teoria quantistica della gravità, cioè una teoria ove il campo gravitazionale sia esprimibile in termini di un campo quantistico. Non possediamo ancora una teoria soddisfacente per esprimere questa unificazione.[13]

---

[13] W. R. STOEGER, «Cosmologia» in *DISF*, I, p.291.

Per quanto riguarda i modelli cosmologici che prevedono una singolarità iniziale, alcuni autori parlano dell'esistenza di questa singolarità come un evento teologico di creazione, cioè dicono che sono modelli di creazione e quindi compatibili con una teologia della creazione. Da una parte, potrebbe sembrare che nei primi modelli sia apparentemente più facile stabilire una compatibilità con la dottrina della creazione ma non è così perché le singolarità gravitazionali classiche non corrispondono alla definizione fisico-matematica di un origine del tempo. Il punto t=0 non appartiene al dominio di definizione delle equazioni giacché per t→0 le equazioni divergono. «Singolarità» vuol dire un punto di divergenza, un punto dove le equazioni non sono definite, non ce ne sono. Quindi, non si può dire che tali modelli costituiscono il modello dell'inizio dell'universo. Non si può considerare il Big Bang come l'origine dell'universo, per diversi motivi:

> In primo luogo, sebbene la singolarità iniziale prevista nei modelli FLRW può essere considerata l'«origine del modello di universo» che essi descrivono, [...] tali modelli divergono, si interrompono, precisamente nelle regioni prossime alla singolarità [...]. Solo l'analisi di un'adeguata descrizione quantistica di questa fase assai iniziale dell'universo potrebbe eventualmente gettare qualche luce sulla sua «origine». Ma ciò dovrebbe includere anche qualche considerazione sul fatto che, poiché il tempo così come noi lo conosciamo scompare andando indietro quando ci immergiamo nello stato quantistico iniziale, allora potremmo non più avere l'idea di un'origine dell'universo nel tempo, ma solo quella di un origine del tempo da una sorta di stato quantistico pre-esistente

l'universo stesso, ove non si dia tempo (pre-existing timeless quantum state).[14]

Il modello di Stephen Hawking

Questo modello è, in certo senso, una variante del modello standard. Nei modelli quantistici, dei quali fa parte quello di S. Hawking, che descrivono l'origine della materia-energia (un tutt'uno), come fluttuazione quantistica attorno al «nulla» dello spazio vuoto, non si da importanza alla singolarità iniziale. Il bilancio energetico di tutte le grandezze fisiche è zero (energia, massa-energia, densità, e così via). Ci sono fluttuazioni attorno a questo «zero» e «casualmente» può apparire l'universo in essere. Sono modelli quantistici sofisticati, matematicamente consistenti, con una forte carica idealista, in quanto opposta al realismo filosofico.

> Quadri teorici di cosmologia quantistica come quelli sviluppati negli ultimi anni da Hartle ed Hawking, Vilenkin o Linde, che suggeriscono dei processi grazie ai quali l'universo come noi lo conosciamo sarebbe emerso da uno stato di vuoto quantistico, o da qualche altra configurazione quantistica assai semplice [...] [rappresentano concezioni che] non dovrebbero essere confuse [...] con una spiegazione ultima del cosmo e di tutta la realtà fisica.[15]

Bisogna, infatti, chiarire che il «nulla» dello spazio vuoto di cui parlano non ha niente a che fare con il «nulla» metafisico. Descrivono la «apparizione» dell'universo a partire dal «nulla» per effetto di fluttuazioni quantistiche (quindi, senza violazione delle leggi di conservazione) aleatorie, e cioè, un universo che emerge «dal nulla, senza

---

[14] *Ibid.*, p.297.
[15] W. R. STOEGER, «Cosmologia» in *DISF*, I, p.298.

intervento; per caso». Queste considerazioni sono state usate erroneamente in due sensi. Da una parte, per mostrare la plausibilità di una creazione teologica dal nulla. Alcuni dicevano ancora agli inizi degli anni 1980 che ciò di cui la teologia aveva parlato da secoli (*creatio ex nihilo*), adesso la teoria quantistica mostrava che era effettivamente vero; cioè la teoria quantistica dava la dimostrazione scientifica che c'era stata la creazione *ex nihilo*. Dall'altra parte, tali considerazioni furono adoperate per affermare che non c'è bisogno di nessuna creazione, perché dal nulla l'universo crea se stesso. Questo uso ambiguo, contraddittorio dei modelli ci fa capire che spesso non c'è nessuna correttezza epistemologica in tali modelli e quindi occorre molta prudenza prima di tirare fuori delle conseguenze teologiche a partire da essi.

Esistono anche altri modelli cosmologici che tolgono interesse all'esistenza di una singolarità iniziale, oppure ne rimuovono la presenza. Anche questi modelli corrispondono a soluzioni delle equazioni di Einstein, e nonostante rimuovano la singolarità iniziale, non rimuovono l'esigenza di una causa dell'essere, cioè, non escludono la necessità della sua causalità ontologica. Ce ne sono diversi.

Universo bidirezionale

L'universo, chiuso e finito, raggiunge una dimensione massima, per poi contrarsi, ripercorrendo esattamente a ritroso l'evoluzione subita in fase di espansione. Questa ipotesi è stata formulata dall'astronomo Thomas Gold e non trova d'accordo gran parte degli scienziati.

La Teoria dell'Universo oscillante (ciclico)

Questa teoria afferma che ad intervalli regolari tutta la materia dell'Universo torni a riunirsi. Questa condensazione dovrebbe essere seguita da un'espansione universale che però non continuerebbe infinitamente; ad essa seguirebbe una nuova fase di contrazione che riporterebbe tutta la materia in un unico punto. Un universo che si espande e si contrae continuamente (il cosiddetto «universo pulsante», «universo oscillante» o «universo cicloidale»). Questi modelli di universo non hanno né inizio né fine, ma non è corretto affermare che contraddicano l'idea di creazione. Come detto prima, la dipendenza di un mondo creato dal Creatore non si esaurisce nel problema dell'inizio. Un universo senza inizio ha sempre e comunque una origine ontologica. L'essere dell'universo non è una relazione che si decide in un istante ma è una relazione in qualche modo meta-temporale. Il legame fra il Creatore e la creatura è meta-temporale. Poi, da un punto di vista scientifico, si è scoperto alcune decine di anni fa che il numero di cicli non potrebbe essere infinito, giacché c'è sempre una perdita di entropia in ogni ciclo, per cui aumenta sempre il raggio di questi cicli e finisce per essere un universo aperto (che non subisce più un collasso gravitazionale). Quindi, non si può applicare la metafora aristotelica del moto perpetuo.

La Teoria dell'Universo Stazionario

Secondo questo modello, nuova materia verrebbe sempre fatta sotto forma di atomi di idrogeno. La velocità della creazione è troppo bassa per poter essere rilevabile ma quando le galassie attuali si separano ed oltrepassano l'Universo osservabile se ne formano altre a partire dalla materia di creazione più recente per cui l'aspetto complessivo dell'Universo resta sempre lo stesso. Anche i modelli di universo di stato stazionario o quasi-stazionario negano l'importanza del problema della singolarità iniziale. L'universo rimane sempre uguale a se stesso. Tali modelli sono stati scartati per non consentire uno sviluppo fisico in accordo con le osservazioni, come abbiamo visto.

Modelli string

Ci sono anche, tra quelli che trascurano la singolarità iniziale, dei modelli che impiegano il quadro di riferimento della teoria delle stringhe (superstring theory), che descrivono un'epoca pre-Big Bang dove lo spazio-tempo classico emerge da una schiuma (foam) senza tempo. Ma anche questa schiuma obbedisce a certi comportamenti, a certe leggi; non è che può accadere qualunque cosa ad essa, ma soltanto alcune cose, a seconda delle leggi che reggono il suo comportamento. Quello stato ha una specificità formale perché ci sono delle proprietà legate allo stato della materia. Si tratta di un insieme indeterminato in cui le uniche leggi valide sono quelle della meccanica quantistica. Il campo delle radiazioni e le particelle sono in continuo equilibrio (esse infatti appaiono e scompaiono in continuazione); lo stesso spazio-tempo appare e scompare. Ma questo implica una durata nel tempo, e quindi, non è un modello valido per descrivere l'inizio del tempo perché tiene conto di un tempo prima del tempo, che dunque non è per niente prima del tempo, bensì nel tempo.

Universi paralleli

Non possiamo dimenticare l'idea falsa di *universi multipli* o *multiversi*. In questa teoria si suppone che esistano tanti universi, forse infiniti, che appaiono continuamente come bolle in un substrato cosmico primordiale in espansione e soggetto a sporadici cambiamenti. Ognuna di queste bolle, dopo essersi formata, si espande a sua volta secondo modalità dettate dalle condizioni iniziali, innescando l'evoluzione di un mondo fisico a sé. Noi vivremmo in uno di questi mondi in cui si sono instaurate fra le infinite condizioni possibili, quelle giuste per farci essere come siamo. In questa visione di molti universi, il nostro non sarebbe il risultato di un singolo evento, ma solo uno dei tanti universi possibili, ciascuno retto da condizioni del tutto casuali. La convivenza di universi paralleli non è osservabile e dimostrabile, a meno che qualcuno di questi universi non interagisca in qualche modo con il nostro.

Tre tipi generali di *multiversi* sono stati ipotizzati: molteplicità temporale (serie di *Big Bang* e *Big Crunch*, in cui ogni fase successiva sarebbe spazialmente più ampia e temporalmente più lunga), molteplicità spaziale (universi multipli simultanei, inaccessibili fra loro, eventualmente coalescenti, ipoteticamente soggetti a un meccanismo di selezione naturale), molteplicità ad altre dimensioni (universi governati da leggi differenti ed esistenti come realizzazione di una serie infinita di stati probabili, in accordo con la teoria quantistica).

Il fatto che però la teoria degli universi multipli non si basi su fondamenti scientifici attualmente controllabili, non deve far dimenticare che anche il nostro stesso universo, di cui accettiamo l'esistenza e l'origine molto probabilmente inflazionaria, non è osservabile oltre l'orizzonte di visibilità, che ne racchiude solo una minima parte; assunti non verificabili devono quindi necessariamente essere posti in cosmologia, anche se con la dovuta cautela.[16] Si tratta sempre di modelli completamente teorici. Ciascuna di queste entità avrebbe la sua storia completamente indipendente dalle altre. Perciò, non

---

[16] Per il principio logico di economia noto come rasoio di Ockham, tali universi andrebbero esclusi o potrebbero invece essere considerati in base a criteri puramente filosofici.

c'è un Big Bang, non c'è un inizio, bensì una sorta di fuochi di artificio, dove ognuno è l'inizio di una serie di altri inizi, e quindi, si toglie importanza al problema della singolarità iniziale.

Questi modelli sono destinati ad essere quelli più diffusi, più importanti e più discussi nei prossimi anni, poiché tolgono la necessità di una finalità nell'universo. Il nostro universo, infatti, ha dei parametri molto specifici, come vedremo: le costanti di natura, le grandezze fisiche legate alle leggi fondamentali, e così via. Si tratta di valori molto specifici e addirittura quelli che determinano condizioni necessarie alla struttura dell'universo, alla formazione degli elementi chimici, nonché alla vita. Per alcuni, questa specificità viene vista come il segno che c'è stato un progetto.

4.2 Conclusioni dal Big Bang?

4.2.1 Le singolarità nel cosmo

Alcuni scienziati, filosofi ed anche persone religiose pensano che il Big Bang si può identificare con la creazione biblica: questo è l'errore del concordismo.[17] Invece il

---

[17] Cf. G. L. SCHROEDER, *Genesi e Big Bang. Uno straordinario parallelo fra cosmologia moderna e Bibbia*, Interno Giallo Editore, Cuneo 1991. Gerald Schroeder, fisico e teologo ebraico, crede che fra scoperte della scienza e racconto biblico vi sia un perfetto accordo. Secondo lui, la Genesi contiene affermazioni che apparivano inverosimili già quando il testo fu scritto (ad esempio la comparsa della luce prima della creazione del sole e delle stelle), ma che possono essere ritenute in accordo con i risultati della scienza odierna. Esaminando con estremo dettaglio i vocaboli ebraici utilizzati dalla Genesi nel racconto della creazione e tenendo anche conto della tradizione esegetica ebraica, Schroeder suggerisce, ad esempio, la seguente corrispondenza: Genesi 1-2: creazione dell'universo = Fasi iniziali del Big Bang in cui l'universo è ancora un fluido omogeneo («un vento impetuoso soffiava sopra le acque» = fase inflazionaria);

termine Big Bang è adoperato per indicare l'intervallo di tempo situato a circa 13,7 miliardi di anni fa, quando i fotoni osservati nella radiazione cosmica di fondo acquistarono il loro spettro di corpo nero o per descrivere, nel senso più generale, un ipotetico «punto», chiamato singolarità gravitazionale, nel quale iniziò l'espansione dell'Universo osservata oggi, formalizzata dalla Legge di Hubble. In questo senso, è solo un inizio di estrapolazione misurabile: «Una simile concezione facendo della metafisica un limite della fisica, confonde l'infinito metafisico (quello di Dio opposto alla finitudine della creatura) e l'infinito matematico (che è solo il limite di quantità finite). Si deve distinguere l'infinito nella matematica e l'infinito nella metafisica. Nella fisica non si può avere un'infinità attuale. Non è compatibile con la trascendenza e la libertà del Dio Creatore che noi confessiamo nella fede cristiana.»[18] Infatti l'inizio del cosmo non è misurabile dalla scienza, perché è una frontiera fra spazio–tempo e niente, e la scienza è solo capace di misurare spazio–tempo. La scienza empirica sta e cade con la materia. L'inizio assoluto è dunque un evento meta–fisico o trascendente, sottratto a qualunque legge scientifica ricavabile dal mondo già posto in esistenza. L'universo è stato paragonato ad una cassaforte: per aprirla bisogna conoscere la combinazione; ma la

---

Genesi 4: separazione della luce dalle tenebre (1° giorno) = Separazione di materia e radiazione quando la temperatura scese sotto 3000K; Genesi 14-15: luci nel cielo (4° giorno) = L'atmosfera terrestre diventa trasparente e consente la visione nitida del firmamento.

[18] P. JULG, «All'inizio del tempo» in *Communio* 100(1988), p.96.

combinazione è chiusa nella cassaforte.[19] L'atto di creazione però lascia le sue traccia sulla realtà creata.

Perciò è certamente legittimo interrogarsi sul significato di questa singolarità, se essa è qualche cosa in più di una curiosità matematica, un comportamento asintotico. Non c'è un inizio dell'universo nei modelli cosmologici attualmente ammessi, c'è solamente un comportamento asintotico quando si risale il corso del tempo, che matematicamente viene descritto come una singolarità dello spazio–tempo.[20] Sarebbe meglio seguire la posizione di Jaki vedendo le singolarità come un esempio fra molti della specificità del cosmo. Abbiamo l'esperienza quotidiana della singolarità nell'arredamento di casa e nel vestirsi.

L'idrogeno e l'elio potevano essere prodotti soltanto da una «zuppa cosmica» dopo 3 minuti di espansione cosmica, nella quale c'era l'interazione fra 1 protone, 1 neutrone ed 1 elettrone con un po' meno di 40 miliardi di fotoni. Se la proporzione fosse stata diversa, allora molto dell'idrogeno sarebbe stato convertito in elio, e allora non sarebbe stato possibile la formazione degli elementi leggeri necessari per la vita. Nella fase anteriore, che è la fase per la formazione dei protoni, elettroni e neutroni, si trova una singolarità interessante. Le particelle ed antiparticelle si annichiliscono. Se ci fosse stato un numero uguale di particelle ed antiparticelle ci sarebbe rimasta solo la radiazione. Ma invece si scoprì 30 anni fa che c'è un'anomalia nella disintegrazione di K_2 mesoni, che si spiega nel fatto che la produzione di materia supera quella di antimateria di un piccolo fattore di una parte in 10

---

[19] Si veda B. VAN HAGANS, «Cosmologia scientifica e cosmologia filosofica», in *Salesianum* 47(1985), p.559.

[20] Cfr. JULG, «All'inizio del tempo», p.97.

miliardi (1 in 10^{10}). Questo squilibrio fortunato è già in gioco al 10^{-12}s.

Jaki scrive a questo riguardo, sull'idea di singolarità: «Per un teista l'universo non è mai strano, è singolare... questa singolarità dell'universo è una gigantesca pedana elastica che può slanciare verso l'alto chiunque sia disposto a sfruttare la sua elasticità metafisica e quindi cogliere uno scorcio del Fondamento e dell'Assoluto sotto forma di una deduzione unica.»[21] La singolarità non dipende dai risultati della scienza di un particolare epoca. Una scienza sempre più raffinata scopre una specificità sempre più imponente. La singolarità delle diverse parti del cosmo, indicano una specificità nel tutto. Ci sono anche altre specificità, che indicano contingenza del cosmo.

La Curvatura del cosmo

Fra le altre specificità, per esempio c'è la curvatura del cosmo. Nelle cosmologie pre–einsteiniane si trovava l'idea di un cosmo dotato di omogeneità euclidea tridimensionale, che era concepito facilmente a favore del carattere infinito della materia e dello spazio, ed anche come una forma di esistenza materiale necessaria. Però con la teoria generale di relatività il valore della curva spazio–tempo deve essere diverso dallo zero. Lo zero è il valore della curva dell'universo omogeneo di Euclide. Però il valore deve essere infatti un piccolo numero positivo come 0.8 o 1.6. Nell'osservare questa misura della curvatura bisognerà comportarsi come quando si osserva l'etichetta di un vestito per conoscerne la misura ed il prezzo.[22] La singolarità nel cosmo significa specificità o particolarità;

---

[21] S. L. JAKI, *La Strada della Scienza e le Vie verso Dio*, pp.404-405.

[22] Cfr. S. L. JAKI, «L'assoluta al di là del relativo» in *Communio* 103 (gennaio-febbraio 1989), pp.115-116.

per questo l'universo poteva essere diverso. Allora l'universo non è una forma necessaria di esistenza, per cui il cosmo è contingente. Nelle parole di Jaki: «[...]da molto tempo si è riconosciuto che le cinque vie di san Tommaso, o di un numero qualsiasi di vie basate sulla contemplazione della natura, sono essenzialmente una sola, quella della contingenza.» Jaki aggiunge: «[...]una volta ancorate ad un Creatore razionale, infatti, le condizioni al contorno dell'universo sembreranno una scelta tra un numero infinitamente grande di condizioni concepibili. È questa scelta razionale di un loro insieme razionalmente coerente che le fa sembrare un disegno.»[23] Si vede qui il legame fra la contingenza e il disegno.

L'irreversibilità del cosmo

C'è una direzione nel tempo che va sempre in avanti. Per la Seconda Legge della Termodinamica, l'entropia (che misura il grado di disordine energetico di un sistema) di un sistema isolato aumenta sempre. I processi del cosmo hanno un senso unidirezionale.

Le condizioni al contorno[24]

Queste condizioni al contorno sono presenti ovunque nella natura. Sono le condizioni iniziali o di frontiera nello spazio o nel tempo che determinano il comportamento successivo del sistema.

i) Sono date e non deducibili dalle leggi.

ii) Nessuna condizione al contorno esiste separatamente da quelle complessive che costituiscono la natura quale totalità di enti.

---

[23] JAKI, La Strada della Scienza e le Vie verso Dio, p.427.
[24] JAKI, La Strada della Scienza e le Vie verso Dio, pp.426-427. L'espressione inglese è «boundary conditions».

iii) La spiegazione di un insieme dato di condizioni al contorno è possibile solo in termini di un insieme più generale. Questi insiemi formano una struttura gerarchica riguardo alla quale la sconsideratezza del regresso all'infinito è proibita non solo dalla logica ma anche dal fatto che l'universo ha, nella propria struttura se non nella propria estensione, una condizione al contorno complessiva. Un infinito in atto offende il principio di non–contraddizione. E poiché questa non è auto-esplicativa, è legittimo cercare il suo essere dato in un fattore che, poiché l'universo comprende tutto quanto è fisico dev'essere metafisico rispetto all'universo intero.

Tale fattore è il Creatore che solo è capace di produrre un universo con quel marchio vero dell'essere dato, una contingenza che comporta la creazione. Una volta ancorate ad un Creatore razionale, infatti, le condizioni al contorno dell'universo sembreranno una scelta tra un numero infinitamente grande di condizioni concepibili. È questa scelta razionale di un loro insieme razionalmente coerente che le fa sembrare un disegno. Non è una scelta arbitraria. Tutta l'esperienza quotidiana è basata sul disegno.

Un'idea legata a ciò che abbiamo appena spiegato sono le teorie di incompletezza di Gödel per espressioni matematiche. Secondo queste teorie nessun sistema non–banale di proposizioni aritmetiche può avere dentro di sé la prova della sua consistenza. Si deve avere ricorso ad un altro sistema di proposizioni per garantire la consistenza del primo sistema e così via *ad infinitum*. Si può applicare questo al cosmo, perché ogni descrizione del cosmo fisico è necessariamente matematica. Per cui non si può avere una sintesi *a priori* del cosmo. Soltanto una teoria completa

La cosmologia del Big Bang

non–necessaria è possibile. Inoltre, la spiegazione del cosmo, anche riguardo alla sua spiegazione matematica totale, si trova al di fuori di se stesso. Questo fatto lascia aperta la strada ad un Assoluto extracosmico.

4.2.2 La contingenza del cosmo

La contingenza del cosmo (nella sua esistenza ed anche nella sua forma) è legata alla libertà di Dio di creare come vuole. Se si dice che il cosmo è necessario, si dà allo stesso cosmo una proprietà divina. Se si afferma che il cosmo è necessario allora tutte le sue proprietà possono essere derivate da pensiero matematico a priori. Se, nel complesso, ogni elemento segue necessariamente da ogni altro elemento, le relazioni fra di loro sono necessarie, e allora non c'è bisogno di investigazione empirica. Se il cosmo non ha bisogno di essere giustificato fuori di sé stesso può essere spiegato dal di dentro. La via della scienza è invece generalmente *a posteriori*, che però non esclude il ruolo dell'intuizione. Dalla scienza si può vedere che il cosmo è specifico, particolare, singolare. Dalla filosofia (che è realista e perciò vede il cosmo come la totalità degli enti contingenti ma razionalmente coerenti e ordinati) si fa la deduzione, dal fatto che il cosmo è specifico, che il cosmo non è necessario, ma è contingente. Anche la deduzione che le condizioni al contorno del cosmo stesso non sono derivabili da dentro il cosmo (l'estensione cosmologica della teoria di Gödel), porta verso la contingenza.

Le condizioni al contorno del cosmo dipendono da una scelta extra–cosmica. Finché le teorie di Gödel: «[...]rimangono valide e fino ad ora ogni sforzo teso a dimostrare la loro mancanza di validità è vistosamente fallito–le teorie cosmologiche possono essere vere, ma non sono vere necessariamente.»[25] Segue poi la deduzione del Creatore. Dalla teologia cristiana ci si rende conto che Dio Creatore è la Santissima Trinità. I risultati della scienza indicano la specificità di ogni parte del cosmo fisico e biologico. Ma siccome il cosmo è un'unità, allora la specificità di ogni parte è legata alla specificità del tutto, che indica che l'universo dipende da una scelta divina e allora è contingente nella sua forma. Non osserviamo la totalità ma la riflessione sui componenti del cosmo: terra, sistema solare, galassie ci porta verso la totalità. Per esempio, l'espansione del cosmo è una proprietà della totalità del medesimo.

4.2.3 L'affermazione della nozione del cosmo

«L'universo è veramente un gioiello unico; e se è un affettazione naturale quella di parlare di un gioiello come senza pari e senza prezzo, di quel gioiello lì ciò è letteralmente vero: questo cosmo è infatti senza pari e senza prezzo: perché non ne esiste un altro.»[26] Qui si vede l'esistenza, l'unità e l'unicità del cosmo.[27] Però, la scienza non può uscire dall'universo, perché non può oltrepassare la frontiera spazio–tempo.

Il punto di partenza per mostrare filosoficamente che l'universo esiste deve essere quello di San Tommaso (dal commentario al *De anima* di Aristotele) che affermava che le categorie della mente sono astratte dall'esperienza

---

[25] JAKI, *Dio e i cosmologi*, p.108.

[26] G. K. CHESTERTON, *L'Ortodossia*, Morcelliana, Brescia 1945, p.90.

[27] Cfr. S. L. JAKI, «L'assoluto al di là del relativo»; IDEM, *Is there a Universe?*, Wethersfield Institute/University of Liverpool, New York/Liverpool 1993; IDEM, «La realtà dell'universo» in *Physica, Cosmologia Naturphilosophie Nuovi Approcci*, Collana «Dialogo di Filosofia» 10, Herder – Pontificia Università Lateranense, Roma 1993, pp.327-341.

sensibile. In questo modo si evita la trappola Kantiana di negare lo status razionale all'universo. Poi si adopera una variante della quarta via di San Tommaso per provare l'esistenza di Dio, una via basata sui gradi osservati in ogni classe di perfezioni. L'essere umano possiede la capacità di percepire le perfezioni, una qualità oggettiva. L'argomento comincia con l'affermazione che ogni totalità, come forma di perfezione, viene realmente compresa solo in quanto è a confronto di una più larga e più inclusiva totalità. Ma questo, di nuovo, è soggetto alla stessa restrizione. Qualcosa di analogo ai teoremi di Gödel è qui implicato: ogni totalità presuppone per la sua coerente comprensione una totalità più larga e più inclusiva.

Come risultato finale si può concludere che la comprensione sensoriale di ogni totalità dipende in ultima analisi dalla realtà del suo genere supremo, che è l'universo. Solamente in questo modo il regresso all'infinito può essere evitato.[28] È impossibile avere una catena con un'infinità di anelli, con nessun punto di sospensione. Questa impossibilità è anche illustrata dall'immagine di Hilbert's Hotel citato nel mio libro, *Il fascino della ragione*.[29]

La Relatività Generale di Einstein era la prima interpretazione coerente e scientifica dell'universo, inteso come totalità delle entità legate tra loro dalla gravità. Allora la filosofia di Kant, secondo il quale l'universo era semplicemente un prodotto bastardo dei desideri metafisici dell'intelletto, va rifiutata. Una volta che la nozione dell'universo era stata rivalutata dalla Relatività Generale, gli argomenti di Kant e la sua critica alla teologia

---

[28] JAKI, «La realtà dell'universo», pp.336-338.
[29] Cfr. P. HAFFNER, *Il fascino della ragione*, Gracewing, Leominster 2007, pp.233-235.

naturale, perdevano qualsiasi credibilità. Poi la prova più convincente che la totalità che è il cosmo esiste fu la radiazione di sottofondo a 3K. Da questo vediamo che l'espansione dell'universo è un sistema di riferimento non relativistico, cioè ha una certa assolutezza.

4.2.4 Aspetto estetico: la bellezza del cosmo

Nella storia della cultura cristiana la via della bellezza è stata percorsa con sincera partecipazione religiosa e profondo impulso culturale da Sant'Agostino a Fénelon, da San Tommaso a Maritain, da San Francesco a Evdokimov. Tanti santi e tanti artisti hanno colto di Dio soprattutto la Bellezza, Francesco di Assisi nelle sue lodi per ben due volte si rivolge a Dio in questo modo: «Tu sei Bellezza».[30] Il Papa Giovanni Paolo II indica la *via pulchritudinis* nella sua Enciclica *Fides et ratio*: «Mentre non mi stanco di richiamare l'urgenza di una nuova evangelizzazione, mi appello ai filosofi perché sappiano approfondire le dimensioni del vero, del buono e del bello, a cui la parola di Dio dà accesso.»[31] In tale prospettiva, la *via pulchritudinis* si presenta come un itinerario privilegiato per raggiungere molti di coloro che hanno grandi difficoltà a ricevere la rivelazione divina. Troppo spesso, in questi ultimi decenni, la verità ha risentito del fatto di essere strumentalizzata dall'ideologia e la bontà di essere «orizzontalizzata», ridotta ad essere unicamente un atto sociale, come se la carità verso il prossimo potesse fare a meno di attingere la propria forza all'amore di Dio. Il relativismo, che trova nel pensiero debole una delle sue espressioni più forti, contribuisce, peraltro, a rendere

---

[30] Cf. P. RESTANI, «La teologia della bellezza e il Crocifisso di Alberto "Sozio"» in *La nottola di Minerva* 3/3 (maggio-giugno 2005).

[31] Papa GIOVANNI PAOLO II, *Fides et ratio*, 103.

difficile un confronto vero, serio e ragionevole. La via della bellezza, a partire dall'esperienza semplicissima dell'incontro con la bellezza che suscita stupore, può aprire la strada della ricerca di Dio e disporre il cuore e la mente all'incontro col Cristo, Bellezza della Santità Incarnata offerta da Dio agli uomini per la loro Salvezza. Essa invita i cercatori insaziabili d'amore, di verità e di bellezza, ad elevarsi dalla bellezza sensibile alla Bellezza eterna e a scoprire con fervore il Dio Santo Artefice di ogni bellezza.

Aristotele affermava che «in tutte le cose della natura c'è qualcosa di meraviglioso».[32] Lo studio della natura e del cosmo ha giocato un ruolo essenziale nella filosofia, a cominciare da quella dell'antica Grecia, ed anche in teologia la cosmologia ha costituito un elemento fondamentale per capire l'opera di Dio e la sua azione nella storia. Pensiamo, ad esempio, alla visione dello Pseudo-Dionigi Areopagita, tante volte ripresa nella teologia e nella mistica cristiana, come anche alla cosmologia aristotelica che si innesta nel pensiero tomista, andando a costituire una delle cosiddette «prove dell'esistenza di Dio». Sant'Agostino ricorda la trasformazione profonda dell'anima grazie all'incontro con la bellezza di Dio: nelle *Confessioni* egli ripensa con tristezza e amarezza al tempo perduto e alle occasioni mancate e, in pagine indimenticabili, rivede il suo percorso tormentato alla ricerca della verità e di Dio. Ma, in una specie di illuminazione nell'evidenza, egli ritrova Dio e Lo coglie come «la Verità in persona», fonte di gioia pura e di autentica felicità:

> Tardi t'amai, bellezza così antica, così nuova, tardi t'amai! Ed ecco, tu eri dentro di me ed io fuori di me ti cercavo e mi gettavo deforme sulle belle forme

---

[32] ARISTOTELE, *Le parti degli animali*, I, 5.

> della tua creazione... Tu hai chiamato e gridato, hai spezzato la mia sordità, hai brillato e balenato, hai dissipato la mia cecità, hai sparso la tua fragranza ed io respirai, ed ora anelo verso di te; ti ho gustata ed ora ho fame e sete, mi hai toccato, ed io arsi nel desiderio della tua pace.[33]

Il mondo ha urgente bisogno di questa via della bellezza, come sottolineava Papa Paolo VI nel suo vibrante *Messaggio agli Artisti* dell'8 dicembre 1965, alla chiusura del Concilio Ecumenico Vaticano II: «Questo mondo in cui viviamo ha bisogno di bellezza per non oscurarsi nella disperazione. La bellezza come la verità, è ciò che mette la gioia nel cuore dell'uomo, è il frutto prezioso che resiste al logorio del tempo, che unisce le generazioni e le congiunge nell'ammirazione.»[34] A sua volta, Aleksandr Solženicyn nota con accento profetico, nel suo discorso per la consegna del Premio Nobel per la Letteratura:

> Questa antica triunità della Verità, del Bene e della Bellezza non è semplicemente una caduca formula da parata, come ci era sembrato ai tempi della nostra presuntuosa giovinezza materialistica. Se, come dicevano i sapienti, le cime di questi tre alberi si riuniscono, mentre i germogli della Verità e del Bene, troppo precoci e indifesi, vengono schiacciati, strappati e non giungono a maturazione, forse strani, imprevisti, inattesi saranno i germogli della Bellezza a spuntare e crescere nello stesso posto e saranno loro in tal modo a compiere il lavoro per tutti e tre.[35]

---

[33] S. Agostino, *Le Confessioni*, X, 27.

[34] Vaticano II, *Messaggi della Chiesa al mondo* in *EV* 1/497*.

[35] A. Solženicyn, «Lezione per il Premio Nobel» in *Opere*, t. IX, YMCA Press, Vermont-Paris 1981, p. 9.

Dalla contemplazione di un paesaggio al tramonto, delle cime dei monti innevate sotto il cielo stellato, dei campi coperti di fiori inondati di luce, del rigoglio delle piante e delle specie animali nasce una varietà di sentimenti che ci invitano a «leggere dall'interno – *intus-legere*», per raggiungere dal visibile l'invisibile e dare risposta alle domande: chi è questo Artefice dall'immaginazione così potente all'origine di tanta bellezza e grandezza, di una simile profusione di esseri nel cielo e sulla terra? La bellezza del cosmo, il suo potere di attirare la mente ed il cuore, è trovata nell'ordine totale dove una cosa sta proprio dove deve essere. Nello stesso tempo la contemplazione delle bellezze della creazione suscita la pace interiore e affina il senso dell'armonia e il desiderio di una vita bella. Nell'uomo religioso, lo stupore e l'ammirazione si trasformano in atteggiamenti interiori più spirituali: l'adorazione, la lode e l'azione di grazie verso l'Autore di tali bellezze. Così il salmista: «Se guardo il tuo cielo, opera delle tue dita, la luna e le stelle che tu hai fissate, che cosa è l'uomo perché te ne ricordi e il figlio dell'uomo perché te ne curi? Eppure l'hai fatto poco meno degli angeli, di gloria e di onore lo hai coronato: gli hai dato potere sulle opere delle tue mani, tutto hai posto sotto i suoi piedi... O Signore, nostro Dio, quanto è grande il tuo nome su tutta la terra!» (Sal 8, 4-7.10). La tradizione francescana, con san Bonaventura e Giovanni Scoto Eriugena, riconosce una dimensione «sacramentale» alla creazione, che porta in se stessa le tracce delle sue origini.[36] Inoltre, la natura stessa è considerata come un'allegoria, e ogni realtà creata simbolo del suo Creatore.

---

[36] Cf. S. BONAVENTURA,, *Collationes in Hexaemeron* II. 27 e GIOVANNI SCOTO ERIUGENA, *De divisione naturae*, 1.3.

Sono, purtroppo, numerosi gli uomini e le donne che vedono la natura e il cosmo solo nella loro materialità visibile, universo muto che avrebbe il solo destino di obbedire alle fredde e immutabili leggi fisiche, senza evocare nessun'altra bellezza, ancor meno un Creatore. In una cultura in cui lo scientismo impone i limiti del suo metodo di osservazione fino a farne il criterio esclusivo di conoscenza, il cosmo viene ridotto ad essere soltanto un immenso serbatoio al quale l'uomo attinge fino ad esaurirlo, in funzione dei suoi bisogni crescenti, smisurati. Invece, la parola greca «cosmos» significa ordine e universo.[37] Questo ordine è accessibile alla mente ed al cuore umano, in una prospettiva realista. L'osservazione della bellezza del cosmo aiuta a negare le spiegazioni casuali del cosmo.[38] L'insegnamento di una autentica

---

[37] Cfr. S. TOMMASO D'AQUINO, *Summa Theologiae* I, q.39, a.8: «Ad pulchritudinem tria requiruntur. Primo...integritas sive perfectio. Et debita proportio sive consonantia. Et iterum claritas.» Cfr. anche *ibid.*, II-II°, q.145, a.2: «ad rationem pulchri, sive decori, concurrit et claritas et debita proportio...»

[38] Si veda A. CARREL, *L'uomo questo sconosciuto*: «Dobbiamo liberare l'uomo dal cosmo creato dal genio dei fisici e degli astronomi, da quel cosmo nel quale egli è racchiuso dall'epoca del Rinascimento. Nonostante la sua bellezza e la sua grandezza, il mondo della materia inerte è troppo angusto per lui. Proprio come il nostro ambiente economico e sociale, esso non è fatto a nostra misura. Noi non possiamo aderire al dogma della sua realtà esclusiva. Sappiamo di non essere interamente confinati in esso, che noi ci estendiamo ad altre dimensioni, diverse da quelle del mondo fisico... lo spirito dell'uomo si estende, al di là dello spazio e del tempo, in un altro mondo. E di questo mondo, che è lui stesso, può, se vuole, percorrere i cicli infiniti. Il ciclo della Bellezza, che contemplano i filosofi, gli artisti e i poeti. Il ciclo dell'Amore, ispiratore del sacrificio, dell'eroismo, della rinuncia. Il ciclo della Grazia, suprema ricompensa di coloro che hanno cercato con passione il principio di tutte le cose[...]Dobbiamo svegliarci e metterci in cammino. Liberarci della cieca tecnologia. Realizzare, nella loro complessità e nella loro ricchezza, tutte le nostre potenzialità.»

La cosmologia del Big Bang 243

filosofia della natura e di una bella teologia della Creazione meriterebbe un nuovo slancio in una cultura in cui il dialogo tra scienza e fede è di particolare importanza, in cui gli intellettuali hanno il dovere di possedere un minimo di conoscenze epistemologiche e gli scienziati misconoscono troppo spesso l'immenso profitto che si può trarre dalla sapienza cristiana.

4.2.5 Ciò che non si può dedurre dal Big Bang

Stephen Hawking è fra coloro che affermano, niente di meno, che la meccanica quantistica giustifica l'assunto che l'intero universo può emergere a caso dal nulla naturalmente senza un Creatore. Questa è la posizione di S. Hawking nel suo libro *Dal Big Bang ai Buchi Neri*. Già all'inizio del libro Hawking vuole mettere limiti sul Creatore. «Un universo in espansione non preclude un creatore, ma pone dei limiti circa il tempo in cui egli potrebbe aver compiuto questo lavoro.»[39] In altri termini, la visione di Hawking è del deismo, in cui il Creatore è puramente estrinseco al cosmo.

Parlando dell'universo in espansione, Hawking sostiene: «La Chiesa cattolica si impadronì del modello del Big Bang.»[40] Invece, nel 1951, Pio XII nel suo discorso ha affermato: «È ben vero che dalla creazione nel tempo i fatti fin qui accertati non sono argomento di prova assoluta, come sono invece quelli attinti dalla metafisica e dalla rivelazione.»[41] Dimostra inoltre delle imprecisioni nelle citazioni. Il convegno in Vaticano nel 1981 non era organizzato dai gesuiti ma dalla Pontificia Accademia

---

[39] S. HAWKING, *Dal Big Bang ai buchi neri. Breve storia del tempo*, p.22.
[40] *Ibid.*, pp.64-65.
[41] Papa PIO XII, *Discorso alla Pontificia Accademia delle Scienze* (22 novembre 1951) in *DP*, p.80.

delle Scienze. Non è fedele nel riportare l'essenza di ciò che il Papa ha detto. Il Papa non ha mai detto che «non dobbiamo cercare di penetrare i segreti del *Big–Bang* stesso perché quello era il momento della Creazione e quindi l'opera stessa di Dio.»[42] Giovanni Paolo II non ha mai identificato il momento del *Big Bang* con il momento della creazione.

In un primo tempo Hawking pensava che ci fosse una singolarità all'inizio, poi ha cambiato parere: «È forse un'ironia che, avendo cambiato parere, io cerchi ora di convincere altri fisici che in realtà non ci fu alcuna singolarità all'inizio dell'universo: come vedremo tale singolarità potrà sparire qualora si tenga conto di effetti quantistici.»[43] Poi, sembra che Hawking confonda il senso operazionale del principio di indeterminazione con il senso ontologico. In effetti, Hawking dà un senso ontologico alla meccanica quantistica in modo di far apparire quasi magicamente le cose: «..il principio di indeterminazione di Heisenberg è una proprietà fondamentale, ineliminabile, del mondo.»[44] Per la prima volta al convegno in Vaticano in 1981, Hawking ha proposto l'idea che forse il tempo e lo spazio formano congiuntamente una superficie di dimensioni finite ma priva di alcun confine o margine. Poi ha usato la teoria quantistica per proporre che

> non ci sarebbe alcun confine allo spazio–tempo e quindi non ci sarebbe alcun bisogno di specificare il comportamento a tale confine. Non ci sarebbe alcuna singolarità sottratta all'applicazione delle leggi della scienza e nessun margine estremo dello

---

[42] HAWKING, *Dal Big Bang ai buchi neri*, pp.136-137.
[43] *Ibid.*, p.69.
[44] *Ibid.*, p.73.

spazio–tempo in corrispondenza del quale ci si debba appellare a Dio o a qualche nuova legge per fissare le condizioni al contorno per lo spazio–tempo. Si potrebbe dire: «La condizione al contorno dell'universo è che esso non ha contorno (o confini).» L'universo sarebbe quindi completamente autonomo e non risentirebbe di alcuna influenza dall'esterno. Esso non sarebbe mai stato creato e non verrebbe mai distrutto. Di esso si potrebbe dire solo che È.[45]

Poi aggiunge: «Vorrei dire che quest'idea che il tempo e lo spazio siano finiti ma illimitati è solo una *proposta*: essa non può essere dedotta da alcun altro principio. Come ogni altra teoria scientifica, essa può essere proposta inizialmente per ragioni estetiche o metafisiche, ma il vero test è se faccia predizioni che siano in accordo con l'osservazione. Questa è però una cosa difficile da determinare nel caso della gravità quantistica[...].»[46] In questo modo Hawking elimina Dio con un'idea a priori.

Hawking suscita qualche confusione fra il reale e l'immaginario: «Non ha quindi alcun significato chiedersi: qual è reale, il tempo «reale» o il tempo «immaginario»? Si tratta semplicemente di vedere quale delle due descrizioni dia quella più utile.»[47] Questa visione è pragmatista, non realista. La conclusione atea di Hawking è: «Finché l'universo ha avuto un inizio, noi possiamo sempre supporre che abbia avuto un creatore. Ma se l'universo è davvero autosufficiente e tutto racchiuso in se stesso, senza un confine o margine... esso semplicemente sarebbe. Ci sarebbe posto in tal caso, per un creatore?»[48] Hawking

---

[45] Ibid., p.160.
[46] Ibid., p.161.
[47] Ibid., p.164.
[48] Ibid., p.165.

sembra limitare l'azione di Dio Creatore solo alle singolarità, una nozione tipica del deismo. Il Dio di Hawking sembra un tappa–buchi (*God of the gaps*), dove manca la nozione della provvidenza. Jaki illustra l'errore grossolano del passaggio da non esistenza a esistenza sulla base del perfetto caos nell'interpretazione della meccanica quantistica, con l'analogia dei furti successivi sempre crescenti.[49] Quest'analogia può essere applicata anche ad alcune posizioni filosofiche dell'evoluzione, come vedremo in seguito.

La presunta auto–creazione dell'universo si basa su due estrapolazioni illegittime. In primo luogo si pretende di estrarre dalla fisica qualcosa che questa scienza, per il metodo che le è proprio, è incapace di offrire, dato che le sue idee possono avere un significato empirico solo se esiste qualche procedimento per correlarle con esperimenti reali o possibili, e ciò non succede quando si considera il problema dell'origine assoluta dell'universo a partire dal nulla. In secondo luogo, il metodo seguito per ottenere queste impossibili conclusioni consiste nell'attribuire alle teorie fisiche sullo spazio, il tempo, la materia, l'energia e il vuoto un senso metafisico che non possiedono, dato che tali idee devono essere definite in fisica d'accordo con delle teorie matematiche e dati sperimentali, per cui si riferiscono necessariamente a entità, proprietà o processi fisici, e in nessun modo si possono applicare a un evento come la creazione dal nulla che, per propria natura, non è un processo che relaziona uno stato fisico con un altro stato fisico.[50]

---

[49] S. L. JAKI, «Il caso o la realtà» in *Il Nuovo Areopago* 1/2 (1982), p.43.
[50] Cfr. M. ARTIGAS, *Le frontiere dell'evoluzionismo*, Ares, Milano 1993, pp.19-20.

4.2.6 Creazione cum tempore

Adoperiamo l'espressione *cum tempore* perché non è la creazione che ha luogo nel tempo, ma è il tempo che fa parte della creazione. Anche qui abbiamo un esempio dei limiti relativi della scienza e teologia, dove la tentazione è una prova troppo facile dell'esistenza di Dio.[51] Alcuni scienziati, filosofi ed anche persone religiose pensano che il Big Bang è la creazione biblica. «Una simile concezione facendo della metafisica un limite della fisica, confonde l'infinito metafisico (quello di Dio opposto alla finitudine della creatura) e l'infinito matematico (che è solo il limite di quantità finite). Non è compatibile con la trascendenza e la libertà del Dio creatore che noi confessiamo nella fede cristiana.»[52] Infatti l'inizio del cosmo non è misurabile dalla scienza, perché è una frontiera fra lo spazio–tempo ed il nulla, e la scienza è solo capace di misurare lo spazio–tempo. La scienza sussiste con la materia, e senza di essa non esiste. L'inizio è dunque un evento meta–fisico o trascendente, sottratto a qualunque legge scientifica ricavabile dal mondo già posto in esistenza. Non c'è inizio dell'universo nei modelli cosmologici attualmente ammessi, c'è solamente un comportamento asintotico quando si risale il corso del tempo, che matematicamente viene descritto come una singolarità dello spazio–tempo.[53] Sarebbe meglio concepire la singolarità come un esempio fra molti (come descrive Jaki) della specificità del cosmo.

Con la scienza è chiaro che non possiamo arrivare all'inizio del cosmo. Ma la filosofia, ci può arrivare? Reagendo alle visioni pagane ed eretiche dell'eternità del

---

[51] Si veda JULG, «All'inizio del tempo».
[52] *Ibid.*, p.96.
[53] Cfr. *Ibid.*, p.97.

mondo, i pensatori cristiani dell'epoca patristica hanno voluto provare la natura temporale del cosmo.[54] Sant'Atanasio ha proposto che il Verbo è eterno, e allora non è creato, perciò la creatura non poteva essere eterna.[55] San Bonaventura, proseguendo la via di Sant'Agostino e Sant'Atanasio, ha elaborato sei prove per dimostrare che il mondo creato non può essere eterno.[56]

1) Il tempo può sempre aumentare in linea dal suo principio, mentre all'infinito non si può aggiungere nulla. (L'infinità è in certo senso amorfa).

2) Il tempo mondano è dotato di misura, caratteristica che non si addice all'eternità.

3) Il tempo mondano è dotato di ordine, caratteristica che non si addice all'eternità, dove mancano il «prima» e il «dopo».

4) Il finito non potrebbe cogliere l'infinito mentre il mondo coglie se stesso.

5) Il mondo esiste per l'uomo, e un mondo eterno presupporrebbe un numero infinito di uomini, il che non può essere.

6) La creazione *ex nihilo* significa di avere essere in successione a non–essere (*habere esse post non esse*), e allora l'universo non ha potuto esistere da tutta l'eternità.

Il giovane Sant'Alberto Magno ha seguito la linea di San Bonaventura, poi però ha cambiato l'opinione secondo la quale la temporalità del mondo poteva essere conosciuta

---

[54] SANT'AGOSTINO, *De civitate Dei* Libro 11, capitoli 4-6 e Libro 12, capitoli 15-16 in *PL* 41, 319-322 e 363-366.

[55] SANT'ATANASIO, *Oratio I contra Arianos* n.29 in *PG* 26, 71-74.

[56] SAN BONAVENTURA, *Commentarius in II Librum Sententiarum Petri Lombardi*, Distinzione 1, art. 1, q.2.

solo dalla rivelazione. San Tommaso d'Aquino, Pietro Lombardo e Beato Giovanni Duns Scoto hanno anch'essi tenuto questa posizione. Per San Tommaso non si può dalla sola ragione dimostrare né l'eternità del mondo né il suo inizio:

> Che il mondo abbia avuto inizio è oggetto di fede; non è oggetto di dimostrazione o questione scientifica. Ed è utile fare questa osservazione per timore che pretendendo dimostrare le cose della fede con il supporto di prove poco persuasive, non ci si esponga alla derisione degli increduli, dando loro da pensare che noi aderiamo agli argomenti della fede per simili ragioni.[57]

Tutti i processi cosmici che noi osserviamo hanno un inizio; allora è ragionevole di estrapolare ad un tempo zero per il cosmo intero, T=0. Si può forse anche proporre che l'atto di creazione *ab initio* ha lasciato qualche impronta almeno metafisica nel cosmo, come indizi in un giallo? Ci sono tracce di convergenza che indicano l'inizio del cosmo. Lo spazio ed il tempo sono collegati per la relatività speciale. Se lo spazio non è infinito, allora il tempo è finito.

---

[57] S. Tommaso d'Aquino, *Summa Theologiae* I, q.46, a.2.

Capitolo 5

Evoluzionismo: Scienza o ideologia?

Non siamo il prodotto casuale e senza senso dell'evoluzione. Ciascuno di noi è il frutto di un pensiero di Dio. Ciascuno di noi è voluto, ciascuno è amato, ciascuno è necessario.

Papa Benedetto XVI, *Omelia d'inizio del suo Ministero Petrino.*

Sussiste una analogia fra le interpretazioni della meccanica quantistica dove alcuni filosofi negano falsamente la *causalità*, e le teorie dell'evoluzione dove alcuni falsamente negano la *finalità*.

> Oggi tutti i darwinisti... parlano in un modo che è espresso, in sintesi, nel titolo del famoso libro di J. Monod, *Le Hasard e la Necessité*. Essi pensano che caso e necessità possano coesistere nello stesso identico processo poiché quasi invariabilmente sottoscrivono il rifiuto della causalità finale... La causalità poteva essere rifiutata facilmente in una atmosfera filosofica che era diventata progressivamente più scettica dai giorni di Hume e Kant.[1]

---

[1] S. L. JAKI, «Il caso o la realtà», pp.31-32.

5.1 L'evoluzionismo: teoria o ideologia

L'evoluzione può essere definita secondo una serie di teorie attraverso le quali gli scienziati cercano di spiegare come gli organismi attualmente viventi potrebbero essersi successivamente sviluppati da semplici forme di vita nel corso di un processo che è durato centinaia di milioni di anni. Il processo evolutivo, come sarà visto, pone due tipi di problemi che finora non sono stati completamente risolti. Primo, lo stato delle sue prove e secondo, i meccanismi sotto cui l'evoluzione si generò. In maniera analoga allo studio dello sviluppo dell'universo materiale, la scienza dell'evoluzione tenta di scoprire i segreti del mondo delle creature viventi dalla loro fase iniziale nel più remoto passato. Le teorie scientifiche dell'evoluzione sono basate su vari piani di dati empirici. I diversi indizi sul fatto che l'evoluzione sia avvenuta realmente possono essere divise in tre gruppi. Si tratta di anelli in una catena incompleta.[2]

Prima, la paleontologia, che studia i resti fossili di organismi antichi. Dalla paleontologia, che studia i fossili e altri reperti degli antichi organismi sepolti nella terra e nel ghiaccio, si ottiene la sola prova diretta dell'evoluzione. Però ci sono tante teorie riguardo al passaggio da un tipo di animale ad un altro. Come sono avvenute poi le transizioni, per esempio dai rettili ai mammiferi? I dati empirici non giustificano ciò che alcuni evoluzionisti dicono, cioè un processo con le mutazioni genetiche casuali. Secondo, l'anatomia e la fisiologia, che studiano gli organi degli esseri viventi e le loro funzioni, offrono un secondo tipo di prove dell'evoluzione. L'anatomia comparata e la fisiologia hanno indicato le relazioni tra gli

---

[2] M. ARTIGAS, *Le frontiere dell'evoluzionismo*, pp.139 ss.

essere viventi e hanno anche scoperto la prova di un adattamento evolutivo. L'esistenza di organi di diversa forma e funzione ma con una struttura comune proverebbe che la loro origine è la stessa; l'esistenza di organi con la stessa funzione ma con origini e struttura diversi proverebbe l'evoluzione convergente. Terzo, la paleontologia, l'anatomia, la fisiologia, la biochimica e altre scienze ancora (come l'etnologia, in continuo sviluppo, che studia la condotta degli animali), conducono a stabilire *filogenesi* o alberi genealogici in cui viene mostrato come alcuni esseri viventi procedano da altri. Le comparazioni fra la mappa genetica delle diverse specie di organismi viventi hanno messo in evidenza questo legame tra le varie specie viventi, persino tra piante ed animali. La distribuzione geografica delle varie specie fornisce prove concernenti l'evoluzione, se la deriva dei continenti viene presa in considerazione. I vari fili dell'analisi evolutiva si confermano gli uni con gli altri, convergendo al punto che l'evoluzione giocò una parte nello sviluppo della vita sul pianeta. Tuttavia, nel campo scientifico, diversi legami empirici si perdono nei vari rami di ricerca caratterizzati dalla necessità di dar prova dell'evoluzione ad ogni grado del progresso evolutivo. Ci sono, comunque, molte teorie riguardanti il passaggio da una specie all'altra, che tentano di spiegare come siano avvenute le varie transizioni.[3]

È necessario distinguere questo progresso scientifico dalle *ideologie* costruite intorno all'evoluzione. L'ideologia darwinista dell'evoluzione è indiscutibilmente presente nella società odierna. Una breve storia del metodo

---

[3] Si veda Papa GIOVANNI PAOLO II, *Messaggio alla Pontificia Accademia delle Scienze,* 22 Ottobre 1996, 4, dove affermava: «piuttosto che *sulla* teoria dell'evoluzione, dovremmo parlare delle diverse teorie dell'evoluzione».

darwinista mostra come questo stato delle cose si sia verificato. Dal punto di vista scientifico, la teoria evolutiva fiorì con J. B. de Monet, Chevalier de Lamarck (1744–1829), che propose un meccanismo di eredità di nuove caratteristiche acquisite. Darwin (1809–1882), nelle sue opere *L'Origine della Specie* (1859) e *La Discendenza dell'uomo* (1871), propose un meccanismo diverso per l'evoluzione, cioè la selezione naturale. La teoria successiva conteneva le nozioni di variazioni fortuite, la lotta per la sopravvivenza e la sopravvivenza dei più idonei. In principio, Darwin era anglicano, ma gradatamente perse la sua fede in un personale Dio Creatore, e tentò di eliminare qualsiasi ruolo divino nell'evoluzione, sostituendo alla Divina Provvidenza la sua teoria della selezione naturale come forza motrice. Quando Darwin partì per il suo viaggio epico a bordo della H. M. S. *Beagle* nel 1831, egli aveva appena ottenuto la laurea in teologia all'Università di Cambridge, e aveva intenzione di diventare un ministro Anglicano. Il suo taccuino mostra ampie prove che il suo pensiero fosse in rapida trasformazione. Egli descrisse tale mutamento molto più tardi nelle pagine della sua *Autobiografia*:

> In quel tempo, sono giunto gradualmente a vedere che l'Antico Testamento con la sua storia del mondo manifestamente falsa, con la Torre di Babele, l'arcobaleno come segno, ..., e con il suo attribuire a Dio i sentimenti di un tiranno vendicativo, non doveva essere considerato maggiormente dei sacri libri degli Indù, o del credo di qualsiasi barbaro... Io progressivamente giunsi a diffidare del cristianesimo come una rivelazione divina... Dunque lo scetticismo si fece avanti in me in modo molto lento, ma fu alla fine completo.[4]

---

[4] C. DARWIN, *The Autobiography of Charles Darwin*, ed. N. Barlow, Collins, London 1958, pp. 85-87.

Terminò la sua carriera in uno stato di totale confusione su un problema chiave, cioè come spiegare l'origine e l'evoluzione della vita in termini scientifici senza un richiamo alla religione. Come confidò in una lettera ad un amico e collega, Asa Gray: «Sono conscio di essere in una totale confusione priva di speranza. Non posso pensare che il mondo, come lo vediamo, è il risultato di una casualità; e neppure posso guardare ogni singola cosa come il risultato di un Disegno.»[5]

La colonna portante del sistema di Darwin fu l'idea della selezione naturale; qui si dipinge la natura come un «potere, attivo nei secoli e che scruta con rigidità l'intera costituzione, la struttura, e le abitudini di ogni creatura, favorendo i buoni e rigettando i cattivi».[6] Allo stesso modo Darwin scrisse:

> Si potrebbe dire con una metafora che la selezione naturale passi al setaccio giornalmente ed ora dopo ora, in tutto il mondo, le più minute variazioni; che rifiuti quelle cattive, preservando e mettendo insieme tutte quelle che sono buone; lavorando silenziosamente ed impercettibilmente, ogni qualvolta si presenti l'opportunità per il miglioramento di ciascun essere vivente.[7]

A volte Darwin stesso ritenne che la selezione naturale, anche se favoriva la scienza, poteva apparentemente avvantaggiare anche la nostra comprensione di Dio:

> Secondo me si accorda meglio con ciò che conosciamo delle leggi impresse sulla materia dal

---

[5] Come citato in N. C. GILLESPIE, *Charles Darwin and the Problem of Creation*, University of Chicago, Chicago 1979, p.87.

[6] C. DARWIN, *The Origin of Species*, Collier and Son, New York 1909, p.487.

[7] *Ibid.*, p.91.

Creatore, che la nascita e l'estinzione degli abitanti passati e presenti del mondo sarebbe stata dovuta a cause secondarie... C'è una grandezza in questa visione della vita, con molteplici poteri, essendo stati all'origine inspirati in poche forme o in una soltanto; e che, mentre questo pianeta si è mosso ciclicamente secondo le leggi fisse della gravità, si sono evolute, e si evolvono, forme infinite tanto belle e notevoli da un inizio così semplice.[8]

Darwin espresse anche un cieco ottimismo piuttosto simile a quello di Hegel quando propose un grande disegno nell'opera silenziosa ed invisibile della selezione naturale: «Possiamo guardare con molta fiducia ad un futuro sicuro di grande durata. E come la selezione naturale lavora unicamente nel bene e per il bene di ciascun essere, ogni istituzione corporale e mentale tenderà ad un progresso verso la perfezione.»[9] La visione dell'uomo di Darwin sembra materialista: «Perché il pensiero, essendo una secrezione del cervello, è più bello della gravità, una proprietà della materia?»[10] Essendo l'uomo privato del lato spirituale della natura, la norma di Darwin divenne una fedeltà all'assenza di ogni norma. Questo sistema «viene segnalato dai vortici insondabili nei quali non si è più che galleggianti, scaraventati disordinatamente nella cecità del cieco fato.»[11]

Un cattolico contemporaneo di Darwin, St George Jackson Mivart (1827–1900), fece notare che non esisteva

---

[8] *Ibid.*, pp.505-506.

[9] *Ibid.*, p.506.

[10] *Darwin's Early and Unpublished Notebooks* trascritto ed annotato da P. H. BARRETT, con una prefazione di J. PIAGET, E. P. Dutton, New York 1974, quaderno C, p.451.

[11] S. L. JAKI, *Angels, Apes and Men*, Sherwood Sugden and Company, La Salle Illinois 1983, p.55.

contraddizione tra evoluzione e fede. Distinse tra la casualità primaria e secondaria nella creazione:

> Nel senso più stretto e più ampio la «creazione» è l'assoluta origine di ogni cosa da parte di Dio senza materiali o mezzi preesistenti, ed è un atto soprannaturale. Nel senso secondario e più stretto, la «creazione» è la formazione di ogni cosa da Dio in via derivata; cioè, la materia precedente è stata creata con la potenzialità di creare, sotto condizioni favorevoli, tutte le varie forme che di conseguenza assume.

Egli propose che Dio non è escluso dal concorrere nel processo evolutivo. In questa convergenza, che egli definisce «creazione derivata» Dio agisce attraverso le leggi naturali; la scienza fisica, se non è in grado di dimostrare tale azione, neanche può disapprovarla. Dunque l'evidenza dei fatti fisici si accorda bene con la dominante azione concorrente di Dio nell'ordine della natura; questa non è un'azione miracolosa, ma l'operato di leggi, che debbono il loro fondamento, la loro istituzione e il loro mantenimento al Creatore onnisciente. St George Mivart in effetti indicò che il darwinismo è più un'ideologia che una scienza: «Alcune delle obiezioni del Signor Darwin, comunque, non sono fisiche, ma metafisiche, e in realtà attaccano il dogma della creazione secondaria o derivata, sebbene ad alcuni forse potrebbero sembrare dirette solo contro la creazione assoluta.»[12]

I discepoli di Darwin, in special modo E. Haeckel (1834–1919) e T. H. Huxley (1825–1895) proposero la teoria evoluzionista come un'ideologia materialista ed atea e come uno strumento di propaganda antireligiosa. La

---

[12] Si veda ST. GEORGE JACKSON MIVART, *On the Genesis of Species*, D. Appleton and Company, New York 1871, pp.269-283, 294-305.

biologia molecolare rivelò che i meccanismi dell'ereditarietà sono localizzati a livello genetico microscopico, e il neo–darwinismo tentò di estendere il metodo di Darwin, considerando l'evoluzione come una combinazione di casuali cambiamenti genetici per via della selezione naturale. Richard Dawkins esemplifica l'ideologia neo–darwinista, in cui il caso è «addomesticato» e dotato di proprietà metafisiche di forza creatrice:

> L'essenza della vita è l'improbabilità statistica su scala colossale. Qualsiasi cosa è la spiegazione della vita, perciò, non può essere un caso. La vera spiegazione per l'esistenza della vita deve comprendere la vera antitesi del caso. L'antitesi del caso è la sopravvivenza non fortuita, propriamente intesa... Abbiamo cercato un modo per domare il caso... «Il caso non sottomesso», puro, la nuda probabilità, significa il disegno ordinato che giunge all'esistenza dal nulla, in un singolo balzo ... «Domare» il caso significa abbattere l'improbabilità pura nelle piccole componenti meno improbabili, sistemate in serie ... E a patto che postuliamo una serie sufficientemente larga di gradi intermedi di sufficiente precisione, siamo in grado di derivare qualsiasi cosa da qualcos'altro.[13]

Questo costituisce una negazione dell'idea di qualsiasi causalità extra–cosmica, che è persa in una tela di quantità infinitesimali. Il caso non è capace né di spiegare la presenza della bellezza nell'universo né la capacità umana di apprezzare questa bellezza cosmica. Nelle parole di Stanley Jaki, il darwinismo è, «tra tutte le principali teorie scientifiche quella che fonda le più alte asserzioni su una base relativamente minima.»[14] Per molti scienziati laici la

---

[13] R. DAWKINS, *The Blind Watchmaker*, Longmans, Harlow 1986, p.317.
[14] S. L. JAKI, *Lo scopo di tutto*, Ares, Milano 1994, p.37.

selezione naturale funge come un sostituto di Dio. Ma se la selezione naturale fa ogni cosa che si ritiene faccia Dio, non abbiamo semplicemente Dio sotto un altro nome?

Perciò, l'evoluzionismo deve essere distinto dal darwinismo, affinché il cristiano non getti via tutta la teoria evoluzionista nell'orda materialista. È necessario per il cristiano distinguere «l'oro dalla paglia nella teoria dell'evoluzione.»[15] Il tempo ha una dignità speciale nella struttura della fede cristiana, perché Cristo giunse nel tempo. Da qui, in se stesso, il tentativo di comprendere il campo biologico in relazione al suo sviluppo temporale non dovrebbe porre problemi. Tuttavia, i pensatori cristiani hanno spesso fallito nell'osservare «l'enorme pila di paglia» della teoria evoluzionista. Questo fallimento sta nel fatto che non si è notato come l'ideologia darwinista effettivamente condannava il tempo ad una consuetudine ciclica priva di speranza. Neppure Darwin notò che la fede cristiana liberava l'uomo dalla prigionia pessimistica di una visione del mondo basata su cicli inesorabili nel tempo. È piuttosto tragico che, essendo stato liberato dal legame delle antiche visioni pagane, l'uomo possa di nuovo, nell'era moderna, cadere in un altra visione ciclica del mondo.[16] Huxley rievocò «la visione di un'evoluzione senza senso in cui il primo e l'ultimo erano indistinguibili precisamente perché muoversi verso il futuro non era, nella prospettiva darwiniana, differente dal retrocedere nel passato».[17] Il confronto con il darwinismo portò, nuova-

---

[15] JAKI, *Angels, Apes and Men*, p.66.

[16] Per un resoconto di come la visione lineare cristiana del cosmo liberò l'uomo dalle nozioni pagane cicliche, si veda S. L. JAKI, *Science and Creation: From Eternal Cycles to an Oscillating Universe*, Scottish Academic Press, Edinburgh 1986².

[17] JAKI, *Angels, Apes and Men*, p.67.

mente, a mettere in luce la relazione tra la natura umana ed il tempo all'interno della teologia cristiana, come già era stato visto nel grande fermento che coinvolse «la nascente cristianità e la cultura ellenistica sulla questione se la vita, inclusa la vita redentrice di Cristo, fosse una proposizione universalmente valida, o se la vita fosse un mero ondeggiare sulle insondabili correnti cicliche della cieca forza cosmica».[18]

Non c'è opposizione tra la creazione e l'evoluzione: lo scontro generato con il darwinismo sorse perché quest'ultimo è una posizione materialistica che esclude la creazione. Inoltre, il problema di base nella prospettiva darwinista dell'evoluzione è la cecità verso uno scopo e un senso di una filosofia «della totale insensatezza, in cui gli aspetti parziali sono considerati significativi, ma mai il tutto.»[19]

Una relazione analogica esiste tra varie tipologie di prove, che siano legali, scientifiche, matematiche, filosofiche, o teologiche. In un caso legale, è chiaro che è più difficile perseguire un criminale per un'offesa commessa in un tempo remoto nel passato, perché molti testimoni chiave potrebbero non essere più disponibili. Inoltre, la distorsione dei fatti può verificarsi con il passare degli anni, alterando, persino, l'evidenza stessa dei fatti. Dei criteri definiti sono richiesti per accogliere il carattere essenziale di una prova in un qualche tempo nel passato remoto. Nella prova scientifica, che differisce dalla prova legale, ci sono tuttavia delle estrapolazioni che sono fatte nella discussione sullo sviluppo dell'origine del cosmo e delle primitive forme di vita. Mentre la micro–evoluzione (lo studio delle transazioni tra organismi molto simili) può

---

[18] *Ibid.*
[19] *Ibid.*, p.70.

essere in molti casi documentata con chiarezza, la macro–evoluzione (che studia un largo campo di relazioni tra organismi viventi molto diversi) è un intento ancora più difficile.

I dati empirici non possono giustificare le proposte di alcuni evoluzionisti che affermano che le mutazioni genetiche nascono dal caso. Si deve prestare attenzione nel distinguere tra puri fatti scientifici (ottenuti *a posteriori*) nella teoria dell'evoluzione ed una ingiustificata estrapolazione *a priori* di questa teoria con l'unica intenzione di formare un'ideologia atea.

Una comprensione completa dell'evoluzione degli esseri viventi dovrebbe prendere in considerazione non solo gli effetti dello sviluppo o delle modificazioni genetiche, ma soprattutto dovrebbe essere aperta a considerare il potere della Provvidenza che guida gli esseri viventi attraverso le leggi iscritte su di loro. Il caso non può essere responsabile dei progressi diretti e coordinati che permettono la crescita di complesse strutture biologiche come l'occhio o l'orecchio. Fare del caso il responsabile dell'evoluzione degli esseri viventi è più ridicolo della proposta che tutte le frasi dell'*opera omnia* di Dante potrebbero essere poste in un computer casualmente, e quindi assemblate a caso nella prosa e poesia del Poeta. L'evoluzione non può essere vista come una prova dell'esclusione del Creatore, ma piuttosto presuppone la creazione. L'ideologia evoluzionista non può sostituire né la creazione né la Provvidenza. La creazione, quindi, può essere vista alla luce dell'evoluzione come un evento che è esteso nel tempo, come una continua creazione, nella quale Dio è visto chiaramente come il Creatore del cielo e della terra.[20] La teoria dell'evoluzione naturale, intesa in un

---
[20] Si veda Papa GIOVANNI PAOLO II, *Discorso ai partecipanti al Simposio*

senso che non escluda la causalità divina, non necessariamente contraddice la verità che presenta il Libro della Genesi per ciò che concerne la creazione del mondo visibile.[21] L'evoluzione potrebbe essere prefigurata come un tipo di creazione programmata, in cui Dio ha scritto le leggi nella creazione per la sua evoluzione; in questo modo un chiaro legame può essere visto tra l'azione di Dio all'origine del cosmo e la Sua costante Provvidenza che guida il suo costante sviluppo. La prova del «disegno» nella vita degli esseri viventi potrebbe essere proposta come un punto di partenza verso il Creatore.

Non appena sorge un dubbio sulla vera natura dell'uomo, si chiude la strada all'affermazione di Dio Creatore. Dalla negazione della distinzione tra spirito e materia, o tutto diviene materia che esiste per se stessa senza la necessità di un Creatore, o tutto diviene un *pensiero chiuso* nelle proprie presupposizioni *a priori*; come prodotto di tale pensiero, il mondo materiale non è più una realtà privilegiata che rivela se stessa come l'opera del Creatore. Allora una cosa è l'evidenza scientifica che mostra che c'è un processo nel quale alcuni esseri viventi sviluppano da altri, e giustifica una teoria dell'evoluzione. Un'altra cosa è un'ideologia evoluzionista che propone (oltrepassando i limiti della scienza) che queste transizioni sono casuali o caotiche. In questo modo alcuni scienziati hanno voluto escludere il Creatore. Ma, invece l'evidenza mostra che la formazione degli occhi nei successivi esseri viventi coinvolge l'apparizione di strutture enormemente complicate. Qualcosa di simile accade con l'udito. Ci sono

---

internazionale su «Fede cristiana e teoria dell'evoluzione», 26 Aprile 1985 in *IG* 8/1 (1985), p.1129.

[21] Si veda IDEM, *Discorso all'Udienza Generale*, 29 Gennaio 1986, in *IG* 9/1 (1986), p.212.

troppi colpi di fortuna per invocare sempre il caso. Di conseguenza, l'evoluzione non è un argomento contro l'esistenza di un piano divino sulla natura. Al contrario se si suppone che gli attuali esseri viventi hanno avuto origine da un processo evolutivo, la cosa più logica è ammettere l'esistenza di un piano intelligente che non può procedere dalla materia stessa né dal mero caso.[22]

Soprattutto nel caso dell'essere umano, si deve essere cauti sul come si considera l'evoluzione, per non dare all'evoluzione uno status metafisico, una estrapolazione illegittima dei metodi scientifici. L'insegnamento della Scrittura e della Tradizione è che la persona umana nella sua totalità è creata da Dio. Riguardo alla parte materiale dell'uomo, fino a che punto è il risultato dell'evoluzione? Già nel 1941, Papa Pio XII ha dichiarato:

> In cima alla scala dei viventi l'uomo, dotato di un'anima spirituale, fu da Dio collocato principe e sovrano del regno animale. Le molteplici ricerche sia della paleontologia che della biologia e della morfologia su altri problemi riguardanti le origini dell'uomo non hanno finora apportato nulla di positivamente chiaro e certo. Non rimane quindi che lasciare all'avvenire la risposta al quesito, se un giorno la scienza, illuminata e guidata dalla rivelazione, potrà dare sicuri e definitivi risultati sopra un argomento così importante.[23]

Alcuni esponenti della prospettiva evoluzionista sostengono che la persona umana nella sua totalità, corpo e anima, è il frutto dell'evoluzione. Se si dicesse che l'anima umana è il prodotto dell'evoluzione, allora sarebbe una riduzione della spiritualità dell'anima al puro

---

[22] ARTIGAS, *Le frontiere dell'evoluzionismo*, p.33.
[23] Papa PIO XII, Discorso alla Pontificia Accademia delle Scienze, 30 novembre 1941, in *DP*, p.41.

materialismo. Molti evoluzionisti infatti negano che l'uomo possiede un lato spirituale. Si riscontra una certa tendenza presso gli scienziati darwinisti e neo-darwinisti ad «assumere l'evoluzione in senso totalizzante, passando dalla teoria alla ideologia, in una visione che pretende di spiegare tutta la realtà vivente, compreso il comportamento umano, in termini di selezione naturale escludendo altre prospettive, quasi che l'evoluzione renda superflua la creazione e tutto possa essersi autoformato e possa essere ricondotto al caso.»[24] Invece è più consono con la fede cattolica parlare di un *contributo* del processo di evoluzione al corpo umano, nel senso di aver preparato il corpo dell'essere umano a ricevere l'anima. L'insegnamento del Papa Pio XII ha lasciato aperta la questione dell'origine del corpo dell'uomo: «il Magistero della Chiesa non proibisce che, in conformità dell'attuale stato delle scienze e della teologia, sia oggetto delle ricerche e delle discussioni da parte di competenti in tutti e due campi, la dottrina dell'evoluzionismo, in quanto cioè essa fa ricerche sull'origine del corpo umano, che proverrebbe da materia preesistente e vivente (la fede Cattolica ci obbliga a ritenere che le anime sono state create immediatamente da Dio).»[25]

Papa Giovanni Paolo II ha dichiarato in un Discorso ai partecipanti in un simposio internazionale su «Fede cristiana e la teoria di evoluzione»: «l'evoluzione infatti presuppone la creazione; la creazione si pone nella luce dell'evoluzione come un avvenimento che si estende nel tempo—come una *creatio* continua—, in cui Dio diventa visibile agli occhi del credente come «Creatore del Cielo e della terra.»[26] In un

---

[24] F. FACCHINI, «Evoluzione e creazione» in *OR*(17 gennaio 2006). Cfr. anche IDEM, *Le sfide della evoluzione*, Jaca Book, Milano 2008.

[25] Papa PIO XII, Enciclica *Humani generis*, 36 in DS 3896.

[26] Papa GIOVANNI PAOLO II, *Discorso ai partecipanti in in simposio*

discorso all'Udienza Generale ha aggiunto: «la verità circa la creazione del mondo visibile—così come è presentata nel *Libro della Genesi—non contrasta,* in linea di principio, *la teoria di evoluzione naturale,* quando la si intenda in modo da non escludere la causalità divina.»[27] Nello stesso anno poi, ha proposto:

> *Dal punto di vista della dottrina della fede,* non si vedono difficoltà nello spiegare l'origine dell'uomo, in quando corpo, mediante l'ipotesi dell'evoluzionismo. Bisogna tuttavia aggiungere che l'ipotesi propone soltanto una probabilità, non una certezza scientifica. *La dottrina della fede invece afferma* invariabilmente che *l'anima spirituale dell'uomo è creata direttamente da Dio.* È cioè possibile... che il corpo umano, seguendo l'ordine impresso dal Creatore nelle energie della vita, sia stato gradatamente preparato nelle forme di esseri viventi antecedenti. L'anima umana, però, da cui dipende in definitiva l'umanità dell'uomo, essendo spirituale, non può essere emersa dalla materia.[28]

L'evoluzione come un tipo di creazione programmata dove Dio ha iscritto nella creazione le leggi per la sua evoluzione è una visione che ha il vantaggio di legare la Creazione e la Provvidenza. La visione cristiana dell'evoluzione come parte della prospettiva della creazione è in netto contrasto con l'idea materialista e atea che vuole *sostituire* la creazione con l'evoluzione. Chiaramente c'è una differenza fra il fenomeno dell'evoluzione come constatato al livello

---

internazionale su «Fede cristiana e la teoria di evoluzione» 26 aprile 1985 in *IG* 8/1 (1985) pp.1127-1133, specialmente p.1132.

[27] IDEM, *Discorso all'udienza generale* (29 gennaio 1986) in *IG* 9/1 (1986), p.212.

[28] IDEM, *Discorso all'udienza generale* (16 aprile 1986) in *IG* 9/1 (1986), pp.1040-1041 e in particolare p. 1041.

biologico, e la falsa estensione di questa teoria in un'ideologia che esclude qualsiasi nozione di Creatore.

Quanto alla vita primordiale, dall'antichità fino al '700, si è ammesso senza difficoltà che i viventi possano venire all'esistenza dalla materia inorganica per generazione spontanea, senza l'intervento di un altro vivente materiale. Dopo le ricerche di Pasteur (+1895) e altri, gli scienziati ammisero il principio *omne vivum ex vivo*. Una generazione spontanea di esseri viventi non sarebbe un argine a favore dell'ateismo, perché il Creatore avrebbe diretto come sempre le cause seconde a questo fine particolare.[29]

Come cattolici si può ammettere che la vita è arrivata per mezzo dell'evoluzione (secondo *Humani Generis* del Papa Pio XII ed il messaggio del Papa Giovanni Paolo II di ottobre 1996), ed «evoluzione» va concepita come una creazione programmata. Comunque, gli stessi scienziati, come Francis Crick, scopritore con Watson della struttura del DNA, ha affermato: «un uomo onesto, armato soltanto della conoscenza a noi disponibile, potrebbe affermare soltanto che, in un certo senso, l'origine della vita appare al momento piuttosto un miracolo.»[30] Secondo chi scrive, si richiede qualche intervento speciale per produrre la vita (anche tramite il processo di evoluzione), nel senso che la vita è «il segreto di Dio». In ogni modo, c'è una gerarchia nel regno dei viventi fra gli animali e le piante. Le specie

---

[29] Cfr. M. FLICK & Z. ALSZEGHY, *Il Creatore*, Libreria Editrice Fiorentina, Firenze 1967, pp.300-301.

[30] F. CRICK, *Life Itself: It's Origin and Nature*, Simon & Schuster, New York 1981, p. 88. Si veda anche la frase del Prof. Chandra Wickramasinghe: «La probabilità di una formazione della vita dalla materia inanimata è pari a 1 seguito da 40000 zeri. È abbastanza grande da seppellire Darwin e l'intera teoria dell'evoluzione.» Citata da F. HOYLE, C. WICKRAMASINGHE, *Evolution from Space*, Simon & Schuster, New York 1984, p.148.

che sono più vicine all'uomo sono più alte nella gerarchia del regno degli animali. L'uomo è l'apice degli esseri viventi ed è distinto in essenza dagli animali. Non è programmato dal suo ambiente come essi, ma avendo l'intelletto e la libera volontà può scegliere per bene o male. Quanto alla gerarchia nel mondo visibile, si ricorda che Dio prende cura di tutti; però Gesù dice: «Voi valete più di molti passeri» (Luca 12:6–7) o ancora: «Quanto è più prezioso un uomo di una pecora!» (Mt 12:12).[31]

Quindi qualunque cosa si faccia applicando la teoria dell'evoluzione agli animali, non si può fare lo stesso per la persona umana. Non si può dire semplicemente che Adamo fu generato da un bruto, o che ha avuto un animale per padre. Il Papa Pio XII ha dichiarato: «Dall'uomo soltanto poteva venire un altro uomo che lo chiamasse padre e progenitore; e l'aiuto dato da Dio al primo uomo viene pure da lui ed è carne della sua carne, formata in compagna, che ha nome dall'uomo, perché da lui è stata tratta.»[32]

Invece è teologicamente più consonante la seguente ipotesi. L'evoluzione come creazione programmata ha dato luogo ad un essere che è stato adoperato da Dio per la creazione dell'uomo. L'essere inferiore è arrivato ad un punto dove è stato preparato a ricevere l'anima umana. Poi Dio, al momento opportuno da Lui scelto, ha infuso l'anima o nell'embrione o in un esemplare adulto di questo essere. Allo stesso tempo Dio ha plasmato questa creatura, modificandone la struttura genetica in modo che potesse accettare l'anima e diventare essere umano. In questo modo, la struttura genetica del nuovo essere è in parte

---

[31] Si veda CCC 342.
[32] Papa PIO XII, *Discorso alla Pontificia Accademia delle Scienze*, 30 novembre 1941, in *DP*, p.41.

ereditata dall'essere inferiore e in parte dovuta ad un intervento divino diretto. Allora non si potrebbe dire semplicemente che quanto al corpo, l'uomo è derivato dai processi di evoluzione, e quanto all'anima è il risultato di un intervento diretto. Si deve anche ricordare che tutte le causalità nella creazione dell'uomo dipendono da Dio in modo più o meno immediato.

Ad ogni modo, l'anima umana deve essere ritenuta come creazione speciale e diretta da parte di Dio. Non si può dire che l'anima umana sia il risultato dell'evoluzione: «Le teorie dell'evoluzione che, in funzione delle filosofie che le ispirano, considerano lo spirito come emergente dalle forze della materia viva o come un semplice epifenomeno di questa materia, sono incompatibili con la verità dell'uomo. Esse sono inoltre incapaci di fondare la dignità della persona. Con l'uomo ci troviamo dunque dinanzi a una differenza di ordine ontologico, dinanzi a un salto ontologico, potremmo dire... Il momento del passaggio all'ambito spirituale non è oggetto di un'osservazione di questo tipo, che comunque può rivelare, a livello sperimentale una serie di segni molto preziosi della specificità dell'essere umano. L'esperienza del sapere metafisico, della coscienza di sé e della propria riflessività, della coscienza morale, della libertà e anche l'esperienza estetica e religiosa, sono però di competenza dell'analisi e della riflessione filosofiche, mentre la teologia ne coglie il senso ultimo secondo il disegno del Creatore.»[33]

Con riferimento all'evoluzione di condizioni favorevoli alla comparsa della vita, la tradizione cattolica afferma che, in quanto causa trascendente universale, Dio è Causa non solo dell'esistenza, ma anche *Causa delle cause*. L'azione di

---

[33] Papa GIOVANNI PAOLO II, *Messaggio alla Pontificia Accademia delle Scienze* (22 ottobre 1996), 5, 6.

Dio non si sostituisce all'attività delle cause creaturali, ma fa sì che queste possano agire secondo la loro natura e, ciononostante, conseguire le finalità da Lui volute. Nell'avere voluto liberamente creare e conservare l'universo, Dio vuole attivare e sostenere tutte quelle cause secondarie la cui attività contribuisce al dispiegamento dell'ordine naturale che egli intende produrre. Attraverso l'attività delle cause naturali, Dio provoca il verificarsi di quelle condizioni necessarie alla comparsa e all'esistenza degli organismi viventi e, inoltre, alla loro riproduzione e differenziazione. Nonostante ci sia in corso un dibattito scientifico sul grado di progettualità o intenzionalità empiricamente osservabile in questi sviluppi, essi hanno *de facto* favorito la comparsa e lo sviluppo della vita. I teologi cattolici possono vedere in un tale ragionamento un sostegno alle affermazioni derivanti dalla fede nella divina creazione e nella divina Provvidenza. Nel disegno provvidenziale della creazione, il Dio uno e trino ha voluto non solo creare un posto per gli esseri umani nell'universo, ma anche, e in ultima analisi, riservare ad essi uno spazio nella sua stessa vita trinitaria. Inoltre, operando come cause reali anche se secondarie, gli esseri umani contribuiscono a trasformare e a dare una nuova forma all'universo.[34]

L'attuale dibattito scientifico sui meccanismi dell'evoluzione sembra talvolta partire da un'errata concezione della natura della causalità divina e necessita quindi di un commento teologico. Molti scienziati neodarwinisti, e alcuni dei loro critici, hanno concluso che se l'evoluzione è un processo materialistico radicalmente contingente, guidato dalla selezione naturale e da

---

[34] COMMISSIONE TEOLOGICA INTERNAZIONALE, *Comunione e Servizio. La persona umana creata a immagine di Dio* (23 luglio 2004), 68.

variazioni genetiche casuali, allora in essa non può esserci posto per una causalità provvidenziale divina. Una compagine sempre più ampia di scienziati critici del neodarwinismo segnala invece le evidenze di un disegno (ad esempio, nelle strutture biologiche che mostrano una complessità specifica) che secondo loro non può essere spiegato in termini di un processo puramente contingente, e che è stato ignorato o mal interpretato dai neodarwinisti.

Il nocciolo di questo acceso dibattito concerne l'osservazione scientifica e la generalizzazione, in quanto ci si domanda se i dati disponibili possono far propendere a favore del disegno o del caso: è una controversia che richiede un dialogo intelligente fra scienza, filosofia e teologia. È tuttavia importante notare che, secondo la concezione cattolica della causalità divina, la vera contingenza nell'ordine creato non è incompatibile con una Provvidenza divina intenzionale. La causalità divina e la causalità creata differiscono radicalmente in natura e non soltanto in grado. Quindi, persino l'esito di un processo naturale veramente contingente può ugualmente rientrare nel piano provvidenziale di Dio per la creazione. Secondo san Tommaso d'Aquino: «Effetto della divina Provvidenza non è soltanto che una cosa avvenga in un modo qualsiasi; ma che avvenga in modo contingente, o necessario. Perciò quello che la divina Provvidenza dispone che avvenga infallibilmente e necessariamente, avviene infallibilmente e necessariamente; quello che il piano della divina Provvidenza esige che avvenga in modo contingente, avviene in modo contingente.»[35] Nella prospettiva cattolica, i neodarwinisti che si appellano alla variazione genetica casuale e alla selezione naturale per sostenere la tesi che l'evoluzione è un processo

---

[35] S. TOMMASO D'AQUINO, *Summa Theologiae*, I, q.22, a.4 ad 1.

completamente privo di guida, vanno al di là di quello che è dimostrabile dalla scienza. La causalità divina può essere attiva in un processo che è sia contingente sia guidato. Qualsiasi meccanismo evolutivo contingente può esserlo soltanto perché fatto così da Dio. Un processo evolutivo privo di guida—un processo che quindi non rientra nei confini della divina Provvidenza—semplicemente non può esistere poiché «la causalità di Dio, il quale è l'agente primo, si estende a tutti gli esseri, non solo quanto ai princìpi della specie, ma anche quanto ai princìpi individuali [...]. È necessario che tutte le cose siano soggette alla divina Provvidenza, nella misura della loro partecipazione all'essere.»[36]

Un tentativo di riconciliare la visione evoluzionistica del cosmo con la fede fu fornito da P. Teilhard de Chardin. Il pensiero di Teilhard de Chardin è segnato dalla tensione a un'unità cosmica e dalla preoccupazione di arrivare a Dio attraverso il mondo. Un mondo visto come ambiente divino (*Le milieu divin* è una sua opera fondamentale), dove quel fenomeno straordinario che è l'uomo (*Le phénomène humain*, altra sua opera) lavora per portare tutto verso il compimento che è il Cristo totale. Si tratta di una visione grandiosa e affascinante, sulla tensione dialettica tra il Senso cosmico e il Senso Cristico; dove tutta l'evoluzione porta l'universo a convergere verso il punto Omega, cioè Cristo stesso. I motivi delle perplessità da parte dei teologi sono legati essenzialmente ai criteri di verifica delle sue affermazioni. Che cosa può fondare la Cristicità dell'universo e la convergenza a Cristo? Nel pensiero teilhardiano pare quasi che tali realtà siano in qualche modo insite e

---

[36] *Ibid.*, I, q.22, a.2. Si veda anche COMMISSIONE TEOLOGICA INTERNAZIONALE, *Comunione e Servizio. La persona umana creata a immagine di Dio* (23 luglio 2004), 69.

rintracciabili nella fenomenologia e confermabili con il procedimento scientifico: mentre è solo sul metodo della fede e non sulla fenomenologia né sul metodo sperimentale che può basarsi una verifica personale delle verità rivelate. Anche la visione mistica, espressa particolarmente ne *Le milieu divin*, si muove in una direzione differente da quella della grande tradizione mistica cristiana. In questa, la natura non è che una delle possibili manifestazioni dello spirito e questo è potenza creatrice incondizionata, in grado di fermentare qualsiasi sostanza in qualsiasi tempo. In Teilhard invece sembra esserci una identificazione dello spirito col divenire delle forme che incontriamo nella storia evolutiva dell'universo; come pure la potenza spirituale della materia è un «fermento che trasforma la natura ma non potrebbe privarsi della materia che la natura le offre».

C'è quindi il rischio di qualche equivoco e riaffiora, un possibile naturalismo. Da qui, il problema teologico nella visione di Teilhard de Chardin è che il suo concetto di creazione non è più applicato in senso biblico, e la trascendenza di Dio non è quindi espressa con sufficiente chiarezza. Nella sua prospettiva, il naturale ed il soprannaturale sono confusi, e la materia e lo spirito non sono abbastanza distinti. Inoltre, il mistero del male è trascurato; il mondo angelico non sembra avere posto in questo sistema. La libertà di Dio nella Creazione non è chiara – cioè il cosmo può sembrare necessario invece che contingente. La libertà dell'uomo non risulta chiara.[37]

La posizione giusta fu fornita dall'allora cardinale Ratzinger, quando era Arcivescovo di Monaco in Baviera:

---

[37] Cfr. *L'Osservatore Romano* 1 luglio 1962 (N.148) che riferisce al *Monitum* indirizzato a P. Teilhard de Chardin in *AAS* 54 (1962), p.166.

La formula esatta è creazione ed evoluzione, perché le due cose rispondono a due domande diverse. Il racconto della polvere della terra e dell'alito di Dio, non ci narra infatti come l'uomo ha avuto origine. Esso ci dice che cosa egli è. Ci parla della sua origine più intima, illustra il progetto che sta dietro di lui. Viceversa, la teoria dell'evoluzione cerca di individuare e descrivere dei processi biologici. Non riesce invece a spiegare l'origine del «progetto» uomo, a spiegare la sua derivazione interiore e la sua essenza. Ci troviamo perciò di fronte a due questioni che si integrano, non si escludono.[38]

5.2 Conseguenze dell'ideologia darwinista

Il fatto che le visioni materialistiche dell'evoluzione con facilità si prestino all'ideologia è illustrato nella connessione tra la prospettiva darwinista e il più repressivo totalitarismo politico del secolo passato:

> L'entusiasmo per il darwinismo dei difensori della dittatura del proletariato e della razza superiore è del tutto comprensibile. Marx subito notò l'utilità della teoria darwinista per promuovere la lotta di classe, ed Hitler con loquacità echeggiò le visioni darwiniste molto popolari tra i capi dell'esercito tedesco prima della Prima Guerra Mondiale come una giustificazione dei loro e dei suoi piani.[39]

È chiaro notare che ambedue i sistemi opprimenti, Marxismo e nazismo, hanno applicato elementi di una visione darwinista al livello politico. Il vero pericolo per l'uomo e la società è caratterizzato da quelle filosofie che negano la vera natura dell'uomo e perciò privano la società

---

[38] J. RATZINGER, *Creazione e peccato*, Paoline, Cinisello Balsamo 1986, pp.40-41.
[39] JAKI, *Cosmos and Creator*, p.114 e le note 5 e 6 di p. 160.

del suo fondamento. Come ha affermato Stanley Jaki: «I veri nemici della società aperta non sono le società basate su verità rivelate assolute ed anche soprannaturali, ma quelle basate sulle idee di circoli intellettuali che optarono per il caso come unica scelta... Tali idee sono molto più pericolose delle armi.» La società occidentale è fiorita su un corpo ereditato di credenze assolute che furono implicitamente sostenute. Poiché nella ragione e nella base di questi credi, la rivelazione cristiana non è riconosciuta, la società secolare fiorisce su queste implicite verità cristiane come un «parassita».[40]

Nel pensiero democratico moderno, la verità è spesso ridotta al consenso popolare o sociale. Nella peculiare visione del convenzionalismo, la verità è basata su convenzioni scelte liberamente, che potrebbero essere mantenute in un evidente controsenso.[41] Una convenzione è un principio o una proposta che viene adottata da un gruppo di persone, o per scelta esplicita, come in una decisione di una paese sul colore dei francobolli, oppure come una materia di costume, le cui origini sono sconosciute e non pianificate, come nella convenzione di guidare a destra o a sinistra. Il punto cruciale, comunque, è che le convenzioni non ci sono imposte dalla natura e potrebbero, se lo desiderassimo tutti, essere cambiate. Se

---

[40] S. L. JAKI, «Order in Nature and Society: Open or Specific» in G. W. CAREY (ed.) *Order, Freedom and the Polity (Critical Essays on the Open Society)*, University Press of America, Lanham Maryland/London 1986, pp.100-101.

[41] Il Convenzionalismo fu sviluppato in un contesto di filosofia della scienza, in primo luogo da J. H. Poincaré (1854-1912), in particolare nella sua opera *Scienza e Ipotesi* del 1905. Si veda *La science et l'hypothèse* Flammarion, Paris 1927. Legata allo strumentalismo e al positivismo, ci spinge a considerare le teorie basilari sulla natura del mondo come una nostra scelta tra molte possibilità alternative di spiegazione dei fenomeni osservabili.

desideriamo optare per una nuova teoria non sarà in ultima analisi perché l'evidenza ci forza a fare così, ma perché la nuova teoria (o «convenzione») è accettata dalla maggioranza, è più semplice, più facile da applicare, più estetica, o è supportata da qualche altra ragione che non è basata sulla metafisica. Dentro questa prospettiva, è difficile incoraggiare un accesso a Dio attraverso la ragione, in quanto questa viene spesso confinata entro i limiti di un puro approccio pragmatico alla verità e non è corroborata dalla metafisica.

La prospettiva darwinista seconda la quale l'uomo appare per puro caso, chiaramente favorisce anche la cosiddetta intelligenza artificiale. Questa nozione della creazione di super–computers che avranno la capacità di pensare, è equivalente alla riduzione dello spirito alla materia. Un'altra tendenza darwinista consiste nell'atteggiamento verso la vita extraterrestre. Questa è certo una possibilità — però i darwinisti pensano che siccome la vita, anche umana, appare per caso, allora deve essere necessariamente apparsa ovunque nel cosmo.

5.2.1 La vita extraterrestre

Il tema della presenza di vita, in particolare di altre creature intelligenti, in ambienti diversi da quello terrestre, potrebbe essere un'occasione per il neo–Darwinismo di proporre una apparizione di vita su larga scala per caso. Nella teologia, la questione non è stata trattata spesso. La sacra Scrittura, pur presentando l'azione di Dio ed i suoi rapporti con l'umanità in un contesto certamente cosmico, non ne fa menzione. Una pagina del vangelo di Giovanni, che alcuni autori amano citare come una possibile eccezione: «e ho altre pecore che non sono di quest'ovile; anche queste io devo condurre; ascolteranno la mia voce e diventeranno un solo gregge ed un solo pastore (Gv 10,16)», resta certamente suggestiva, ma non offre in realtà alcuna seria base di discussione esegetica in tal senso. I riferimenti ad alcuni precedenti, storici o di dibattito teologico, non possono essere pertanto che frammentari.

È possibile che già nell'antico Egitto, in Babilonia e presso il popolo sumero si credesse nell'esistenza di vita extraterrestre. Anche nell'Antica Grecia, nel VII secolo AC, alcuni filosofi intuirono che nell'infinita estensione dell'universo (seconda la loro credenza) sarebbe stato possibile imbattersi in altri mondi popolati. Diogene Laerzio riferisce ad esempio come Anassagora ritenesse la Luna abitata. Nella sua opera *De Rerum Natura* (circa 70 a.C.), Lucrezio speculava apertamente della possibilità di vita su altri mondi: «Pertanto dobbiamo capire che esistono altri mondi in altre parti dell'Universo, con tipi differenti di uomini e di animali.»

Uno dei primi dati del pensiero cristiano disponibili risale ad una lettera di Papa Zaccaria (741–752), nella quale si menziona che un presbitero Virgilio stava insegnando una dottrina sulla pluralità di mondi abitati. Zaccaria riprova l'idea che vi siano abitanti agli antipodi, sulla luna o sul sole.[42] Il motivo dottrinale che soggiace ad un simile richiamo è semplicemente quello di non introdurre elementi di novità che, ponendo in discussione l'unità del genere umano, renderebbero più complesso comprendere in che rapporti con Dio e con il peccato originale stessero quegli uomini che non fossero discendenti di Adamo. Nel medioevo, alla questione se esistessero molti mondi, Tommaso d'Aquino (1224–1274) aveva dato risposta

---

[42] Papa ZACCARIA, *Epistola XI ad Bonifacium* in *PL* 89, 946-947: «quod alius mundus et alii homines sub terra sint, seu sol et luna.»

dicendo che ne esisteva uno solo.[43] Allo scopo di proteggere la libertà e l'onnipotenza del Creatore, invece, il vescovo di Parigi, Etienne Tempier, condannò nel 1277 la proposizione di tradizione aristotelica secondo la quale la Causa Prima non potesse aver creato molti mondi, non menzionando però nulla dei loro possibili abitanti. Ma il dibattito medievale sulla molteplicità dei mondi non era direttamente utilizzabile per conoscere quale fosse la posizione della teologia nei confronti della vita extraterrestre. Il concetto di «molti mondi» non equivaleva infatti a ciò che noi intendiamo oggi quando parliamo di diversi pianeti, eventualmente abitati. L'unità del mondo si riferiva piuttosto all'unità dell'Universo. Nel pensiero di Tommaso e di altri medievali, essa discendeva dall'unità del suo Creatore e dall'unità della sua causalità finale esercitata su tutto ciò che esiste. L'Aquinate associa infatti l'idea di una pluralità dei mondi ai fautori del caso i quali, come Democrito, negavano una sapienza ordinatrice. Il monito di Tempier, nel quale il concetto di *mundus* non coincideva totalmente con l'uso fattone da Tommaso, intendeva essere solo un correttivo di carattere accademico, piuttosto che un intervento ecclesiale in senso stretto, allo scopo di mantenere inalterati i caratteri del Creatore, e ciò non tanto nella sfera del reale, quanto in quella del possibile. Il dibattito attorno al sistema eliocentrico non ebbe ripercussioni ufficiali su questo tema.

Il Cardinale Niccolò Cusano (1401–1464) scrisse «non c'è stella dalla quale siamo autorizzati ad escludere l'esistenza di esseri sia pure diversi da noi.» Invece, tutto il secolo XVII risulta caratterizzato da un generale atteggiamento di prudenza, come dimostra anche il fatto

---

[43] S. Tommaso d'Aquino, *Summa Theologiae* I, q. 47, a. 3.

che il libro di Fontenelle, *Entretiens sur la pluralité des monds* fu inizialmente inserito, nel 1687, nell'Indice dei libri proibiti. Nel diciottesimo secolo, il clima teologico pare cambiare. Non si offrono soluzioni per risolvere o inquadrare i problemi dogmatici che la vita extraterrestre porrebbe alla cristianità, ma il tema viene visto con maggiore apertura e senza speciali timori, sottolineando in primo luogo la grandezza del Creatore e l'insondabilità dei suoi piani sull'intero universo. L'apologetica della tradizione anglicana ha offerto in proposito una cerniera di raccordo inserendo la possibilità di vita extraterrestre nella sua teologia naturale.[44] Molti autori cristiani hanno reagito nei confronti di un'opera di Thomas Paine (1737–1809), *The Age of Reason* (1793), la quale propugnerà per la prima volta, e in modo diretto, una radicale incompatibilità fra la religione cristiana e l'esistenza di vita intelligente extraterrestre, la cui scoperta, secondo Paine, condurrebbe inevitabilmente a sconfessarla. «Dovremo forse ammettere—affermava ironicamente—che ogni mondo in una illimitata creazione avrebbe un'Eva, una mela, un serpente ed un redentore? In tal caso, la persona che sarebbe irriverentemente chiamata Figlio di Dio, e talvolta Dio stesso, non potrebbe fare altra cosa se non viaggiare da un mondo all'altro ripetendovi una successione continua di morti, con a malapena qualche breve intervallo di vita.»[45] La posizione di Paine non era condivisa da astronomi sinceramente credenti e favorevoli ad un'ipotesi pluralista come furono T. Wright, J. Lambert e lo stesso William Herschel.

Nel XIX secolo, a favore dell'ipotesi di una pluralità di mondi abitati si è schierata apertamente l'opera teologica

---

[44] Si veda W. DERHAM, *Astro-theology*, London 1714.
[45] T. PAINE, *The Age of Reason*, New York 1961, p. 283.

di Joseph Pohle *I mondi stellari ed i loro abitanti*,[46] riedita più volte per circa un ventennio. Essendo l'universo fisico così esteso ed essendo il fine della creazione dare gloria a Dio, se ne deduce che tale gloria debba essere tributata da tanti esseri intelligenti disseminati per il cosmo e che, a differenza degli angeli che sono solo spirituali, mantengano una relazione con l'universo materiale, come potrebbero essere appunto gli abitatori di altri pianeti: «Sembra del tutto conforme al fine ultimo del mondo che i corpi celesti siano popolati da creature, che riferiscano alla gloria del Creatore le bellezze corporee dei mondi, nello stesso modo che fa l'uomo per il suo mondo più piccolo.»[47] La posizione di Pohle è stata condivisa da vari scienziati suoi contemporanei, fra cui gli italiani Angelo Secchi e Francesco Denza, sacerdoti ed astronomi. Il gesuita e astronomo, padre Angelo Secchi (1818–1866) scriveva: «È assurdo considerare i mondi che ci circondano come deserti inabitati.» Una eco di questa conclusione la si ritrova ancora in uno dei manuali più diffusi di teologia della metà del ventesimo secolo.[48] Nel 1937 il teologo inglese Herbert Thurston scriveva: «Chi può affermare che non vi siano altri esseri intelligenti nell'Universo di Dio oltre a queste tre categorie di angeli, demoni e persone umane? Io non intendo affermare come fatto positivo la possibilità implicitamente contemplata in questa domanda; mi limito a domandare: Chi lo può asserire?»[49]

---

[46] J. POHLE, *Die Sternenwelten und ihre Bewohner*, Köln 1884.

[47] *Ibid.*, p.407.

[48] Cfr. M. SCHMAUS, *Katholische Dogmatik*, München 1957, vol. II, n. 109. Si veda anche G. TANZELLA-NITTI, «Extraterrestre, Vita» in *DISF*, Vol 1, pp.591-605.

[49] H. THURSTON, *La Chiesa e lo spiritismo*, Milano 1937, p.3.

Negli anni recenti, una posizione favorevole all'esistenza della vita extraterrestre è stata quella di Corrado Balducci, la cui posizione si può riassumere come segue. Non essendoci limiti alla potenza di Dio, che esistano pianeti abitati non è solo possibile, ma anche verosimile. Esiste infatti molto diversità tra gli angeli, esseri puramente spirituali, e noi, formati di spirito e materia e la cui anima è vincolata nell'agire dalle capacità del corpo stesso. E questo si spiega con l'assioma che «la natura non fa salti». Per cui è verosimile che la distanza tra noi e gli angeli venga ridotta dalla presenza di esseri che, avendo comunque un corpo, magari più perfetto, posseggano un'anima che venga meno condizionata nel suo agire evolutivo. Probabilmente questo non solo è possibile e verosimile ma, anche desiderabile. In un futuro nemmeno tanto remoto, infatti, tali esseri potrebbero esserci di aiuto, specie nel nostro cammino spirituale. Balducci, a sua volta, ha citato anche l'opinione di San Pio di Pietrelcina al riguardo. Rispondendo alla domanda se negli altri pianeti ci siano altre creature di Dio, Padre Pio ha risposto: «E che vorresti che non ci fossero, che l'Onnipotenza di Dio si limitasse al piccolo pianeta Terra? E che, vorresti che non ci fossero altre creature che amano il Signore?» Poi ha aggiunto: «Il Signore non avrà certo ristretto la sua gloria a questo piccolo pianeta. In altri ci saranno degli esseri che non avranno peccato come noi.»[50]

Il padre José Funes, dall'agosto del 2006 direttore della Specola Vaticana, si anche sbilanciato a favore dell'esistenza degli extraterrestri:

> A mio giudizio questa possibilità esiste. Gli astronomi ritengono che l'universo sia formato da cento miliardi di galassie, ciascuna delle quali è

---

[50] N. CASTELLO, *Così parlò Padre Pio*, Vicenza 1974, p.235.

composta da cento miliardi di stelle. Molte di queste, o quasi tutte, potrebbero avere dei pianeti. Come si può escludere che la vita si sia sviluppata anche altrove? C'è un ramo dell'astronomia, l'astrobiologia, che studia proprio questo aspetto e che ha fatto molti progressi negli ultimi anni. Esaminando gli spettri della luce che viene dalle stelle e dai pianeti, presto si potranno individuare gli elementi delle loro atmosfere—i cosiddetti *biomakers*—e capire se ci sono le condizioni per la nascita e lo sviluppo della vita. Del resto, forme di vita potrebbero esistere in teoria perfino senza ossigeno o idrogeno.[51]

Sempre secondo padre Funes, queste creature ipotetiche possono essere simili a noi o più evoluti. In un universo così grande non si può escludere questa ipotesi. Questo non sarebbe un problema per la nostra fede: come esiste una molteplicità di creature sulla terra, così potrebbero esserci altri esseri, anche intelligenti, creati da Dio. Questo non contrasta con la nostra fede, perché non possiamo porre limiti alla libertà creatrice di Dio. Per dirla con san Francesco, se consideriamo le creature terrene come «fratello» e «sorella», perché non potremmo parlare anche di un «fratello extraterrestre»? Farebbe parte comunque della creazione. Per quanto riguarda la redenzione, il padre Funes adopera l'immagine evangelica della pecora smarrita. Il pastore lascia le novantanove nell'ovile per andare a cercare quella che si è persa. Pensiamo che in questo universo possano esserci cento pecore, corrispondenti a diverse forme di creature. Noi che apparteniamo al genere umano potremmo essere proprio la pecora smarrita, i peccatori che hanno bisogno del pastore. Dio si è fatto uomo in Gesù per salvarci. Così, se anche esistessero altri esseri

---

[51] *Intervista a padre Funes, direttore della Specola Vaticana* in OR (14 maggio 2008).

intelligenti, non è detto che essi debbano aver bisogno della redenzione. Potrebbero essere rimasti nell'amicizia piena con il loro Creatore. Se invece fossero peccatori, sarebbe possibile una redenzione anche per loro. Gesù si è incarnato una volta per tutte. L'incarnazione è un evento unico e irripetibile. Comunque padre Funes si dichiara sicuro che anche loro, in qualche modo, avrebbero la possibilità di godere della misericordia di Dio, così come è stato per noi uomini.[52]

Allo stesso tempo, padre Funes è cauto circa il momento in cui l'uomo potrà incontrare altre creature extraterrestri. Anche se non si può escludere *a priori* questa possibilità, ritiene che sia molto difficile pensare di poter stabilire un contatto del genere. C'è l'ostacolo quasi insormontabile delle distanze nell'universo. Ma a escluderlo è anche l'evoluzione dello sviluppo scientifico: basti considerare che con l'attuale tecnologia già facciamo fatica ad andare oltre il sistema solare.[53]

La nostra conclusione su questo argomento è che in sé la possibilità di un'altra forma di vita intelligente nel cosmo non è incompatibile con la tradizione cristiana.[54] Però, l'infatuazione per esseri extraterrestri «ha sempre cercato l'appoggio dell'ideologia materialista del darwinismo che ritiene l'uomo come un prodotto casuale di sole forze materiali.»[55] La presenza di tali esseri potrebbe sollevare molte questioni teologiche. Uno dei più

---

[52] Cf. *ibid.*.
[53] *Intervista a padre Funes, direttore della Specola Vaticana* in OR (17 settembre 2009).
[54] P. HAFFNER, *Il mistero della creazione*, LEV, Città del Vaticano, 1999, p.184.
[55] IDEM, *Creation and Scientific Creativity: A Study in the Thought of S.L. Jaki*, Christendom Press, Front Royal, VA. 1991, p.77.

importanti è se queste creature abbiano perduto anche esse l'amicizia con Dio o se semplicemente siano state intaccate negativamente dalla ripercussione cosmica del peccato dell'essere umano. Se non sono caduti, sono nello stato di natura o della grazia? Se, invece, sono caduti, il Verbo di Dio li ha redenti?[56] In assenza di evidenza empirica scientifica convincente, non si può proporre però l'esistenza di questi esseri. In primo luogo, la loro esistenza è una verità scientifica, ed è a questo livello che si dovrebbe affermare o negare che esistono.

5.3 Il monogenismo

Il libro della Genesi indica questa verità. Diversi testi del Nuovo Testamento la corroborano, inclusi: Atti 17:26; 1 Corinzi 15:21–22; Romani 5:12–21. Questa dottrina è chiamata monogenismo ed è legata con l'insegnamento della Chiesa riguardo al peccato originale. Il peccato commesso da un'unica coppia fu trasmesso per generazione a tutti gli esseri umani tranne Maria Madre di Dio. Il poligenismo, cioè la nozione che c'erano molte coppie alle origini non è accettabile perché da luogo a uno dei seguenti errori:

(a) Il peccato originale non è trasmesso a tutti i membri del genere umano.

(b) Anche se il peccato originale è trasmesso a tutto il genere umano, è trasmesso per un modo che non è generazione.

(c) Il peccato originale è trasmesso a tutti gli uomini per generazione ma Adamo non è un individuo singolo ma una pluralità di persone.

---

[56] Si veda HAFFNER, *Il mistero della creazione*, pp.184-185.

Pio XII, dichiara non libera l'opinione, secondo la quale «dopo Adamo sono esistiti qui sulla terra dei veri uomini che non hanno avuto origine per generazione naturale dal medesimo, come da progenitore di tutti gli uomini, oppure che Adamo, rappresenta l'insieme di molti progenitori.» la ragione, per cui i cattolici non possono abbracciare quest'opinione, è perché «non si vede in nessun modo, come queste affermazioni si possano armonizzare con quanto le fonti della Rivelazione e gli atti del Magistero della Chiesa ci insegnano sul peccato originale, che proviene da un peccato veramente commesso da un unico Adamo personalmente, e che, trasmesso a tutti per generazione, è inerente in ciascuna persona come suo proprio.»[57] La discendenza di tutti gli uomini da un unico padre è anche indicata dalla Scrittura, quando insiste sulla nostra comunanza di sangue con Cristo. (Cfr. Luca 3:38; Rom 8:29.)

Esistono due tipi di poligenismo: *polifiletico* e *monofiletico*. Nella versione monofiletica tutto il genere umano è discendente da parecchi esseri umani, ma tutti questi sono da un unico ceppo (o phylum) iniziale. Anche se in questo caso sarebbe più facile che tutti i componenti di questo ceppo hanno commesso il peccato originale insieme che poi fu trasmesso a tutto il genere umano, non è sufficiente per spiegare l'affermazione delle lettere Paoline che tutti muoiono in Adamo (1 Cor 15:21–22). Invece nella forma polifiletica, il genere umano è derivato da molti ceppi e allora sarebbe impossibile garantire l'insegnamento della Chiesa riguardo all'eredità del peccato originale attraverso la generazione.

L'unica posizione sicura è il monogenismo, e Paolo VI ha ripetuto le riserve circa il poligenismo:

---

[57] Papa Pio XII, *Humani generis*, 37 in DS 3897.

> È evidente... che vi sembreranno inconciliabili con la genuina dottrina cattolica le spiegazioni che del peccato originale danno alcuni autori moderni, i quali, partendo dal presupposto, che non è stato dimostrato, del *poligenismo*, negano, più o meno chiaramente, che il peccato, donde è derivata tanta colluvie di mali nell'umanità, sia stato anzitutto la disobbedienza di Adamo «primo uomo», figura di quello futuro, commessa all'inizio della storia... Ma anche la teoria dell'*evoluzionismo* non vi sembrerà accettabile qualora non si accordi decisamente con la creazione immediata di tutte e singole le anime umane da Dio e non ritenga decisiva l'importanza che per le sorti dell'umanità ha avuto la disobbedienza di Adamo, protoparente universale.[58]

In modo significativo, Paolo VI ha riferito ad Adamo come «primo uomo» e «protoparente universale».

La teologia recente ha sottolineato che l'unità del genere umano si trova in Cristo: «In realtà solamente nel Mistero del Verbo incarnato trova vera luce il mistero dell'uomo.»[59] Però, allo stesso tempo, va fermamente ricordato anche che:«Adamo non è comprensibile senza Cristo, ma anche Cristo, a sua volta, non è comprensibile senza Adamo.»[60] Il Catechismo, citando San Pietro Crisologo, ha anche insistito sulla storicità del primo Adamo, in relazione a Cristo:

---

[58] Papa PAOLO VI, *Discorso a teologi venuti per un simposio sul peccato originale* in *AAS* 58 (1966), p.654.

[59] VATICANO II, *Gaudium et spes*, 22.

[60] G. MARTELET, «Le Sedici Tesi Cristologiche» in Commissione Teologica Internazionale, *Documenti (1969-1985)*, LEV, Città del Vaticano, 1988, pp.238-241. In Latino l'espressione è «Adam sine Christo non intelligitur et vicissim Christus non intelligitur sine Adamo.»

> Il beato Apostolo ci ha fatto sapere che due uomini hanno dato principio al genere umano: Adamo e Cristo. «Il primo uomo, Adamo,—dice—divenne un essere vivente, ma l'ultimo Adamo divenne spirito datore di vita.» Quel primo fu creato da quest'ultimo, dal quale ricevette l'anima per vivere. Il secondo Adamo plasmò il primo e gli impresse la propria immagine. E così avvenne poi che egli ne prese la natura e il nome, per non dover perdere ciò che egli aveva fatto a sua immagine. C'è un primo Adamo e c'è un ultimo Adamo. Il primo ha un inizio, l'ultimo non ha fine. Proprio quest'ultimo infatti è veramente il primo dal momento che dice: «Sono io, io solo, il primo e anche l'ultimo.»[61]

Dunque, grazie alla comune origine il genere umano forma una unità: Dio infatti «creò da uno solo tutte le nazioni degli uomini» (At 17,26; cf. Tb 8,6).[62]

La scienza può dire poco a favore del poligenismo. Ci sono alcuni scienziati che sostengono, sulla base di considerazioni genetiche, che l'origine del corpo umano è monogenetica.[63] Infatti è difficile vedere come le mutazioni genetiche in diversi esseri umani avrebbero dato luogo in diversi casi alle giuste condizioni per la creazione di un essere umano. Una conseguenza del monogenismo, con tutto il genere umano disceso da una coppia è di rafforzare l'unità e l'uguaglianza di tutte le razze contro ogni razzismo o eccessivo nazionalismo. Infatti il poligenismo

---

[61] *CCC* 559 e SAN PIETRO CRISOLOGO, *Sermones*, 117 in *PL* 52, 520B.
[62] Cf. *CCC* 360.
[63] Si veda, per esempio, R. L. CANN, M. STONEKING, A. C. WILSON, «Mitochondrial DNA and Human Evolution» in *Nature* 325(1987), pp.31-36. Cfr. anche E. WATSON, P. FORSTER, M. RICHARDS, H.-J. BANDELT, «Mitochondrial Footprints of Human Expansions in Africa» in *American Journal of Human Genetics* 61(1997), pp. 691-704.

fu sfruttato due secoli fa dai difensori della schiavitù dei negri.[64]

5.4 Il disegno intelligente

Il *disegno intelligente* o ID (traduzione dell'inglese *Intelligent Design*, propriamente «progetto intelligente») è la corrente di pensiero secondo la quale «alcune caratteristiche dell'universo e delle cose viventi sono spiegabili meglio attraverso una causa intelligente, non attraverso un processo non pilotato come la selezione naturale». Si tratta di una forma moderna del tradizionale argomento teleologico dell'esistenza di Dio, modificato per evitare di spiegare la natura o l'identità del disegnatore.

L'idea che la natura vi fosse compreso un progetto è molto antica.[65] Già Eraclito (535–475 a.c) parlava di un *Logos* insito nella natura, e Platone, con l'idea del «demiurgo creatore» aveva già fatto accenno a questa idea.[66] Aristotele parlò di un primo Motore del cosmo. Cicerone credeva che il potere si trova in un principio de ragione che pervade tutta quanta la natura.[67] La domanda sul fine non desta preoccupazioni da un punto di vista filosofico. Già San Tommaso d'Aquino fece della finalità insita nell'ordine dell'universo una delle prove dell'esistenza di Dio:

> Vediamo che alcune cose non hanno intelligenza, cioè i corpi naturali, che operano invece per un fine. E ciò si mostra dal fatto che sempre o con frequenza

---

[64] Cfr. FLICK & ALSZEGHY, *Il Creatore*, p.255.

[65] Cfr. P. BARRAJÓN, «Il dibattito intorno all'*Intelligent Design*» in *21mo Secolo* 3 18/3 (2007), p.6.

[66] Cfr. PLATONE, *Timeo* 27 d-31, a; *Fedone* 97b-99b; *Filebo* 28c-31b.

[67] Cfr. CICERONE, *De natura deorum*, 97, 115.

operano allo stesso modo per raggiungere ciò che il meglio per loro. Di qui è evidente che, non per caso, ma con un'intenzione raggiungono il fine. Ma quelle cose che non hanno capacità di conoscere non tendono al fine se non dirette da un altro conoscente e intelligente, come freccia dall'arciere. Dunque esiste qualche essere intelligente che ordina tutte le cose naturali a un fine e che noi chiamiamo Dio.[68]

Il termine fu adoperato già da alcuni scrittori del secolo XIX, come il botanico James Allman: «Nessuna ipotesi fisica fondata su un fatto indiscutibile ha finora spiegato l'origine del protoplasma originale e, soprattutto, delle sue meravigliose proprietà che rendono possibile l'evoluzione, l'eredità e l'adattabilità, perché queste proprietà sono le cause e non l'effetto dell'evoluzione. La causa della causa è stata cercata invano tra le forze fisiche che ci stanno intorno, fino al punto di essere costretti ad arrivare ad un atto del volere indipendente, ad un disegno intelligente lungimirante.»[69]

La frase «disegno intelligente», usata in questo senso, apparve per la prima volta nel libro di testo *Of Pandas and People*.[70] Anche se la traduzione diretta del termine inglese «design» sarebbe «progetto» (e quindi «Progetto Intelligente»), la denominazione Disegno Intelligente è da preferirsi poiché questo è il termine con cui la teoria è stata ed è usualmente denotata, sia negli articoli di stampa che nelle discussioni, da quando la teoria è diventata nota ed oggetto di discussione anche in Italia. Il termine venne promosso più ampiamente da Phillip E. Johnson, che è

---

[68] S. TOMMASO D'AQUINO, *Summa Theologiae*, I, q.2, a.3.

[69] Citazione da *The Times*, 20 September, 1883, p.10, Col. A.

[70] P. DAVIES & D. H. KENYON, *Of Pandas and People*, Haughton Publishing Company, Dallas 1989; ²1993.

stato per più di venti anni un famoso professore di legge presso l'Università di Berkeley, USA, a seguito del suo libro, uscito nel 1991 e in seconda edizione aggiornata nel 1993, *Darwin on Trial*, libro che a tutt'oggi costituisce, insieme con *Darwin's Black Box* di Michael Behe, il punto di riferimento fondamentale della critica che il Disegno intelligente porta alla teoria evolutiva neodarwiniana.[71] Johnson, agnostico convertito al cristianesimo, è il consigliere per i programmi del *Center for Science and Culture* ed è considerato il padre del movimento del disegno intelligente. Anche se non tutti i propositori del disegno intelligente sono motivati dalla fede in Dio la maggioranza dei principali sostenitori (compresi Michael Behe, William Dembski, Jonathan Wells, e Stephen C. Meyer) sono cristiani e hanno dichiarato che secondo loro il Progettista della vita è chiaramente Dio.

Anche se la maggior parte dei propositori del disegno intelligente sono protestanti evangelici, vi sono numerosi simpatizzanti cattolici ed ortodossi ed uno dei suoi proponenti più autorevoli, Michael Behe, è cattolico. Nel suo libro *Intelligent Design: the Bridge Between Science and Theology*, Dembski dichiara che «Cristo è indispensabile per qualsiasi teoria scientifica, anche se chi la pratica non ha indizi su di lui. La pragmatica di una teoria scientifica può, per essere certa, essere portata avanti senza ricorrere a Cristo. Ma la validità concettuale della teoria può essere collocata in definitiva solo in Cristo.»[72] Dembski dichiara inoltre: «Il disegno intelligente è parte della rivelazione

---

[71] Cfr. P. E. JOHNSON, *Darwin on Trial*, Inter Varsity Press, Downers Grove, IL 21993; M. J. BEHE, *Darwin's Black Box: The Biochemical Challenge to Evolution*, Free Press, New York 1996.

[72] W. A. DEMBSKI, *Intelligent Design: the Bridge Between Science and Theology*, InterVarsity Press, Downers Grove, IL 1999, p.210.

generale di Dio... Non solo il disegno intelligente ci libera da questa ideologia (materialismo), che soffoca lo spirito umano, ma secondo la mia personale esperienza, ho trovato che apre la strada per cui la gente possa giungere a Cristo.»[73]

Come noto, i sostenitori dell'*Intelligent Design* non negano l'evoluzione, ma affermano che la formazione di certe strutture complesse non può essere avvenuta per eventi casuali, ma ha richiesto interventi particolari di Dio nel corso dell'evoluzione e risponde a un progetto intelligente. In fondo, il movimento del *Intelligent Design* ritiene che la ragione umana sia capace di riconoscere una finalità nella natura biologica, e questa è la posizione *debole*. Invece un'altra posizione o interpretazione, più *forte*, ritiene che la stessa metodologia scientifica può trovare questa finalità. Il movimento si presenta spesso come alternativa alla spiegazione neo–darwinista, basata su un meccanismo rigido.[74]

La posizione della Chiesa cattolica nei confronti del disegno intelligente è stata finora quella di un osservatorio estremamente attento e interessato alla questione soprattutto per quel che riguarda le sue implicazioni metafisiche e religiose senza tuttavia finora prendere una posizione ufficiale sugli aspetti scientifici della disputa. Così per esempio il cardinale Camillo Ruini ha affermato che la Chiesa non può pronunciarsi sulla fondatezza scientifica di tali posizioni. Infatti, nella misura in cui l'inferenza del disegno intelligente conduce implicitamente ad un'intelligenza creatrice, rimane

---

[73] W. A. DEMBSKI, «Intelligent Design's Contribution to the Debate Over Evolution: A Reply to Henry Morris» (2005).

[74] Cfr. P. BARRAJÓN, «Il dibattito intorno all'*Intelligent Design*» in *21mo Secolo 3* 18/3 (2007), p.6.

possibile l'obiezione di sconfinamento dai canoni di una ricerca scientifica naturalistica. La Chiesa, semmai, riconosce il merito alle varie posizioni scientifiche di contribuire al dibattito nella scienza, facendo emergere interrogativi importanti.[75]

Ciò non toglie che a livello personale autorevoli personalità cattoliche abbiano preso posizioni favorevoli o contrarie rispetto alle idee del disegno intelligente. Per esempio, lo scienziato Mons. Fiorenzo Facchini, docente di Antropologia e Paleontologia all'Università di Bologna, ha precisato la sua posizione intermedia tra l'ID e un evoluzionismo darwiniano inteso in senso metafisico e che Fiacchini giudica comunque una teoria contingente e da non assolutizzare:

> I sostenitori dell'Intelligent Design non negano l'evoluzione, ma affermano che la formazione di certe strutture complesse non può essere avvenuta per eventi casuali, ma ha richiesto interventi particolari di Dio nel corso dell'evoluzione e risponde a un progetto intelligente. A parte il fatto che in ogni caso non basterebbero mutazioni delle strutture biologiche perché occorrono anche cambiamenti ambientali, con il ricorso a interventi esterni suppletivi o correttivi rispetto alle cause naturali viene introdotta negli eventi della natura una causa superiore per spiegare cose che ancora non conosciamo, ma che potremmo conoscere. Ma così non si fa scienza. Ci portiamo su un piano diverso da quello scientifico. Se il modello proposto da Darwin viene ritenuto non sufficiente, se ne cerchi un altro, ma non è corretto dal punto di vista metodologico portarsi fuori dal campo della scienza pretendendo di fare scienza. Sull'altro fronte è da criticare come alcuni scienziati darwinisti abbiano

---

[75] Cfr. Cardinal C. RUINI, *Verità e libertà*, Mondadori, Milano 2006, pp. 17ss..

assunto l'evoluzione in senso totalizzante, passando dalla teoria alla ideologia, in una visione che pretende di spiegare tutta la realtà vivente, compreso il comportamento umano, in termini di selezione naturale escludendo altre prospettive, quasi che l'evoluzione possa rendere superflua la creazione e tutto possa essersi autoformato e possa essere ricondotto al caso. La scienza in quanto tale, con i suoi metodi, non può dimostrare, ma neppure escludere che un disegno superiore si sia realizzato, quali che siano le cause, all'apparenza anche casuali o rientranti nella natura.[76]

In altri termini, Fiacchini dichiara personalmente di accettare il naturalismo metodologico come canone intrinseco nella definizione di scienza. Tale posizione è fermamente rifiutata da altri importanti esponenti del Cattolicesimo. In prima fila si trova il cardinale di Vienna Christoph Schönborn che ha espresso ampiamente la sua idea in un editoriale sul *New York Times* nel 2005, editoriale che ha avuto un'enorme eco:

> I difensori del dogma neo–Darwiniano hanno spesso invocato la supposta accettazione—o almeno acquiescenza—del Cattolicesimo Romano quando essi difendono la loro teoria come fosse compatibile con la fede Cristiana. Ma questo non è vero. La Chiesa Cattolica, mentre lascia alla scienza molti dettagli circa la storia della vita sulla terra, proclama che con la luce della ragione l'intelletto umano può chiaramente discernere uno scopo e un progetto nel mondo naturale e negli esseri viventi. Potrebbe essere fondata un'evoluzione intesa come discendenza comune; ma non un'evoluzione concepita in senso neodarwiniano, come processo non guidato, che non risponde a un progetto, ed è mossa soltanto dalla selezione naturale e dalle

---

[76] F. Fiacchini, «Evoluzione e creazione» in *OR*(17 gennaio 2006).

variazioni casuali. Ogni sistema di pensiero che neghi o cerchi di rifiutare l'imponente evidenza di progetto in biologia è ideologia non scienza [...] Ora all'inizio del 21° secolo, in contrapposizione a posizioni scientifiche come il neo–darwinismo e l'ipotesi del multiverso in cosmologia inventato per evitare la sovrabbondante evidenza di scopo e progetto che si trova nella scienza moderna, la Chiesa Cattolica difenderà di nuovo la ragione umana proclamando che il progetto immanente che è evidente nella natura è reale. Teorie scientifiche che cercano di negare l'evidenza di progetto come il risultato di caso e necessità non sono per niente scientifiche, ma, come affermato da Giovanni Paolo, un'abdicazione dell'intelligenza umana.[77]

Invece Stanley Jaki trova nella teoria dell'*Intelligent Design* diverse difficoltà serie: di questi dovrebbero essere pienamente consapevoli quei cristiani che vogliono prendere sul serio l'ammonimento di Paolo nella Lettera ai Romani, secondo cui il loro culto deve essere un «culto ragionevole». Per nessuna ragione essi dovrebbero accettare una interpretazione errata della Bibbia circa una creazione speciale di ogni specie. Una simile nozione è un insulto a un'esegesi equilibrata e a una sana teologia. Le lacune, spesso molto gravi, della teoria Darwinista non possono essere colmate nella teoria del Disegno Intelligente, che dal punto di vista filosofico non è in grado di affrontare il disegno e la finalità. La crepa più grave per Jaki è che sostenendo il Disegno Intelligente come teoria «scientifica» dell'evoluzione, implica che il disegno, nella misura in cui include una finalità (una finalità divina in effetti), possa essere un oggetto di misurazione,

---

[77] Cardinal C. SCHÖNBORN, «Finding Design in Nature» (Scoprire il progetto nella natura) in *The New York Times* (July 7, 2005).

operazione quest'ultima che è il criterio della verità nell'ambito della scienza.[78]

Che si può applicare il concetto di disegno intelligente al livello filosofico e teologico è stato dimostrato dal Papa Benedetto XVI, che nell'udienza generale del 9 novembre 2005, commentando un'omelia di san Basilio ha chiaramente affermato la presenza di una sovrabbondante evidenza di scopo e di un reale progetto nel mondo e la piena razionalità del suo riconoscimento da parte dell'uomo:

> Trovo che le parole di questo Padre del IV secolo siano di un'attualità sorprendente quando dice: «Alcuni, tratti in inganno dall'ateismo che portavano dentro di sé, immaginarono un universo privo di guida e di ordine, come in balìa del caso.» Quanti sono questi «alcuni» oggi. Essi, tratti in inganno dall'ateismo, ritengono e cercano di dimostrare che è scientifico pensare che tutto sia privo di guida e di ordine, come in balìa del caso. Il Signore con la Sacra Scrittura risveglia la ragione che dorme e ci dice: all'inizio è la Parola creatrice. All'inizio la Parola creatrice—questa Parola che ha creato tutto, che ha creato questo progetto intelligente che è il cosmo—è anche amore.[79]

5.5 Il Principio Antropico

Attualmente sappiamo che le condizioni fisiche che rendono possibile la vita umana sono enormemente

---

[78] Cfr. S. L. JAKI, *Disegno Intelligente?*, Fede & Cultura, Verona 2007.

[79] Papa BENEDETTO XVI, *Discorso all'Udienza Generale* (9 novembre 2005). Cfr. San BASILIO MAGNO, *Sulla Genesi* [*Omelie sull'Esamerone*], 1, 2, 4.

specifiche.[80] Sembra logico chiedersi se siano il risultato di un processo necessario o dimostrino un piano superiore.

Nell'antichità, si pensava che la terra occupasse un ruolo privilegiato come centro dell'universo. Questa idea subì un colpo mortale quando, nel 1543, Copernico pubblicò la teoria eliocentrica. Più tardi si seppe che il sole è una normale stella tra le tante. Infine nel ventesimo secolo la prospettiva si è estesa su una scala molto maggiore. La conclusione è che viviamo in un pianeta che gira attorno al sole, che è una tra le migliaia di milioni di stelle della nostra galassia, che è a sua volta una tra le migliaia di milioni di galassie dell'universo.

Nonostante tutto ci troviamo in un posto privilegiato. Attualmente non ne conosciamo un altro che gli rassomigli. La Terra è un paradiso per la vita, dato che la sua atmosfera ha il 20% di ossigeno e una cappa di ozono che protegge dalle radiazioni pericolose. I valori della temperatura e della pressione oscillano all'interno di uno stretto margine e sono piuttosto moderati. C'è acqua sulla superficie e ci sono altre condizioni fisiche e chimiche a cui siamo abituati, che tuttavia sono piuttosto speciali e uniche, per quanto ne sappiamo. Tali condizioni sono il risultato di processi molto singolari. Dipendono da leggi fisiche altamente specifiche. Se la forza di gravità fosse un poco maggiore di quanto in realtà è, le stelle consumerebbero più rapidamente il loro idrogeno; di conseguenza il sole non sarebbe esistito in modo stabile e per un tempo sufficiente da permettere lo sviluppo della vita che conosciamo. Se la gravità fosse un poco minore il sole sarebbe troppo freddo con risultato ugualmente funesto per la vita.

---

[80] Abbiamo già trattato alcune di queste specificità nel capitolo precedente, sottosezione 4.2.1 sopra.

In definitiva la vita umana è possibile grazie alla coincidenza di molti fattori che rimandano, in ultima analisi, all'universo primitivo. Da questo punto di vista esistiamo per miracolo. Il principio antropico afferma che l'universo possiede le caratteristiche che di fatto conosciamo perché in caso contrario non potremmo esistere e non le conosceremmo. Pertanto la nostra esistenza pone limiti alle proprietà possibili dell'universo.

5.5.1 Dal punto di vista della scienza

Le radici del principio antropico si trovano già in un libro di Alfred Russell Wallace, che venne pubblicato inizialmente nel 1903, dove si legge: «un universo talmente vasto e complesso come quello che sappiamo esistere intorno a noi, potrebbe essere stato assolutamente necessario ... allo scopo di produrre un mondo che deve essere precisamente adattato in ogni dettaglio per lo sviluppo ordinato della vita che culmina nell'uomo.»[81] Questa idea è stata proposta da G. J. Whitrow nel 1955. Robert H. Dicke, dell'Università di Princeton, l'ha articolata nel 1957, argomentando che i fattori biologici pongono condizioni ai valori delle costanti fisiche fondamentali.[82] Nel 1961, ha dimostrato che la nostra presenza nell'universo in quanti esseri viventi impone a quest'ultimo di essere sufficientemente vecchio perché noi abbiamo avuto il tempo di comparire. Questa «coincidenza» non si verifica in un'epoca qualsiasi

---

[81] A. R. WALLACE, *Man's place in the universe; a study of the results of scientific research in relation to the unity or plurality of worlds*, McClure, Phillips & Co., New York 1903, pp. 256-257.

[82] R. H. DICKE, «Principle of Equivalence and Weak Interactions» in *Review Modern Physics* 29 (1957), p.355.

dell'evoluzione dell'universo, ma soltanto quando sono riunite le condizioni fisiche necessarie alla nostra esistenza.

Il termine «principio antropico» come tale venne proposto per la prima volta nel 1973 da Brandon Carter, durante il simposio «Confronto delle teorie cosmologiche con i dati delle osservazioni» durante le celebrazioni svoltesi a Cracovia per il 500° anniversario della nascita di Copernico, come per proclamare che l'umanità ha in fin dei conti un posto speciale nell'universo. Nel suo contributo «Large Number Coincidences and the Anthropic Principle in Cosmology», Carter notava: «Anche se la nostra situazione non è necessariamente centrale, è inevitabilmente per certi versi privilegiata.»[83] Carter ha associato al nome *Principio antropico* il seguente enunciato: «La presenza di osservatori nell'universo impone delle restrizioni, non soltanto sull'età dell'universo a partire dalla quale questi osservatori possono apparire, ma anche sull'insieme delle sue caratteristiche e dei parametri fondamentali della fisica che vi si sviluppa.» Come egli stesso volle precisare più tardi, le sue intenzioni erano quelle di porre l'accento sull'uomo «in quanto osservatore», non volendo pertanto riferirsi ad una indicazione di natura strettamente filosofica. Carter introdusse la formulazione del suo principio antropico con due diverse varianti, debole e forte. Carter ha proposto due forme di principio antropico. Nella forma debole si trova: «Ciò che noi possiamo aspettarci di osservare deve essere limitato dalle condizioni necessarie per la nostra presenza come osservatori.» La forma forte invece afferma:

---

[83] B. CARTER, «Large Number Coincidences and the Anthropic Cosmological Principle» in *Confrontation of Cosmological Theories with Observational Data* a cura di M. S. LONGAIR, Reidel, Dordrecht 1974, pp. 291-298.

«L'Universo (e quindi, i parametri fondamentali sui quali esso si fonda) deve essere tale da consentire la creazione di osservatori al suo interno a qualche stadio. Volendo parafrasare Cartesio: Cogito ergo mundus talis est.» Nel primo caso si afferma che la misura di alcuni specifici parametri cosmologici può essere solo quella compatibile con l'esistenza di osservatori; nel secondo, che l'universo deve possedere solo quelle proprietà e parametri i cui valori fanno sì che si dia effettivamente al suo interno, in qualche stadio del suo sviluppo, la presenza di osservatori.

Nel 1986, venne pubblicato il noto libro *The Anthropic Cosmological Principle* di John D. Barrow e Frank J. Tipler. In questo libro Barrow, un cosmologo, introdusse quello che chiama il «principio antropico», allo scopo di motivare le coincidenze apparentemente incredibili che permettono la nostra presenza in un universo che appare essere perfettamente impostato per la nostra esistenza. Tutto, a partire dal particolare stato energetico dell'elettrone, fino all'esatto livello della forza nucleare debole, sembra fatto su misura per permetterci di esistere. Sembra che noi viviamo in un universo dipendente da diverse variabili indipendenti, dove anche solo un piccolo cambiamento lo renderebbe inospitale per qualsiasi forma di vita. Eppure, eccoci qua. Il principio antropico stabilisce che la ragione per cui siamo qui a riflettere su questi argomenti, è dovuta al fatto che tutte le variabili corrette sono al loro posto. Secondo i critici, questa è semplicemente una tautologia, un modo molto complicato di dire «se le cose fossero differenti, sarebbero differenti».

I propositori del principio antropico suggeriscono che noi viviamo in un universo fatto a nostra misura, ovvero un universo che appare essere regolato per permettere l'esistenza della vita come la conosciamo. Se una o più delle costanti fisiche avessero un valore differente, allora la vita come la conosciamo non sarebbe possibile. Sono stati scritti diversi elaborati che sostengono che il principio antropico potrebbe spiegare le costanti fisiche quali la costante di struttura fine, il numero di dimensioni dell'universo, e la costante cosmologica.

Ci sono diverse versioni principali del principio antropico. Il *Principio antropico debole* (Weak Anthropic Principle o WAP) mantiene che «i valori osservati di tutte le quantità fisiche e cosmologiche non sono ugualmente probabili, ma assumono valori limitati dalla condizione che esistano luoghi nei quali la vita basata sul carbonio possa evolversi, nonché dalla condizione che l'Universo sia sufficientemente vecchio da aver potuto dare origine a tali forme di vita.»[84] Il *Principio antropico forte* (Strong Anthropic Principle o SAP) indica che «l'Universo deve possedere quelle proprietà che consentono alla vita di svilupparsi al suo interno in qualche stadio della sua storia.»[85]

A quest'ultima formulazione potrebbe corrisponderne un'altra, del tutto analoga, che inglobi la cosmologia quantistica (Participatory Anthropic Principle), volendo in questo caso mettere in luce la «necessità» dell'osservatore affinché l'universo conosciuto «venga selezionato e così posto in essere» (stato attuale) all'interno di un insieme di possibili universi (diversi stati quantici). Il Principio antropico forte conterrebbe infine come sua conseguenza, sempre nella sistematizzazione di Barrow e Tipler, un *Principio antropico ultimo* (Final Anthropic Principle o FAP), secondo cui «l'elaborazione dell'informazione prodotta

---

[84] J. BARROW, F. TIPLER, *The Anthropic Cosmological Principle*, Clarendon Press, Oxford 1986, p. 16.

[85] *Ibid.*, p. 21.

dalla vita intelligente deve venire in essere nell'Universo e, una volta venuta in esistenza, durerà per sempre.»[86]

Il principio antropico, nella sua formulazione debole, si limita ad affermare che le leggi scientifiche devono essere compatibili con la nostra esistenza. Nella sua formulazione forte il principio antropico afferma che la scienza dimostra l'esistenza di un piano d'insieme nell'universo. Ma questa affermazione ricade fuori dalle possibilità del metodo scientifico.

5.5.2 Dal punto di vista della filosofia

Prima di tutto, si deve evitare l'opinione che l'uomo sia una conseguenza necessaria del cosmo. In primo luogo, l'evoluzione dell'universo si manifesta con un forte carattere di unitarietà. Le quattro leggi di interazione fondamentale e le loro costanti adimensionali determinano la fisica dell'universo, e come essa evolverà, molto più di quanto non facciano i singoli eventi che accompagneranno il suo sviluppo nel tempo.

In secondo luogo, si manifesta una forte dipendenza della biologia e della vita umana dall'intera storia dell'universo. In questa storia non vi è stato nulla di superfluo. I lunghi tempi che ci separano dal Big Bang, senza i quali le stelle non avrebbero avuto la possibilità di sintetizzare e poi immettere nello spazio le adeguate abbondanze chimiche necessarie per formare le future molecole organiche, sono stati necessari affinché noi fossimo «qui» e «adesso». Di conseguenza, anche le dimensioni dell'universo e la sconfinata quantità di materia che esso contiene appaiono in certo modo tutte indispensabili alla presenza della vita, anche nel caso questa si desse solo sul pianeta terra

---

[86] Ibid., p. 23.

In terzo luogo, le condizioni (necessarie ma non sufficienti) che rendono possibile la vita si presentano come «condizioni originarie». L'influenza che un certo numero di eventi più o meno casuali può aver avuto nella formazione, ad esempio, del nostro habitat terrestre, è stata in fondo inferiore, ai fini della comparsa della vita, a quella implicitamente contenuta nelle condizioni datesi inizialmente nel Big Bang, mediante la «fissazione» dei valori delle costanti di natura e delle altre costanti fisiche fondamentali.

Il principio antropico ha soprattutto suscitato nuovi approcci all'Argomento a partire dal Disegno. Tradizionalmente sviluppato in sede filosofica, come ad esempio nella nota quinta via di San Tommaso d'Aquino, che risale a Dio con argomentazioni metafisiche partendo dal riconoscimento della finalità in natura, l'«argomento dal Disegno» viene legato per la prima volta ad osservazioni «scientifiche» in senso stretto dall'apologetica inglese a cavallo fra XVII e XVIII secolo, coniando l'espressione «prova fisico-teologica dell'esistenza di Dio», impiegata da William Derham nelle sue Boyle's Lectures del 1711. A partire da quel momento conosce un certo sviluppo, soprattutto in campo biologico, in riferimento alla sorprendente organizzazione funzionale dei viventi e all'altrettanto singolare accordo di questi, uomo compreso, con il loro habitat. La battuta d'arresto giungerà in sede naturalistica con Darwin, che proporrà un modo fino allora inedito di giungere a quell'accordo osservato, cioè attraverso la selezione naturale ed il progressivo adattamento all'ambiente; in sede filosofica la via della finalità subirà nell'epoca moderna una prima critica con Hume e subito dopo, in modo più severo, da parte di Kant.

Esiste tuttavia una «specificità» del Principio antropico, all'interno del problema generale dell'«Argomento dal disegno», che per la sua peculiarità—conseguenza dell'ambito cosmologico e totalizzante in cui il Principio è sorto—merita di essere attentamente considerata. A differenza di quanto può succedere con altre forme di ordine, regolarità o condizioni rilevabili in natura, le condizioni biotiche espresse dal WAP non possono essere rimosse con un meccanismo simile a quello, per intenderci, con cui il darwinismo ha rimosso almeno in parte l'interpretazione teleologica con cui alcuni autori spiegavano fino a quel momento il singolare accordo fra le diverse forme biologiche ed il loro habitat. Il *fine–tuning* delle costanti di natura non è il risultato di un adattamento all'ambiente o di una selezione naturale (almeno se si assume un unico universo), perché riguarda invece condizioni congenite. L'unico modo per «rimuoverne» la significatività è quello di postulare una legge onnicomprensiva e totalizzante da cui dedurre quelle condizioni, oppure postulare l'esistenza di infiniti universi, ambedue già riconosciute come richieste filosofiche a priori non più legate all'osservabilità sperimentale. Inoltre, l'indicazione teleologica suggerita dal Principio antropico non riguarda più solo una o più parti del mondo naturale—si pensi all'argomentazione sei e settecentesca sul funzionamento dell'occhio umano, a quella, posteriore, sul delicato equilibrio delle condizioni dell'atmosfera terrestre per la sussistenza della vita, o a quella più recente sulla sorprendente complessità informazionale della molecola del DNA. Siamo per la prima volta di fronte ad una proposta teleologica globale e totalizzante, che intenderebbe mostrare l'operatività di un principio finalistico dall'era di Planck (10^{-33} secondi dal Big Bang) fino ai nostri giorni.

È questa specifica peculiarità del Principio antropico, a nostro avviso, che ne rende più interessante la suggestione: esso intende riunire in un punto limite le tre componenti del Disegno: la sua coerenza, il suo teleologismo ed il suo collegamento con una mente intenzionale. E non potrebbe essere altrimenti quando ci si imbarca nell'impresa — impossibile per la scienza, ma inevitabile per lo scienziato — di concettualizzare il tutto fino alle sue origini, una volta che la cosmologia contemporanea ne fornisce il quadro ideale: nell'origine, la «coerenza» diviene «progetto». Si coglie (e forse si recupera) in tal modo anche una dimensione meno evidente della finalità: quella di non indicare solo il «termine» fisico o temporale verso cui tende un processo, ma la coerenza del processo nel suo insieme. Come il fine dell'atleta non è solo giungere al traguardo, ma farlo nel minor tempo possibile, e il fine di una composizione musicale non è giungere alle sue note finali, ma far cogliere l'intera sinfonia, così un'eventuale operatività del Principio antropico ricorderebbe che la finalità del cosmo giace in ogni momento della sua esistenza.

5.5.3 Dal punto di vista della teologia

Qui si deve considerare l'uomo nella luce di Cristo. Solo in Cristo si trova la chiave per la piena interpretazione dell'uomo. Dio ha creato il cosmo come una casa per l'uomo, e non una gabbia.

Per la Rivelazione giudeo–cristiana l'intero universo, con tutta la ricchezza della sua fenomenologia e delle sue forme, risponde ad un unico progetto provvidenziale di Dio inaugurato con la creazione. Effetto intenzionale di una parola personale, l'universo si presenta intelligibile e dialogico; il suo sviluppo nel tempo non è affidato ad una cieca casualità, ma è il risultato di una razionalità riconducibile ad una semplicità originaria, che ha in Dio la sua Causa prima e la sua Causa finale. L'origine della vita è frutto della Sua volontà creatrice, e mira alla comparsa della vita intelligente come al suo apice. La persona umana gode della speciale dignità di essere immagine e somiglianza di Dio, ed è perciò capace di riconoscere il Creatore attraverso la conoscenza delle Sue opere. La maggiore dignità della creazione si realizza nell'Incarnazione, dove la natura umana, risultato finale dell'opera creatrice, viene assunta da Dio stesso nella Persona del suo Verbo.

Il rapporto fra l'uomo ed il creato viene così riassunto da un passo della Concilio Vaticano II: «L'uomo sintetizza in sé, per la sua stessa condizione corporale, gli elementi del mondo materiale, così che questi attraverso di lui toccano il loro vertice e prendono voce per lodare in libertà il Creatore.»[87] Allo stesso tempo, si deve ricordare che «l'uomo...in terra è la sola creatura che Dio abbia voluto per se stessa.»[88] Non è difficile notare che una simile prospettiva teologica è certamente in accordo non solo con i dati scientifici che rilevano l'esistenza di un certo numero di condizioni biotiche, ma anche con quelle formulazioni filosofiche del Principio Antropico che ne mettono in luce una possibile lettura finalistica. Purché—va precisato—si tratti di un finalismo capace di rimandare ad una fonte di razionalità, al *Logos*, che non si identifichi con l'universo stesso, ma lo trascenda; e purché il modo con cui l'uomo si riconosce voce delle creature, che trovano in lui il

---

[87] VATICANO II, *Gaudium et spes*, 14.
[88] *Ibid.*, 24.3. Si veda anche Papa GIOVANNI PAOLO II, *Redemptor hominis*, 13.3 dove si legge che l'essere umano è come scelto da Dio dall'eternità.

coronamento cosciente della loro lunga storia evolutiva, sia segno della sua libertà e non di una cieca necessità. Al tempo stesso, questo accordo fra le due prospettive, teologica e scientifica, non costituisce alcuna «dimostrazione scientifica» dell'esistenza di un Creatore personale. Si tratta solo di una semplice consonanza: condizioni biotiche e Principio antropico sono consistenti con quanto la teologia della creazione dice, ma non viene loro affidato l'onere di fondarne la credibilità in modo logico–dimostrativo. Vediamone il motivo.

Se l'universo ha una Causa prima trascendente, che ne determina i caratteri costitutivi e ne guida l'evoluzione fisico–chimica come Causa finale, allora l'analisi delle scienze rivelerebbe ciò che di fatto si osserva: un cosmo con delle proprietà stabili ed intelligibili; la sua riconducibilità ad una certa razionalità interpretativa che lo unifica come effetto di un'unica causa; la presenza di condizioni necessarie ad ospitare la vita; tempi lunghi per consentirne l'evoluzione, e così via. Non è vero però il contrario: l'osservazione di queste delicate condizioni, necessarie ma non sufficienti allo sviluppo della vita non rivela da sola, con i soli metodi della scienza, l'esistenza di un Creatore. Ciò che sul piano filosofico e metafisico si presenta con il carattere di una finalità intenzionale, e su quello teologico si rivela come fonte di senso e con il carattere di un dono, sul piano proprio dell'analisi empirica può manifestarsi con la forma di una razionalità o di una coerenza fisico–matematica.

Ciò non vuol dire che uno scienziato non possa utilizzare l'evidenza di questa coerenza come sostegno alla credibilità della sua fede in un Creatore, ma solo che tale impiego richiede una successiva astrazione filosofica, al di sopra dei dati empirici, che egli può mettere in relazione con altri motivi di credibilità, interni od esterni, propri della fede religiosa. Questo è il motivo per cui, partendo dagli stessi dati, quegli scienziati che non compiono tale astrazione giungono solo a concludere l'esistenza di una «mente cosmica», di un'intelligenza immanente con la quale è solo la matematica a poter dialogare, non la persona umana. Questa totale identità fra Dio e il mondo è conosciuta dalla filosofia e dalla teologia con il nome di panteismo.

Riassumendo, riteniamo che la maggior rilevanza del Principio antropico nel terreno del dialogo fra scienze e religione stia proprio nel fatto di fornire al ricercatore degli elementi di riflessione sui perché ultimi del reale, sullo stesso mistero dell'essere.[89] Prendendo l'avvio da osservazioni di natura scientifica, egli si interroga nuovamente sul ruolo dell'uomo nel cosmo con domande di tipo filosofico e sapienziale e, pertanto, capaci di coinvolgerlo sotto l'aspetto esistenziale e religioso. La scienza non è nuova alla possibilità di suscitare domande «ultime» dall'interno del suo metodo, anche se percepisce l'incapacità di darne risposta esauriente con i soli strumenti empirici o logico–matematici. Gli elementi di riflessione offerti dal Principio antropico appaiono, da questo punto di vista, fra i più stimolanti per la globalità del contesto in cui si manifestano, che non è più semplicemente quello di una scienza fra le altre, bensì quello della cosmologia fisica, protesa nel suo desiderio di fare dell'intero universo un unico oggetto di intelligibilità.

---

[89] Cfr. G. TANZELLA-NITTI, «Antropico, Principio» in *DISF*, Vol 1, pp.102-120.

Appendice 1

Pio XII

Le prove dell'esistenza di Dio alla luce della scienza naturale moderna

Discorso alla Pontificia Accademia delle Scienze

22 novembre 1951

Un'ora di serena letizia, di cui siamo grati all'Onnipotente Ci offre questa adunanza della Pontificia Accademia delle Scienze, e Ci dà insieme la gradita opportunità d'intratternerCi con una eletta di eminenti Porporati, d'illustri Diplomatici e di esimi Personaggi, e specialmente con voi, Accademici Pontifici, ben degni della solennità di questo consesso, perché voi, indagando e svelando i segreti della natura, e insegnando agli uomini a dirigere le sue forze al loro bene, predicate al tempo stesso, col linguaggio delle cifre, delle formule, delle scoperte, le ineffabili armonie del sapientissimo Dio.

Infatti la scienza vera, contrariamente ad avventate affermazioni del passato, quanto più avanza, tanto maggiormente scopre Dio, quasi Egli stesse vigilando in attesa dietro ogni porta che la scienza apre. Vogliamo anzi dire che di questa progressiva scoperta di Dio, compiuta negli incrementi del sapere, non solamente beneficia lo scienziato, quando pensa—e come potrebbe astenersene? — da filosofo, ma ne ricavano profitto anche tutti coloro, che partecipano ai nuovi trovati o li assumono a oggetto delle loro considerazioni; in modo speciale se ne avvantaggiano i genuini filosofi, poiché, prendendo le mosse dalle conquiste scientifiche per la loro speculazione razionale, ne traggono maggior sicurezza nelle loro conclusioni, più chiare illustrazioni nelle possibili ombre, più convincenti sussidi per dare alle difficoltà e alle obiezioni una sempre più soddisfacente risposta.

Natura e fondamenti delle prove dell'esistenza di Dio

Così mosso e guidato, l'intelletto umano si fa incontro a quella dimostrazione della esistenza di Dio, che la sapienza cristiana ravvisa negli argomenti filosofici, vagliati nei secoli da giganti del sapere, e che a voi è ben nota nella presentazione delle «cinque vie», che l'Angelico Dottore S. Tommaso offre quasi itinerario spedito e sicuro della mente a Dio. Argomenti filosofici, abbiamo detto; ma non perciò aprioristici, come li accusa un ingeneroso e incoerente positivismo. Essi operano su realtà concrete e accertate dai sensi e dalla scienza, anche se acquistano forza probatoria dal vigore della ragione naturale.

In tal guisa filosofia e scienze si svolgono con attività e metodi analoghi e conciliabili, valendosi di elementi empirici e razionali in diversa misura e cospirando in armonica unità alla scoperta del vero.

Ma se la primitiva esperienza degli antichi poté offrire alla ragione sufficienti argomenti per la dimostrazione della esistenza di Dio, con l'ampliarsi e l'approfondirsi del campo della esperienza medesima, più scintillante e più netta rifulge ora l'orma dell'Eterno nel mondo visibile. Sembra quindi proficuo riesaminare sulla base delle nuove scoperte scientifiche le classiche prove dell'Angelico, specialmente quelle desunte dal moto e dall'ordine dell'universo;[1] ricercare, cioè, se e quanto la più profonda conoscenza della struttura del macrocosmo e del microcosmo contribuisca a rafforzare gli argomenti filosofici; considerare, poi, d'altra parte, se e fino a qual punto essi siano stati scossi, come non di rado si afferma, dall'avere la fisica moderna formulato nuovi principi fondamentali, abolito o modificato concetti antichi, il cui senso in passato era forse giudicato fisso e definito, come, per esempio, il tempo, lo spazio, il moto, la causalità, la sostanza, concetti sommamente importanti per la questione che ora ci occupa. Più che di una revisione delle prove filosofiche, si tratta dunque qui di scrutare le basi fisiche—e dovremo necessariamente, per ragione del tempo, restringerCi, ad alcune soltanto—, da cui quegli argomenti derivano. Né vi sono da temere sorprese: la scienza stessa non intende di uscire da quel mondo, che oggi, come ieri, si presenta con quei cinque «modi d'essere», donde prende le mosse e il nerbo la dimostrazione filosofica della esistenza di Dio.

Due essenziali note caratteristiche del cosmo

Di questi «modi di essere» del mondo che ci circonda rilevati con maggiore o minore comprensione, ma con eguale evidenza, dal filosofo e dalla comune intelligenza, due sono che le scienze moderne hanno meravigliosamente scandagliati, accertati e approfonditi oltre ogni attesa: 1°) la mutabilità delle cose, compreso il loro nascere e la loro fine; 2°) l'ordine di finalità che riluce in ogni angolo del cosmo. Il contributo così prestato dalle scienze alle due dimostrazioni filosofiche, che su di esse s'imperniano e che costituiscono la prima e la quinta via, è

---
[1] S. TOMMASO D'AQUINO, *Summa Theologiae* I, q. 2, a. 3.

notevolissimo. Alla prima la fisica specialmente ha conferito una inesauribile miniera di esperienze, rivelando il fatto della mutabilità in profondi recessi della natura, dove prima di ora nessuna mente umana poteva mai neanche sospettarne l'esistenza e l'ampiezza, e fornendo una molteplicità di fatti empirici, che sono un validissimo sussidio al ragionamento filosofico. Diciamo sussidio; perché la direzione, invece delle medesime trasformazioni, pur accertate dalla fisica moderna, Ci sembra che superi il valore di una semplice conferma e consegua quasi la struttura e il grado di argomento fisico per gran parte nuovo e a molte menti più accettevole, persuasivo e gradito.

Con pari ricchezza le scienze, specialmente astronomiche e biologiche, hanno procurato negli ultimi tempi all'argomento dell'ordine un tale corredo di cognizioni e una tale visione, per così dire, inebriante, della unità concettuale che anima il cosmo, e della finalità che ne dirige il cammino, da anticipare all'uomo moderno quel gaudio, che il Poeta immaginava nel cielo empireo, allorché vide come in Dio «s'interna—legato con amore in un volume,—ciò che per l'universo si squaderna».[2]

Tuttavia la Provvidenza ha disposto che la nozione di Dio, tanto essenziale alla vita di ciascun uomo, come può trarsi facilmente da una semplice sguardo gettato sul mondo, in guisa che il non comprenderne la voce è stoltezza (Sap 13, 1-2), così riceva conferma da ogni approfondimento e progresso delle cognizioni scientifiche.

Volendo pertanto dare qui un rapido saggio del prezioso servigio, che le scienze moderne rendono alla dimostrazione della esistenza di Dio, Ci restringeremo prima al fatto delle mutazioni, rilevandone principalmente l'ampiezza, la vastità e, per così dire, la totalità che la fisica

---

[2] DANTE ALIGHIERI, *Paradiso* XXXIII, 85-87.

moderna riscontra nel cosmo inanimato; quindi Ci soffermeremo sul significato della loro direzione, quale è stata parimente accertata. Sarà come porgere l'orecchio a un piccolo concerto dell'immenso universo, che ha però voce bastante per cantare «la gloria di Colui che tutto muove».[3]

A. La mutabilità del cosmo

nel macrocosmo

Giustamente stupisce a primo aspetto il vedere come la cognizione del fatto che la mutabilità ha guadagnato sempre maggior terreno e nel macrocosmo e nel microcosmo, man mano che le scienze sono progredite, quasi confermando con nuove prove la teoria di Eraclito: «tutto scorre»: πάντα 'ρεῖ. Come è noto, la stessa esperienza quotidiana mostra una ingente quantità di trasformazioni nel mondo, vicino o lontano, che ci circonda, soprattutto i movimenti locali dei corpi. Ma oltre a questi veri e propri moti locali, sono del pari facilmente visibili i multiformi cambiamenti chimico – fisici, per esempio il mutamento dello stato fisico dell'acqua nelle sue tre fasi di vapore, liquido e ghiaccio; i profondi effetti chimici mediante l'uso del fuoco, la cui conoscenza risale alla età preistorica; la disgregazione delle pietre e la corruzione dei corpi vegetali e animali. A tale comune esperienza venne ad aggiungersi la scienza naturale, la quale insegnò a comprendere questi ed altri simili eventi come processi di distruzione o di costruzione delle sostanze corporee nei loro elementi chimici, vale a dire nelle loro più piccole parti, gli atomi chimici. Che anzi, procedendo più oltre, essa rese manifesto come questa

---

[3] IDEM, *Paradiso* I, 1.

mutabilità chimico–fisica non è in nessun modo ristretta ai corpi terrestri, secondo la credenza degli antichi, ma si estende a tutti i corpi del nostro sistema solare e del grande universo, che il telescopio, e anche meglio lo spettroscopio, hanno mostrato esser formati dalle stesse specie di atomi.

nel microcosmo

Contro la indiscutibile mutabilità della natura anche inanimata si ergeva tuttavia ancora l'enigma dell'inesplorato microcosmo. Sembrava infatti che la materia inorganica, a differenza del mondo animato, fosse in un certo senso immutabile. Le sue più piccole parti, gli atomi chimici potevano bensì unirsi fra loro nei più diversi modi, ma pareva che godessero il privilegio di una eterna stabilità e indistruttibilità, uscendo immutati da ogni sintesi ed analisi chimica. Cento anni fa, si credevano ancora semplici, indivisibili e indistruttibili particelle elementari. Il medesimo si pensava per le energie e le forze materiali del cosmo, soprattutto in base alle leggi fondamentali della conservazione della massa e della energia. Alcuni naturalisti si stimavano per fino autorizzati a formulare in nome della loro scienza una fantastica filosofia monistica, il cui meschino ricordo è legato, tra gli altri, al nome di Ernst Haeckel. Ma proprio al tempo suo, verso la fine del secolo passato, anche questa concezione semplicista dell'atomo chimico fu travolta dalla scienza moderna. La crescente cognizione del sistema periodico degli elementi chimici, la scoperta delle irradiazioni corpuscolari degli elementi radioattivi, e molti altri simili fatti hanno mostrato che il microcosmo dell'atomo chimico con dimensioni dell'ordine del diecimilionesimo di millimetro è il teatro di continue mutazioni, non meno che il macrocosmo a tutti ben noto.

nella sfera elettronica

E dapprima il carattere della mutabilità fu accertato nella sfera elettronica. Dalla compagine elettronica dell'atomo emanano irradiazioni di luce e calore, le quali vengono dai corpi esterni assorbite, corrispondentemente al livello di energia delle orbite elettroniche. Nelle parti esteriori di questa sfera si compie anche la ionizzazione dell'atomo e la trasformazione dell'energia nella sintesi e nell'analisi delle combinazioni chimiche. Si poteva però allora supporre che queste trasformazioni chimico-fisiche lasciassero ancora un rifugio alla stabilità, non raggiungendo lo stesso nucleo dell'atomo, sede della massa e della carica elettrica positiva, per le quali è determinato il posto dell'atomo chimico nel sistema naturale degli elementi, e dove sembrò di riscontrare quasi il tipo dell'assolutamente stabile e invariabile.

nel nucleo

Ma già agli albori del nuovo secolo, l'osservazione dei processi radioattivi, da riferirsi, in ultima analisi, ad uno spontaneo frantumamento del nucleo, portava ad escludere un tale tipo. Accertata quindi l'instabilità fin nel più profondo recesso della natura conosciuta, restava tuttavia un fatto che lasciava perplessi, sembrando che l'atomo fosse inattaccabile almeno dalle forze umane, poiché in principio tutti i tentativi di accelerarne o arrestarne il naturale disgregamento radioattivo, od anche di frantumare nuclei non attivi, erano falliti. Il primo assai modesto frantumamento del nucleo (di azoto) risale ad appena tre decenni fa, e solo da pochi anni è stato possibile, dopo immani sforzi, di effettuare in considerevole quantità processi di formazione e di scomposizione di nuclei.

Benché questo risultato, che, in quanto serve alle opere di pace, va certamente ascritto a vanto del nostro secolo, non rappresenti nel campo della fisica nucleare pratica se non un primo passo, tuttavia per la nostra considerazione è assicurata una importante conclusione: i nuclei atomici sono bensì per molti ordini di grandezza più fermi e stabili delle ordinarie composizioni chimiche, ma, ciò nonostante, sono anch'essi in massima sottoposti a simili leggi di trasformazione, e quindi mutevoli.

Nel medesimo tempo, si è potuto riscontrare che tali processi hanno la più grande importanza nella economia della energia delle stelle fisse. Nel centro del nostro sole, per esempio, si compie secondo il Bethe, in una temperatura che si aggira intorno ai venti milioni di gradi, una reazione a catena in sé ritornante, nella quale quattro nuclei d'idrogeno vengono congiunti in un nucleo di elio. L'energia, che così si libera, viene a compensare la perdita dovuta all'irradiazione dello stesso sole. Anche nei moderni laboratori fisici si riesce ad effettuare, mediante il bombardamento con particelle dotate di altissima energia o con neutroni, trasformazione di nuclei, come può vedersi nell'esempio dell'atomo di uranio. A questo proposito occorre altresì menzionare gli effetti della radiazione cosmica, che può frantumare gli atomi più pesanti, sprigionando così non di rado intieri sciami di particelle subatomiche.

Abbiamo voluto citare soltanto pochi esempi, tali però da mettere fuori di ogni dubbio la espressa mutabilità del mondo inorganico, grande e piccolo: le millecuple trasformazioni delle forme di energia, specialmente nelle decomposizioni e combinazioni chimiche nel macrocosmo, e non meno la mutabilità degli atomi chimici fino alla particella subatomica dei loro nuclei.

L'eternamente immutabile

Lo scienziato di oggi, spingendo lo sguardo nell'interno della natura più profondamente che non il suo predecessore di cento anni fa, sa dunque che la materia inorganica, per così dire nel suo più intimo midollo, è contrassegnata con l'impronta della mutabilità, e che quindi il suo essere e il suo sussistere esigono una realtà interamente diversa e per sua natura invariabile.

Come in un quadro in chiaroscuro le figure risaltano dal fondo buio, ottenendo solo in tal guisa il pieno effetto di plastica e di vita; così l'immagine dell'eternamente immutabile emerge chiara e splendente dal torrente che tutte le cose materiali nel macro e nel microcosmo con sé rapisce e travolge in una intrinseca mutevolezza che mai non posa. Lo scienziato, che sosta sulla riva di questo immenso torrente, trova riposo in quel grido di verità, con cui Dio definì se stesso:» Io sono colui che sono» (Es 3, 14), e che l'Apostolo loda quale: Pater luminum, apud quem non est transmutatio neque vicissitudinis obumbratio (Iac 1, 17).

B. La direzione delle trasformazioni

nel macrocosmo: la legge dell'entropia

Ma la scienza moderna non solo ha allargato e approfondito le nostre cognizioni sulla realtà e l'ampiezza della mutabilità del cosmo; essa ci offre anche preziose indicazioni circa la direzione, secondo la quale i processi nella natura si compiono. Mentre ancora cento anni fa, specialmente dopo la scoperta della legge della costanza, si pensava che i processi naturali fossero reversibili, e perciò, secondo i principi della stretta causalità—o meglio, determinazione—della natura, si stimava possibile un sempre ricorrente rinnovamento e ringiovanimento del cosmo; con la legge della entropia, scoperta da Rodolfo Clausius, si venne a conoscere che gli spontanei processi naturali sono sempre congiunti con una diminuzione della libera e utilizzabile energia: ciò che in un chiuso sistema materiale deve condurre, finalmente, alla cessazione dei processi in scala macroscopica. Questo fatale destino, che soltanto ipotesi, talora troppo gratuite, come quella della creazione continua suppletiva, si sforzano di risparmiare all'universo, ma che invece balza dall'esperienza scientifica positiva, eloquentemente postula l'esistenza di un Ente necessario.

nel microcosmo

Nel microcosmo questa legge, in fondo statistica, non ha applicazione ed inoltre, al tempo della sua formulazione, non si conosceva quasi nulla della struttura e del comportamento dell'atomo. Tuttavia la più recente indagine sull'atomo e altresì l'inaspettato sviluppo dell'astrofisica hanno reso possibili in questo campo sorprendenti scoperte. Il risultato non può essere qui che brevemente accennato, ed è che anche allo sviluppo atomico e intraatomico è chiaramente assegnato un senso di direzione.

Per illustrare questo fatto, basterà ricorrere al già menzionato esempio del comportamento delle energie solari. La compagine elettronica degli atomi chimici nella fotosfera del sole sprigiona ogni secondo una gigantesca quantità di energia raggiante nello spazio circostante, dal quale non ritorna. La perdita viene compensata dall'interno del sole per mezzo della formazione di elio da idrogeno. L'energia, che con ciò si fa libera, proviene dalla massa dei nuclei di idrogeno, la quale in questo processo per una piccola parte (7%) si converte in energia equivalente. Il processo di compensazione si svolge dunque a spese della energia, che originariamente, nei nuclei dell'idrogeno, esiste come massa. Così tale energia, nel corso di miliardi di anni, lentamente, ma irreparabilmente, si trasforma in radiazioni. Una cosa simile accade in tutti i processi radioattivi, sia naturali, sia artificiali. Anche qui, dunque, nello stretto e proprio microcosmo, riscontriamo una legge che indica la direzione della evoluzione, e che è analoga alla legge della entropia nel macrocosmo. La direzione dell'evoluzione spontanea è determinata mediante la diminuzione dell'energia utilizzabile nella compagine e nel nucleo dell'atomo, e finora non sono noti processi, che potrebbero compensare o annullare tale sfruttamento per mezzo della formazione spontanea di nuclei di alto valore energetico.

C. L'Universo e i suoi sviluppi

nel futuro

Se dunque lo scienziato volge lo sguardo dallo stato presente dell'universo all'avvenire, sia pure lontanissimo, si vede costretto a riscontrare, nel macrocosmo come nel microcosmo, l'invecchiare del mondo. Nel corso di miliardi di anni, anche le quantità di nuclei atomici apparentemente inesauribili perdono energia utilizzabile, e la materia si avvicina, per parlare figuratamente, ad un vulcano spento e scoriforme. E vien fatto di pensare che, se il presente cosmo, oggi così pulsante di ritmi e di vita, non è sufficiente a dar ragione di sé, come si è veduto, tanto meno potrà farlo quel cosmo, su cui sarà passata, a suo modo, l'ala della morte.

nel passato

Si volga ora lo sguardo al passato. A misura che si retrocede, la materia si presenta sempre più ricca di energia libera e teatro di grandi sconvolgimenti cosmici. Così tutto sembra indicare che l'universo materiale ha preso, da tempi finiti, un potente inizio, provvisto com'era di un'abbondanza inimmaginabilmente grande di riserve energetiche, in virtù delle quali, dapprima rapidamente, poi con crescente lentezza, si è evoluto allo stato presente.

Si affacciano così spontanei alla mente due quesiti:

È la scienza in grado di dire quando questo potente principio del cosmo è avvenuto? E quale era lo stato iniziale, primitivo dell'universo?

I più eccellenti esperti della fisica dell'atomo, in collaborazione con gli astronomi e gli astrofisici, si sono sforzati di far luce su questi due ardui, ma oltremodo interessanti problemi.

D. *Il principio del tempo*

Anzitutto, per citare qualche cifra, la quale non altro pretende che di esprimere un ordine di grandezza nel designare l'alba del nostro universo, cioè il suo principio nel tempo, la scienza dispone di parecchie vie, l'una dall'altra abbastanza indipendente, eppure convergenti, che brevemente indichiamo:

1) *Il distanziamento delle nebulose spirali o galassie*. L'esame di numerose nebulose spirali, eseguito specialmente da Edwin E. Hubble nel Mount Wilson Observatory, portò al significante risultato – per quanto temperato da riserve – che questi lontani sistemi di galassie tendono a distanziarsi l'una dall'altra con tanta velocità che l'intervallo tra due tali nebulose spirali in circa 1300 milioni di anni si

raddoppia. Se si guarda indietro il tempo di questo processo dell' «Expanding Universe», risulta che, da uno a dieci miliardi di anni fa, la materia di tutte le nebulose spirali si trovava compressa in uno spazio relativamente ristretto, allorché i processi cosmici ebbero principio.

2) *L'età della crosta solida della terra.* – Per calcolare l'età delle sostanze originarie radioattive, si desumono dati molto approssimativi dalla trasmutazione dell'isotopo dell'uranio 238 in un isotopo di piombo (RaG), dell'uranio 235 in attinio D (AcD) e dell'isotopo di torio 232 in torio D (ThD). La massa d'elio, che con ciò si forma, può servire da controllo. Per tal via risulterebbe che l'età media dei minerali più antichi è al massimo di 5 miliardi di anni.

3) *L'età dei meteoriti.* Il precedente metodo applicato ai meteoriti, per calcolare la loro età, ha dato all'incirca la medesima cifra di 5 miliardi di anni. Risultato questo, che acquista speciale importanza dal momento che oggi si ammette generalmente da tutti l'origine interstellare dei meteoriti.

4) *La stabilità dei sistemi di stelle doppie e degli ammassi di stelle.* Le oscillazioni della gravitazione dentro questi sistemi, come l'attrito delle maree, restringono di nuovo la loro stabilità entro i termini da 5 fino a 10 miliardi di anni.

Se queste cifre possono muovere a stupore, tuttavia anche al più semplice dei credenti non arrecano un concetto nuovo e diverso da quello appreso dalle prime parole del Genesi «In principio», vale a dire l'inizio delle cose nel tempo. A quelle parole esse dànno un'espressione concreta e quasi matematica, mentre un conforto di più ne scaturisce per coloro che con l'Apostolo condividono la stima verso quella Scrittura, divinamente ispirata, la quale è sempre utile ad docendum, ad arguendum, ad corripiendum, ad erudiendum (2 Tim 3, 16).

E. Lo stato e la qualità della materia originaria

Con pari impegno e libertà d'indagine e di accertamento, i dotti, oltre che alla questione sulla età del cosmo, hanno applicato l'audace ingegno all'altra già accennata e certamente più ardua, che concerne lo stato e la qualità della materia primitiva.

Secondo le teorie che si prendono per base, i relativi calcoli differiscono non poco gli uni dagli altri. Tuttavia gli scienziati concordano nel ritenere che, accanto alla massa, anche la densità, la pressione e la temperatura debbono aver raggiunto gradi del tutto enormi, come si può vedere nel recente lavoro di A. Unsöld, direttore dell'Osservatorio in Kiel.[4] Solo con tali condizioni si può comprendere la formazione dei nuclei pesanti e la loro frequenza relativa nel sistema periodico degli elementi.

D'altra parte con ragione la mente, avida di vero, insiste nel domandare, come mai la materia è venuta in un simile stato così inverosimile alla comune nostra esperienza di oggi, e che cosa l'ha preceduta. Invano si attenderebbe una risposta dalla scienza naturale, la quale anzi dichiara lealmente di trovarsi dinanzi ad un enigma insolubile. È ben vero che si esigerebbe troppo dalla scienza naturale come tale; ma è anche certo che più profondamente penetra nel problema lo spirito umano versato nella meditazione filosofica.

È innegabile che una mente illuminata ed arricchita dalle moderne conoscenze scientifiche, la quale valuti serenamente questo problema, è portata a rompere il cerchio di una materia del tutto indipendente e autoctona, o perché increata, o perché creatasi da sé, e a risalire ad uno

---

[4] A. Unsöld, «Kernphysik und Cosmologie» nella *Zeitschrift für Astrophysik*, 24 B (1948), pp. 278-305.

Spirito creatore. Col medesimo sguardo limpido e critico, con cui esamina e giudica i fatti, vi intravede e riconosce l'opera della onnipotenza creatrice, la cui virtù, agitata dal potente «fiat» pronunziato miliardi di anni fa dallo Spirito creatore, si dispiegò nell'universo, chiamando all'esistenza con un gesto d'amore generoso la materia esuberante di energia. Pare davvero che la scienza odierna, risalendo d'un tratto milioni di secoli, sia riuscita a farsi testimone di quel primordiale «Fiat lux», allorché dal nulla proruppe con la materia un mare di luce e di radiazioni, mentre le particelle degli elementi chimici si scissero e si riunirono in milioni di galassie.

È ben vero che della creazione nel tempo i fatti fin qui accertati non sono argomento di prova assoluta , come sono invece quelli attinti dalla metafisica e dalla rivelazione, per quanto concerne la semplice creazione, e dalla rivelazione, se si tratta di creazione nel tempo. I fatti pertinenti alle scienze naturali, a cui Ci siamo riferiti, attendono ancora maggiori indagini e conferme, e le teorie fondate su di essi abbisognano di nuovi sviluppi e prove, per offrire una base sicura ad un'argomentazione, che per sé è fuori della sfera propria delle scienze naturali.

Ciò nonostante, è degno di attenzione che moderni cultori di queste scienze stimano l'idea della creazione dell'universo del tutto conciliabile con la loro concezione scientifica, e che anzi vi siano condotti spontaneamente dalle loro indagini; mentre, ancora pochi decenni or sono, una tale «ipotesi» veniva respinta come assolutamente inconciliabile con lo stato presente della scienza. Ancora nel 1911 il celebre fisico Svante Arrhenius dichiarava che «l'opinione che qualche cosa possa nascere dal nulla, è in contrasto con lo stato presente della scienza, secondo la quale la materia è immutabile».[5] Parimente è del Plate l'affermazione: «La materia esiste. Dal nulla non nasce nulla: per conseguenza la materia è eterna. Noi non possiamo ammettere la creazione della materia».[6]

Quanto diverso e più fedele specchio d'immense visioni è invece il linguaggio di un moderno scienziato di prim'ordine, sir Edmund Whittaker, Accademico Pontificio, quando egli parla delle suaccennate indagini intorno all'età del mondo: «Questi differenti calcoli convergono nella conclusione che vi fu un'epoca, circa 10^9 o 10^{10} anni fa, prima della quale il cosmo, se esisteva, esisteva in una forma totalmente diversa da qualsiasi cosa a noi nota: così che essa rappresenta l'ultimo limite della scienza. Noi possiamo forse senza improprietà riferirci ad essa come alla creazione. Essa fornisce un concordante sfondo alla veduta del mondo, che è suggerita dalla evidenza geologica, che ogni organismo esistente sulla terra ha avuto un principio nel tempo. Se questo risultato dovesse essere confermato da future ricerche, potrebbe ben venire ad essere considerato come la più importante scoperta dell'epoca nostra; poiché esso rappresenta un cambiamento fondamentale nella concezione scientifica dell'universo, simile a quello effettuato, or sono quattro secoli, per opera di Copernico».[7]

Conclusione

Quale è dunque l'importanza della scienza moderna riguardo all'argomento in prova della esistenza di Dio

---

[5] S. ARRHENIUS, *Die Vorstellung vom Weltgebäude im Wandel der Zeiten*, 1911, p. 362.

[6] L. PLATE, *Ultramontane Weltanschauung und moderne Lebenskunde Orthodoxie und Monismus*, Gustav Fischer, Jena 1907, p.55.

[7] SIR E. WHITTAKER, *Space and Spirit*, 1946, pp. 118-119.

desunto dalla mutabilità del cosmo? Per mezzo di indagini esatte e particolareggiate nel macrocosmo e nel microcosmo, essa ha allargato e approfondito considerevolmente il fondamento empirico su cui quell'argomento si basa, e dal quale si conclude alla esistenza di un Ens a se, per sua natura immutabile. Inoltre essa ha seguito il corso e la direzione degli sviluppi cosmici, e come ne ha intravisto il termine fatale, così ha additato il loro inizio in un tempo di circa 5 miliardi di anni fa, confermando con la concretezza propria delle prove fisiche la contingenza dell'universo e la fondata deduzione che verso quell'epoca il cosmo sia uscito dalla mano del Creatore.

La creazione nel tempo, quindi; e perciò un Creatore; dunque Dio! È questa la voce, benché non esplicita né compiuta, che Noi chiedevamo alla scienza, e che la presente generazione umana attende da essa. È voce erompente dalla matura e serena considerazione di un solo aspetto dell'universo, vale a dire dalla sua mutevolezza; ma è già sufficiente perché la intiera umanità, apice ed espressione razionale del macrocosmo e del microcosmo, prendendo coscienza del suo alto fattore, si senta sua cosa, nello spazio e nel tempo, e, cadendo in ginocchio dinanzi alla sua sovrana Maestà, cominci ad invocarne il nome: Rerum, Deus, tenax vigor, ~ immotus in te permanens, ~ lucis diurnae tempora ~ successibus determinans.[8]

La conoscenza di Dio, quale unico creatore, comune a molti moderni scienziati, è bensì l'estremo limite cui può giungere la ragione naturale; ma non costituisce—come ben sapete—l'ultima frontiera della verità. Del medesimo Creatore, incontrato dalla scienza sul suo cammino, la filosofia, e molto più la rivelazione, in armonica collaborazione, perché tutte e tre strumenti della verità,

---

[8] Ex Himno ad Nonam.

quasi raggi del medesimo sole, contemplano la sostanza, svelano i contorni, ritraggono le sembianze. Soprattutto la rivelazione ne rende la presenza quasi immediata, vivifica, amorosa, qual' è quella che il semplice credente e lo scienziato avvertono nell'intimo del loro spirito, quando ripetono senza titubanza le concise parole dell'antico Simbolo degli Apostoli: Credo in Deum, Patrem omnipotentem, Creatorem caeli et terrae! Oggi, dopo tanti secoli di civiltà, perché secoli di religione, non è già che occorra scoprire per la prima volta Dio, quanto piuttosto urge sentirlo come Padre, riverirlo come Legislatore, temerlo come Giudice; preme, a salvezza delle genti, che esse ne adorino il Figlio, amoroso Redentore degli uomini, e si pieghino ai soavi impulsi dello Spirito, fecondo Santificatore delle anime.

Questa persuasione, la quale prende le lontane mosse dalla scienza, è coronata dalla fede, la quale, se radicata sempre più nella coscienza dei popoli, potrà davvero arrecare un progresso fondamentale al corso della civiltà.

È una visione del tutto, del presente come del futuro, della materia come dello spirito, del tempo come della eternità, che, illuminando le menti, risparmierà agli uomini di oggi una lunga notte di tempesta.

È quella fede, che Ci fa in questo momento elevare a Colui, che abbiamo or ora invocato Vigor, Immotus e Pater, la fervida supplica per tutti i suoi figli, a Noi dati in custodia: Largire lumen vespere, — quo vita nusquam decidat luce per la vita del tempo, luce per la vita della eternità.[9]

---

[9] *Ibid..*

Appendice 2

Papa Giovanni Paolo II
Messaggio alla
Pontificia Accademia delle Scienze
22 ottobre 1996

È con grande piacere che rivolgo un cordiale saluto a lei, Signor Presidente, e a voi tutti che costituite la Pontificia Accademia delle Scienze, in occasione della vostra Assemblea Plenaria. Formulo in particolare i miei voti ai nuovi Accademici, venuti a prendere parte ai vostri lavori per la prima volta. Desidero anche ricordare gli Accademici defunti durante l'anno trascorso, che affido al Maestro della vita.

1. Nel celebrare il sessantesimo anniversario della rifondazione dell'Accademia, sono lieto di ricordare le intenzioni del mio predecessore Pio XI, che volte circondarsi di un gruppo scelto di studiosi affinché informassero la Santa Sede in tutta libertà degli sviluppi della ricerca scientifica e l'aiutassero anche nelle sue riflessioni. A quanti egli amava chiamare il Senatus scientificus della Chiesa domandò di servire la verità. È lo stesso invito che io vi rinnovo oggi, con la certezza che noi tutti potremo trarre profitto dalla «fecondità di un dialogo fiducioso fra la Chiesa e la scienza.»[1]

---

[1] Papa GIOVANNI PAOLO II, *Discorso alla Pontificia Accademia delle*

2. Sono lieto del primo tema che avete scelto, quello dell'origine della vita e dell'evoluzione, un tema fondamentale che interessa vivamente la Chiesa, in quanto la Rivelazione contiene, da parte sua, insegnamenti concernenti la natura e le origini dell'uomo. In che modo s'incontrano le conclusioni alle quali sono giunte le diverse discipline scientifiche e quelle contenute nel messaggio della Rivelazione? Se, a prima vista, può sembrare che vi siano apposizioni, in quale direzione bisogna muoversi per risolverle? Noi sappiamo in effetti che la verità non può contraddire la verità.[2] Inoltre, per chiarire meglio la verità storica, le vostre ricerche sui rapporti della Chiesa con la scienza fra il XVI e il XVIII secolo rivestono grande importanza.

Nel corso di questa sessione plenaria, voi conducete una «riflessione sulla scienza agli albori del terzo millennio» e iniziate individuando i principali problemi generati dalle scienze, che hanno un'incidenza sul futuro dell'umanità. Attraverso il vostro cammino, voi costellate le vie di soluzioni che saranno benefiche per tutta la comunità umana. Nell'ambito della natura inanimata e animata, l'evoluzione della scienza e delle sue applicazioni fa sorgere interrogativi nuovi. La Chiesa potrà comprenderne ancora meglio l'importanza se ne conoscerà gli aspetti essenziali. In tal modo, conformemente alla sua missione specifica, essa potrà offrire criteri per discernere i comportamenti morali ai quali l'uomo è chiamato in vista della sua salvezza integrale.

3. Prima di proporvi qualche riflessione più specifica sul tema dell'origine della vita e dell'evoluzione, desidero ricordare che il Magistero della Chiesa si è già pronunciato

---

Scienze, 28 ottobre 1986, n.1.

[2] Cfr. Papa LEONE XIII, Enciclica *Providentissimus Deus*.

su questi temi, nell'ambito della propria competenza. Citerò qui due interventi.

Nella sua Enciclica *Humani generis* (1950) il mio predecessore Pio XII aveva già affermato che non vi era opposizione fra l'evoluzione e la dottrina della fede sull'uomo e sulla sua vocazione, purché non si perdessero di vista alcuni punti fermi.³ Da parte mia, nel ricevere il 31 ottobre 1992 i partecipanti all'Assemblea plenaria della vostra Accademia, ho avuto l'occasione, a proposito di Galileo, di richiamare l'attenzione sulla necessità, per l'interpretazione corretta della parola ispirata, di una ermeneutica rigorosa. Occorre definire bene il senso proprio della Scrittura, scartando le interpretazioni indotte che le fanno dire ciò che non è nelle sue intenzioni dire. Per delimitare bene il campo del loro oggetto di studio, l'esegeta e il teologo devono tenersi informati circa i risultati ai quali conducono le scienze della natura.⁴

4. Tenuto conto dello stato delle ricerche scientifiche a quell'epoca e anche delle esigenze proprie della teologia, l'Enciclica *Humani generis* considerava la dottrina dell'«evoluzionismo» un'ipotesi seria, degna di una ricerca e di una riflessione approfondite al pari dell'ipotesi opposta. Pio XII aggiungeva due condizioni di ordine metodologico: che non si adottasse questa opinione come se si trattasse di una dottrina certa e dimostrata e come se ci si potesse astrarre completamente dalla Rivelazione riguardo alle questioni da essa sollevate. Enunciava anche

---

[3] Cfr. *AAS* 42 (1950), pp.575-576.

[4] Cfr *AAS* 85 (1993), pp.764-772; Papa GIOVANNI PAOLO II, *Discorso alla Pontificia Commissione Biblica*, 23 aprile 1993, che annunciava il documento su L'interpretazione della Bibbia nella Chiesa in *AAS* 86, 1994, pp. 232-243.

la condizione necessaria affinché questa opinione fosse compatibile con la fede cristiana, punto sul quale ritornerò.

Oggi, circa mezzo secolo dopo la pubblicazione dell'Enciclica, nuove conoscenze conducono a non considerare più la teoria dell'evoluzione una mera ipotesi. È degno di nota il fatto che questa teoria si sia progressivamente imposta all'attenzione dei ricercatori, a seguito di una serie di scoperte fatte nelle diverse discipline del sapere. La convergenza non ricercata né provocata, dei risultati dei lavori condotti indipendentemente gli uni dagli altri, costituisce di per sé un argomento significativo a favore di questa teoria.

Qual è l'importanza di una simile teoria? Affrontare questa questione, significa entrare nel campo dell'epistemologia. Una teoria è un'elaborazione meta-scientifica, distinta dai risultati dell'osservazione, ma ad essi affine. Grazie ad essa, un insieme di dati e di fatti indipendenti fra loro possono essere collegati e interpretati in una spiegazione unitiva. La teoria dimostra la sua validità nella misura in cui è suscettibile di verifica; è costantemente valutata a livello dei fatti; laddove non viene più dimostrata dai fatti, manifesta i suoi limiti e la sua inadeguatezza. Deve allora essere ripensata.

Inoltre, l'elaborazione di una teoria come quella dell'evoluzione, pur obbedendo all'esigenza di omogeneità rispetto ai dati dell'osservazione, prende in prestito alcune nozioni dalla filosofia della natura.

A dire il vero, più che della teoria dell'evoluzione, conviene parlare delle teorie dell'evoluzione. Questa pluralità deriva da un lato dalla diversità delle spiegazioni che sono state proposte sul meccanismo dell'evoluzione e dall'altro dalle diverse filosofie alle quali si fa riferimento. Esistono pertanto letture materialiste e riduttive e letture spiritualistiche. Il giudizio è qui di competenza propria della filosofia e, ancora oltre, della teologia.

5. Il Magistero della Chiesa è direttamente interessato alla questione dell'evoluzione, poiché questa concerne la concezione dell'uomo, del quale la Rivelazione ci dice che è stato creato a immagine e somiglianza di Dio (cfr Gn. 1, 28–29). La Costituzione conciliare *Gaudium et spes* ha magnificamente esposto questa dottrina, che è uno degli assi del pensiero cristiano. Essa ha ricordato che l'uomo è «la sola creatura che Dio abbia voluto per se stesso.»[5] In altri termini, l'individuo umano non deve essere subordinato come un puro mezzo o come un mero strumento né alla specie né alla società; egli ha valore per se stesso. È una persona.

Grazie alla sua intelligenza e alla sua volontà, è capace di entrare in rapporto di comunione, di solidarietà e di dono di sé con i suoi simili. San Tommaso osserva che la somiglianza dell'uomo con Dio risiede soprattutto nella sua intelligenza speculativa, in quanto il suo rapporto con l'oggetto della sua conoscenza è simile al rapporto che Dio intrattiene con la sua opera.[6] L'uomo è inoltre chiamato a entrare in un rapporto di conoscenza e di amore con Dio stesso, rapporto che avrà il suo pieno sviluppo al di là del tempo, nell'eternità. Nel mistero di Cristo risorto ci vengono rivelate tutta la profondità e tutta la grandezza di questa vocazione.[7] È in virtù della sua anima spirituale che la persona possiede, anche nel corpo, una tale dignità. Pio XII aveva sottolineato questo punto essenziale: se il corpo umano ha la sua origine nella materia viva che esisteva

---

[5] VATICANO II, *Gaudium et spes*, 24.
[6] S. TOMMASO D'AQUINO, *Summa Theologiae*, I-II, q.3, a.5, ad 1.
[7] Cfr VATICANO II, *Gaudium et spes*, 22.

prima di esso, l'anima spirituale è immediatamente creata da Dio.[8]

Di conseguenza, le teorie dell'evoluzione che, in funzione delle filosofie che le ispirano, considerano lo spirito come emergente dalle forze della materia viva o come un semplice epifenomeno di questa materia, sono incompatibili con la verità dell'uomo. Esse sono inoltre incapaci di fondare la dignità della persona.

6. Con l'uomo ci troviamo dunque dinanzi a una differenza di ordine ontologico, dinanzi a un salto ontologico, potremmo dire. Tuttavia proporre una tale discontinuità ontologica non significa opporsi a quella continuità fisica che sembra essere il filo conduttore delle ricerche sull'evoluzione dal piano della fisica e della chimica? La considerazione del metodo utilizzato nei diversi ordini del sapere consente di conciliare due punti di vista apparentemente inconciliabili. Le scienze dell'osservazione descrivono e valutano con sempre maggiore precisione le molteplici manifestazioni della vita e le iscrivono nella linea del tempo. Il momento del passaggio all'ambito spirituale non è oggetto di un'osservazione di questo tipo, che comunque può rivelare, a livello sperimentale una serie di segni molto preziosi della specificità dell'essere umano. L'esperienza del sapere metafisico, della coscienza di sé e della propria riflessività, della coscienza morale, della libertà e anche l'esperienza estetica e religiosa, sono però di competenza dell'analisi e della riflessione filosofica, mentre la teologia ne coglie il senso ultimo secondo il disegno del Creatore.

7. Nel concludere, desidero ricordare una verità evangelica che potrebbe illuminare con una luce superiore l'orizzonte

---

[8] Papa PIO XII, Enciclica *Humani generis*, *AAS* 42 (1950), p.575: «animas enim a Deo immediate creari catholica fides nos retinere iubet».

delle vostre ricerche sulle origini e sullo sviluppo della materia vivente. La Bibbia, in effetti, contiene uno straordinario messaggio di vita. Caratterizzando le forme più alte dell'esistenza, essa ci offre infatti una visione di saggezza sulla vita. Questa visione mi ha guidato nell'Enciclica che ho dedicato al rispetto della vita umana e che ho intitolato precisamente *Evangelium vitae*.

È significativo il fatto che, nel Vangelo di San Giovanni, la vita designi la luce divina che Cristo ci trasmette. Noi siamo chiamati ad entrare nella vita eterna, ossia nell'eternità della beatitudine divina. Per metterci in guardia contro le grandi tentazioni che ci assediano, nostro Signore cita le parole del Deuteronomio: «l'uomo non vive soltanto di pane, ma... vive di quanto esce dalla bocca del Signore» (Dt 8, 3; Mt 4, 4). La vita è uno dei più bei titoli che la Bibbia ha riconosciuto a Dio. Egli è il Dio vivente. Di tutto cuore invoco su voi tutti e su quanti vi sono vicini l'abbondanza delle Benedizioni divine.

Bibliografia

AAVv., *Discorsi indirizzati dai Sommi Pontefici Pio XI, Pio XII, Giovanni XXIII, Paolo VI, Giovanni Paolo II alla Pontificia Accademia delle Scienze dal 1936 al 1986* (Città del Vaticano: Pontificia Academia Scientiarum, 1986).

AAVv., *Discours adressés par les Souverains Pontifes Pie XI, Pie XII, Jean XXIII, Paul VI, Jean Paul II à l'Académie Pontificale des Sciences de 1936 à 1986* (Città del Vaticano: Pontificia Academia Scientiarum, 1986).

AAVv., *Discourses of the Popes from Pius XI to John Paul II to the Pontifical Academy of Sciences 1938–1986* (Città del Vaticano: Pontificia Academia Scientiarum, 1986).

ARTIGAS, M., *Ciencia, Razon y Fe* (Madrid: Libros MC, 1985).

IDEM, *Las Fronteras del Evolucionismo* (Madrid: Libros MC, 1991).

IDEM, *El Hombre a la Luz de la Ciencia* (Madrid: Libros MC, 1992).

IDEM, *Ciencia y Fe: Nuevas Perspectivas* (Pamplona: Eunsa, 1992).

IDEM, *Le Frontiere del Evoluzionismo* (Milano: Ares, 1993).

IDEM, *Filosofia de la Naturaleza* (Navarra: EUNSA, 1998).

IDEM, *La mente del universo* (Navarra: EUNSA, 1999).

IDEM, *The Mind of the Universe. Understanding Science and Religion* (London and Philadelphia: Templeton Foundation Press, 2000).

BARBOUR, I. G., *Issues in Science and Religion* (New York: Harper Torchbook, 1971).

BARREAU, H., «Per il principio antropico.» *Communio* 100 (luglio–agosto 1988), pp. 82–88.

BOUYER, L., *Cosmos et la gloire de Dieu* (Paris, Cerf, 1982).

CARROLL, W. E., «Aquinas on Creation and the metaphysical foundations of science.» *Sapientia* (Argentina) 54 (1999), pp.69–91.

CROMBIE, A. C., *Styles of scientific thinking in the European tradition.* (London: Duckworth, 1994).

IDEM, *Science, art and nature in medieval and modern thought* (London: Hambledon, 1996).

COYNE, G., «Implicazioni filosofiche e teologiche delle nuove cosmologie.» *La Civiltà Cattolica* 143/4 (1992), pp.343–352.

FACCHINI, F., *Le sfide della evoluzione.* (Milano: Jaca Book, 2008).

FORSTHOEFEL, P. F., *Religious Faith meets Modern Science* (New York: Alba House, 1994).

GARGANTINI, M., *I Papi e la Scienza. Antologia del Magistero della Chiesa sulle Questioni scientifiche da Leone XIII a Giovanni Paolo II* (Milano: Jaca Book, 1985).

HAFFNER, P., *Creation and Scientific Creativity: A Study in the Thought of S.L. Jaki* (Leominster: Gracewing, 2009).

IDEM, *Mystery of Creation* (Leominster: Gracewing, 1995).

IDEM, *Il mistero della creazione* (Città del Vaticano: LEV, 1999).

IDEM, *The Mystery of Reason* (Leominster: Gracewing, 2002).

IDEM, *Scienza e Religione. Storia dei rapporti recenti tra scienza e fede* (Roma: Ateneo Pontificio Regina Apostolorum, 2005).

IDEM, *Il fascino della ragione* (Leominster: Gracewing, 2007).

IDEM, «Cosmologia moderna e conseguenze filosofiche-teologiche.» *Christus* 2(1991), pp.73–87.

IDEM, «The impact of evolutionary theory on theological anthropology.» *Anthropotes* 13/1 (1997), pp.55–68.

IDEM, «Evolucionismo y antropología teológica: el impacto de algunas interpretaciones.» *Humanitas* (Cile) 17 (2000), pp.57–71.

HODGSON, P. E., *The Roots of Science and its Fruits* (London: St. Austin Press, 2002).

IDEM, *Theology and Modern Physics* (Oxford: Ashgate, 2005).

IDEM, «The Significance of the Work of Stanley L. Jaki.» *The Downside Review* 105 (1987) pp. 260–276.

JAKI, S. L., *The Road of Science and the Ways to God* (Edinburgh: Scottish Academic Press, 1978).

IDEM, *La Strada della Scienza e le Vie verso Dio* (Milano: Jaca Book, 1988).

IDEM, *Cosmos and Creator* (Edinburgh: Scottish Academic Press, 1980).

IDEM, *The Savior of Science* (Washington, D.C.: Regnery Gateway, 1988).

IDEM, *Il Salvatore della scienza* (Città del Vaticano: LEV, 1992).

IDEM, *Science and Creation. From eternal cycles to an oscillating universe* (Edinburgh: Scottish Academic Press, 1986^2).

IDEM, *God and the cosmologists* (Washington, D.C.: Regnery Gateway/Edinburgh: Scottish Academic Press, 1989).

IDEM, *Ciencia, Fe, Cultura* (Madrid: Libros MC, 1990).

IDEM, *Dio e i cosmologi* (Città del Vaticano: LEV, 1991).

IDEM, *The Purpose of It All* (Edinburgh: Scottish Academic Press, 1990).

IDEM, *Lo scopo di tutto* (Milano: Ares, 1994).

IDEM, *Cristo e la scienza* (Verona: Fede & Cultura, 2006).

IDEM, *Il Messaggio e il suo Mezzo. Un Trattato sulla Verità* (Verona: Fede & Cultura, 2007).

IDEM, *Disegno Intelligente?* (Verona: Fede & Cultura, 2007).

IDEM, *Genesis 1 Through the Ages* (Royal Oak, MI: Real View books, 1998^2).

IDEM, «Il caos della cosmologia scientifica.» In: D. Huff e O. Prewett (edd.). *La natura dell'universo fisico.* (Torino: P. Boringhieri, 1981), pp.88–114.

IDEM, «The Chaos of Scientific Cosmology.» In: D. Huff and O. Prewett (edd.). *The Nature of the Physical Universe: 1976 Nobel Conference.* (New York: John Wiley, 1978), pp. 83–112. Versione inglese dell'articolo sopra.

IDEM, «Il caso o la realtà.» *Il Nuovo Areopago* 1/2 (1982), pp.28–48.

IDEM, «Das Weltall als Zufall – ein Mythos von kosmischer Irrationalität» In: H. Lenk et al. (edd.) *Zur Kritik der Wissentschaftlichen Rationalität.* (Freiburg/München: Verlag Karl Alber, 1986), pp. 487–503.

IDEM, «L'assoluto al di là del relativo: riflessioni sulle teorie di Einstein.» *Communio* 103 (gennaio/ febbraio 1989), pp.103–119.

IDEM, «Cosmologia e religione.» *Synesis* 6/4 (1989), pp.89–100.

IDEM, «La cristologia e l'origine della scienza moderna.» *Annales Theologici* 4 (1990), pp.333–347.

IDEM, «La fisica alla ricerca di una realtà ultima.» *Cultura e Libri* (Maggio–Giugno 1990), pp.21–41.

IDEM, «L'evidenza scientifica della finalità.» *Cultura e Libri* (Agosto–Settembre 1992), pp.13–18.

IDEM, «Christ and Science.» *The Downside Review* 110 (1992), pp.110–130.

IDEM, «La realtà dell'universo.» Pontificia Università Lateranense, *Physica, Cosmologia Naturphilosophie Nuovi Approcci* Collana «Dialogo di Filosofia» 10 (Roma: Herder – Università Lateranense, 1993), pp.327–341.

JULG, P., «All'inizio del tempo.» *Communio*100 (luglio–agosto 1988), pp.89–104.

LANDUCCI, P. C., «Inizio del tempo cosmico e divina creazione dal nulla.» *Sacra Dottrina*29(1984), pp. 83–102.

MAGNIN, T., *Quel Dieu pour un monde scientifique?* (Paris: Nouvel Cité, 1993).

IDEM, *La scienza e l'ipotesi Dio. Quale Dio per un mondo scientifico?* (Cinisello Balsamo: San Paolo, 1994).

MALDAMÉ, J.-M., *Cristo e il cosmo. Cosmologia e teologia* (Milano: San Paolo, 1995).

MARCOZZI, V., *Le origini dell'uomo* (Milano: Massimo, 1983[8]).

MASCALL, E. L., *Christian Theology and Natural Science* (London: Longmans, 1957).

MORANDINI, S., *Teologia e fisica* (Brescia: Morcelliana, 2007).

MURATORE, S., «Il principio antropico tra scienza e metafisica, I. Un principio contestato.» *Rassegna di Teologia* 33(1992), pp.21–48.

IDEM, «Il principio antropico tra scienza e metafisica, II. L'inizio e la fine.» *Rassegna di Teologia* 33(1992), pp.154–197.

IDEM, «Il principio antropico tra scienza e metafisica, III. Spirito–nel–mondo.» *Rassegna di Teologia* 33(1992), pp.261–300.

PASCUAL (ed.), R., *L'Evoluzione: Crocevia di scienza, filosofia e teologia* (Roma: Edizioni Studio, 2005).

REES, M. J., *Perspectives in astrophysical cosmology* (Cambridge: CUP, 1995).

REITAN, E. A., «Nature, Place and Space: Albert the Great and the Origins of Modern Science.» *American Catholic Philosophical Quarterly* 70/1 (1996), pp.83–101.

ARRANZ RODRIGO, M., «El Origen del Universo» (I). *Religión y cultura* 42 (1996), pp. 101–116.

RUSSELL, R. J., STOEGER, W. R., COYNE, G. V. (edd.), *Physics, Philosophy, and Theology: A Common Quest for Understanding* (Vatican City: Vatican Observatory, 1988).

SÁNCHEZ SORONDO, M. (ed), *Papal Addresses to the Pontifical Academy of Sciences 1917–2002 and to the Pontifical Academy of Social Sciences* (Vatican City 2003).

SOBIECH, F. *Herz, Gott, Kreuz. Die Spiritualität des Anatomen, Geologen und Bischofs Dr. med. Niels Stensen (1638–86)* (Münster : Aschendorff Verlag (Westfalia Sacra Band 13), 2004).

SOUTHGATE, C., et al (a cura di), *God, Humanity and the Cosmos: A Textbook in Science and Religion* (Harrisburg: Trinity Press International, 1999).

STRUMIA, A., *Le scienze e la pienezza della razionalità* (Siena: Cantagalli, 2003).

TANZELLA–NITTI, G., E STRUMIA, A., (a cura di), *Dizionario Interdisciplinare di Scienza e Fede* (Roma: Urbaniana University Press – Città Nuova, 2002).

TIMOSSI, R., *Dio e la scienza moderna* (Milano: Mondadori, 1999).

WRIGHT, J., *Designer Universe* (Crowborough: Monarch, 1994).

ZICHICHI, A., *Perché io credo in Colui che ha fatto il mondo. Tra fede e scienza.* (Milano: Il Saggiatore, 1999).

IDEM, *L'irresistibile fascino del tempo. Dalla Risurrezione di Cristo all'universo subnucleare.* (Milano: Il Saggiatore, 2000).

Indice

Prefazione..v

Abbreviazioni..vii

Capitolo 1: La scuola della storia...............................1

   1.1 Pierre Duhem 3

   1.2 Stanley Jaki..11

   1.3 La nascita della scienza...23

      1.3.1 La nascita incompleta della scienza....................23

         La Cina antica..25

         L'India antica...28

         La cultura americana precolombiana.............31

         La cultura egiziana...33

         La cultura babilonese..35

         La Grecia antica..41

         La cultura araba..43

      1.3.2 La nascita viva della scienza 47

         La fisica aristotelica e quella di Buridano....56

         La fisica dell'impetus..58

         Lo sviluppo in seguito......................................64

   1.4 Le diverse opinioni sulla nascita della scienza.......87

   1.5 L'ambiente filosofico..92

Capitolo 2: L'insegnamento della Chiesa................95

   2.1 Leone XIII..96

   2.2 Pio XI..97

La Pontificia Accademia delle Scienze 97
2.3 Pio XII 99
    La fede non è superba (3 dicembre 1939) 99
    Il mistero dell'universo (30 novembre 1941) 99
    Ordinato sistema di leggi (21 febbraio 1943) 103
    Un valore oggettivo (8 febbraio 1948) 104
    Humani generis ((12 agosto 1950)) 105
    Prova dell'inizio (22 novembre 1951) 105
    La scienza e la filosofia (24 aprile 1955) 108
2.4 Giovanni XXIII 109
    Scienza e fraternità umana (5 ottobre 1962) 109
2.5 Paolo VI 110
    Gaudium et spes (7 dicembre 1965) 110
    Autonomia e dipendenza (23 aprile 1966) 111
    Slancio verso il Creatore (18 aprile 1970) 111
2.6 Giovanni Paolo II 112
    Bontà del cosmo (31 marzo 1979) 112
    Cosmologia: scienza della totalità 112
    Il Big Bang (3 ottobre 1981) 113
    Prova scientifica di Dio (10 luglio 1985) 114
    Non sono opposte (28 ottobre 1986) 115
    Contro il riduzionismo (26 settembre 1987) 116
    Ciascuna ha i suoi principi (1 giugno 1988) 117
    Il mosaico di sapere (29 ottobre 1990) 117
    Una felice complementarità (4 ottobre 1991) 118
    La grandezza del Creatore (11 ottobre 1992) 120
    Cosmos non caos (31 ottobre 1992) 122
    L'evoluzione (22 ottobre 1996) 123
    La grandezza del Creatore (24 febbraio 1998) 129
    Fides et ratio (14 settembre 1998) 130
    La storia non è ciclica (27 ottobre 1998) 132
    Un nuovo areopago (23 maggio 1999) 132
    Scienza e visione cristiana (28 febbraio 2000) 134

Scoprire il Creatore (25 maggio 2000).........................136
Laboratori culturali (9 settembre 2000).......................139
Oggettività del suo metodo (13 novembre 2000).........141
Scienza e sapienza (6 luglio 2001)..................................142
Stupore creaturale (11 novembre 2002).......................143
Dimensione spirituale (10 novembre 2003) 145
Scienza e creatività (8 novembre 2004)........................148

2.7 Benedetto XVI...150
La persona umana (21 novembre 2005).......................150
Calligrafia del Creatore (22 dicembre 2005)...............151
Amore del suo Creatore (11 giugno 2006)..................152
Razionalità del creato (12 settembre 2006).................153
Ragione oggettivata nella natura (19 ottobre 2006)...153
Riferimento a Dio (3 novembre 2006).........................154
Limiti della scienza (7 novembre 2006).......................156
Ragione con un cuore (9 novembre 2006)...................158
Effetti positivi e negativi (28 gennaio 2007)...............159
Creazione ed evoluzione (24 luglio 2007)...................159
Scienza e speranza (30 novembre 2007)......................161
Contro ogni riduzionismo (28 gennaio 2008).............162
Dialogo fecondo (8 marzo 2008)...................................164
Logica interna visibile del cosmo (31 ottobre 2008)..165
Cultori della scienza (21 dicembre 2008)....................166
Origine cristiana della scienza (6 gennaio 2009)........167

Capitolo 3: La mediazione del realismo.................169

3.1 Il realismo filosofico..169
3.1.1 Il nominalismo..172
3.1.2 Il positivismo 173
3.1.3 Lo strumentalismo 175
3.1.4 L'idealismo..177
L'interpretazione della meccanica quantistica..........178
L'interpretazione statistica..179
L'interpretazione di Copenhagen................................180

>   Coscienza causa del collasso..181
>   Storie consistenti...182
>   Teoria oggettiva del collasso..182
>   Interpretazione a molti mondi.....................................182
>   Decoerenza quantistica..183
>   Interpretazione a molte menti.....................................183
>   Logica quantistica...184
>   Interpretazione di Bohm..184
>   Interpretazione transazionale......................................185
>   Meccanica quantistica relazionale...............................185
>   Interpretazioni modali della meccanica quantistica 186
>   Misure incomplete...186
> 3.1.5 Il nichilismo 188
> 3.1.6 La logica realista..190
>
> 3.2 Le basi teologiche del realismo......................................192

Capitolo 4: La cosmologia del Big Bang.................205

> 4.1 Le teorie scientifiche 205
>> 4.1.1 I modelli cosmologici..221
>>> Il modello standard..222
>>> Il modello di Stephen Hawking..................................224
>>> Universo bidirezionale...225
>>> La Teoria dell'Universo oscillante (ciclico)...............225
>>> La Teoria dell'Universo Stazionario..........................226
>>> Modelli string..227
>>> Universi paralleli..227
>
> 4.2 Conclusioni dal Big Bang?..229
>> 4.2.1 Le singolarità nel cosmo......................................229
>>> La curvatura del cosmo..232
>>> L'irreversibilità del cosmo...233
>>> Le condizioni al contorno 233
>> 4.2.2 La contingenza del cosmo....................................235
>> 4.2.3 L'affermazione della nozione del cosmo............236
>> 4.2.4 Aspetto estetico: la bellezza del cosmo...............238
>> 4.2.5 Ciò che non si può dedurre dal Big Bang..........243

4.2.6 Creazione *cum tempore*..........................247

Capitolo 5: Evoluzionismo: Scienza o ideologia? 251

5.1 L'evoluzionismo: teoria o ideologia......................252

5.2 Conseguenze dell'ideologia darwinista................273

    5.2.1 La vita extraterrestre............................275

5.3 Il monogenismo......................................283

5.4 Il disegno intelligente..............................287

5.5 Il Principio Antropico..............................294

    5.5.1 Dal punto di vista della scienza........................296
    5.5.2 Dal punto di vista della filosofia.......................300
    5.5.3 Dal punto di vista della teologia.......................303

Appendice 1..307

Appendice 2..325

Bibliografia...333

Indice..341

Indice dei nomi.....................................347

Indice dei nomi

A

Adamo, 284, 285, 286
Adelardo di Bath, 50
Agostino, S., 125, 139, 198, 238, 239, 240, 248
Alberto di Sassonia, 58
Alberto Magno, S., 52, 173, 248
Alberto Magno, S., 52, 53
Alberto Magno, s., 135, 138
Alexander, S., 191
Allers, R., 111
Allman, J., 288
Alpher, R. A., 209
Alszeghy, Z., 266, 287
Ampère, A.-M., 87
Anassagora, 276
Archimede, 43
Ariew, R., 20
Ario, 193
Aristotele, 10, 42, 49, 52, 53, 75, 236, 239, 287
Arrhenius, S., 321, 322
Artigas, M., 246, 252, 263
Atanasio, S., 193, 194, 248
Avenarius, R., 175
Averroè, 44

B

Bacone, R., 173
Balducci, Mons. C., 280
Ballentine, L. E., 180
Bandelt, H.-J., 286
Barbour, I. G., 174, 176, 188
Baronio, Cardinal C., 122
Barrajón, padre P., 287, 290
Barrow, J. D., 101, 298–299
Bartholin, T., 66
Basilio, S., 294
Behe, M., 289
Behe, M. J., 289
Benedetto XIV, Papa, 78
Benedetto XVI, Papa, 150–168, 179, 192, 251, 294
Bergson, H., 191
Bernard le Bovier de Fontenelle, 278
Bethe, H. A., 209, 314
Binyon, L., 27
Birkhoff, G., 184
Boezio, 49
Bohm, D., 184
Bohr, N., 80, 180, 194
Bonaventura, S., 200, 241, 248
Born, M., 180

Boscovich, padre R. J., 77, 78, 79, 80
Bossut, C., 72
Boyle, R., 74
Brahe, T., 135
Braithwaite, R. B., 176
Brentano, F., 191
Bridgman, P. W., 174
Broglie, L. de, 4, 184
Bultmann, R., 188
Buridano, G., 10, 54, 57, 58, 60, 61, 62, 63, 64, 89, 90, 173

C

Cabibbo, N., 165
Cann, R. L., 286
Carey, G. W., 274
Carlo X, re, 84
Carnap, R., 174
Carrell, A., 87, 242
Carter, B., 297
Cartesio, R., 174, 298
Cauchy, A. L., 83
Chayet, M.-A., 3
Chesterton, G. K., 191, 236
Cicerone, 49, 287
Clagett, M., 59
Clausius, R., 80, 316
Clavio, padre C., 155
Clemente VIII, Papa, 97
Clerk Maxwell, J., 80
Cobo, padre B., 31
Comte, A., 5, 10, 173, 174

Contratto, E., 48
Copernico, N., 138, 295, 297, 322
Copleston, padre F., 90, 172
Correns, C., 87
Cottrell, L., 35
Coyne, padre G., 117
Cramer, J. G., 185
Crick, F., 266
Cusano, Cardinal N., 277

D

Dallaporta, N., 208
Dante Alighieri, 217, 310
Darwin, C., 5, 254, 255, 256, 257, 258, 259, 266, 291, 301
Davies, P., 214, 288
Dawkins, R., 188, 258
De La Boè, S., 66
Deason, G. B., 88
Dembski, W. A., 289–290
Democrito, 277
Denza, padre F., 279
Derham, W., 278, 301
Dicke, R. H., 296
Diogene Laerzio, 276
Dionisio lo pseudo–Areopagita, 65, 239
Dirac, P. A. M., 98
Donato, 49
Duhem, H., 3, 19
Duhem, J., 3
Duhem, M. A., 3

Indice dei nomi

Duhem, P., 2, 3, 4, 5, 6, 7, 8, 9, 10, 19, 20, 26, 88, 90, 175
Duns Scoto, Beato G., 172, 191, 249

E

Eccles, Lord J., 143
Eco, U., 100
Eddington, Sir A. S., 13, 177
Einstein, A., 65, 93, 180, 187, 202, 206, 216, 222, 225, 237
Eraclito, 41, 287
Erodoto, 34
Ester, 39
Euclide, 49, 54, 232
Eva, 278
Evdokimov, P., 238

F

Facchini, Mons. F., 264, 291, 292
Farabi, -al, 44
Faraday, M., 80
Feigl, H., 16
Ferdinando II, Granduca di Toscana, 66
Fermat, P. de, 71, 72, 84
Ferraris, G., 87
Filopeno, G., 89
Flamsteed, J., 75
Fleming, A., 98
Flick, M., 266, 287
Forster, P., 286
Foster, M. B., 88

Foucault, L., 87
Fraassen, B. van, 186
Francesco di Assisi, S., 238
François de Salignac de La Mothe-Fénelon, 238
Freud, S., 110
Friedman, A., 206, 207, 222
Fulberto di Chartres, 48
Funes, padre J., 280, 281, 282

G

Galileo Galilei, 54, 64, 98, 122, 135, 138, 165, 168, 327
Galvani, L., 87
Gamow, G., 207, 209
Gargantini, M., 98
Gell-Mann, M., 16
Gerberto di Aurillac, Vedi: Silvestro II, Papa,
Ghandi, M. K., 30
Gibbs, W., 4
Gifford, Lord A., 17
Gillespie, N. C., 255
Gilson, E., 13, 21, 22, 172, 191
Giovanni Paolo II, Papa, 19, 70, 95, 100, 101, 109, 112–150, 165, 166, 177, 189, 195, 196, 238, 244, 253, 261–262, 264–265, 266, 268, 293, 304, 325, 327
Giovanni XXIII, Papa Beato, 109
Giovanni, S., 331
Gold, T., 225

Gonzaga, Cardinal V., 78
Grant, E., 59
Gray, A., 255
Gregorio Palamas, S., 139
Grimaldi, padre F. M., 75, 76
Grossatesta, arcivescovo R., 51
Guglielmo di Champeaux, 172
Guglielmo di Ockham, 64, 90, 173, 228
Guldin, padre P., 83
Guth, A. H., 214
Gödel, K., 16, 100, 113, 117, 234, 235

Hitler, A., 273
Hodgson, P. E., 52, 90
Hooke, R., 80
Hooykaas, R., 88
Hoyle, F., 207, 266
Hubble, E., 207, 208, 230, 318
Huff, D., 100
Hume, D., 251, 301
Hume, R. E., 30
Hunnex, M. D., 174
Husserl, E., 191
Huxley, T. H., 257, 259
Huygens, C., 71, 72

H

Hadamard, J., 3
Haeckel, E., 257, 312
Haffner, P., 12, 14, 18, 19, 237, 282, 283
Hagans, B. van, 231
Hartle, J. B., 224
Hartley, Sir H., 77
Hartmann, N., 191
Harvey, W., 71
Hawking, S. W., 101, 107–108, 113, 114, 224, 243, 244, 245
Hegel, G. W. F., 256
Heidegger, M., 188, 192
Heisenberg, W., 80, 98, 178, 180, 194, 244
Heitler, W., 16
Herschel, W., 278
Hess, V. F., 14
Hilbert, D., 237

I

Ignazio di Loyola, s., 71
Isaia, 39

J

Jaki, S. L., 1, 2, 8, 11, 12, 13, 15, 16, 17, 18, 19, 20, 21, 22, 23, 25, 26, 27, 28, 30, 33, 34, 35, 37, 38, 41, 43, 45, 46, 47, 54, 55, 64, 65, 88, 89, 90, 92, 94, 100, 101, 113, 170, 171, 173, 175, 193, 194, 195, 205, 231, 232, 233, 236, 237, 246, 251, 256, 258, 259, 260, 273, 274, 293, 294
James, W., 191
Jeans, Sir J., 13, 177
Johnson, P. E., 289
Julg, P., 230, 231, 247

K

Kant, I., 174, 191, 192, 237, 251, 301
Kasper, Cardinal W., 91
Kelvin, Lord W., 80
Kenyon, D. H., 288
Kepler, J., 82, 135
Kircher, padre A., 74
Klaaren, E., 88
Kuhn, T. S., 24, 89, 90, 176

L

Lambert, J., 278
Leibniz, G. W. von, 71, 72
Lemaître, Mons. G., 98, 206, 207
Leone XIII, Papa, 96–97, 125, 326
Linde, A. D., 224
Lonergan, B., 192
Longair, M. S., 297
Lucrezio, 276
Lupito di Barcellona, 48

M

Macelwane, padre J. B., 82
Mach, E., 175
Mach, E., 6
MacKay, D. M., 88
Maddox, J., 17
Magalotti, L., 66
Maimonide, M., 135
Malpighi, M., 66
Maometto, 44
Marconi, G., 98, 138
Maria, Madre di Dio, 139, 283
Maritain, J., 191, 238
Martelet, G., 285
Martino, Cardinal R., 91
Marx, K., 273
Maréchal, J., 192
Mendel, abate J. G., 85, 138
Mendeleev, D. I., 80
Messori, V., 87
Meyer, S. C., 289
Mill, J. S., 174
Milne, E. A., 177
Mivart, St George Jackson, 256–257
Monet, J. B. de, Chevalier de Lamarck, 254
Monod, J., 251
Moore, G. B., 191
Mosè, 65

N

Nagel, E., 175
Navier, C.-L., 80
Needham, J., 25, 63
Nekao, 34
Neumann, J. von, 87, 184
Neurath, O., 174
Newton, Sir I., 10, 64, 65, 71, 72, 74, 76, 93, 117, 135

O

Odenbach, padre F. L., 81
Olivi, P., 91
Oresme, N., 54, 55, 64, 89, 90, 173

P

Paine, T., 278
Pais, A., 187
Paolo VI, Papa, 109, 110–112, 240, 285
Paolo, S., 40, 193, 293
Parmenide, 41
Pascal, B., 138
Pasteur, L., 85, 266
Penrose, R., 182, 187, 188
Penzias, A. A., 106, 208
Pietro Abelardo, 172
Pietro Crisologo, S., 285–286
Pietro Lombardo, 59, 249
Pio di Pietrelcina, S., 280
Pio IX, Papa B., 98
Pio XI, Papa, 97–98
Pio XII, Papa, 99–109, 114, 123, 126, 165, 243, 263, 264, 267, 284, 307, 327, 330
Pitagora, 49
Planck, M., 93, 98, 178, 202, 218, 303
Plate, L., 322
Platone, 42, 43, 172, 287
Pohle, J., 279
Poincaré, H., 6, 175, 274

Poisson, S.-D., 80, 84
Poupard, Cardinal P., 134, 136
Prewett, O., 100
Prisciano, 49

R

Rahner, K., 192
Ramsey, F. P., 176
Ratzinger, Cardinal J., 169, 272–273
Redi, F., 66
Reichenbach, H., 174
Renan, E., 5
Restani, P., 238
Ricci, padre M., 155
Riccioli, padre G., 74, 75
Richards, M., 286
Robinson, D. N., 143
Ronan, C. A., 90
Rondelet, G., 67
Ruini, Cardinal C., 290, 291
Russell, B., 27, 191
Ryle, G., 176

S

Santayana, G., 191
Sartre, J. P., 188
Scheler, M., 191
Schmaus, Mons. M., 279
Schroeder, G. L., 229
Schrödinger, E., 181, 184, 187
Schönborn, Cardinal C., 292, 293

Indice dei nomi

Scoto Eriugena, G., 241
Secchi, padre A., 279
Seneca, 52
Shakespeare, W., 200
Slipher, V. M., 206, 206
Sobiech, F., 67, 102
Socrate, 41
Solženicyn, A., 240
Stark, R., 197
Stenone, Beato N., 66–70, 102
Stoeger, W. R., 222, 224
Stoneking, M., 286
Szabó, G., 12

T

Tanzella-Nitti, Mons. G., 203, 279, 306
Taylor, B., 84
Teilhard de Chardin, P., 47, 127, 128, 271, 272
Tempier, vescovo E., 55, 277
Teodorico di Vriberg, 173
Thierry di Chartres, 49, 50
Thurston, padre H., 279
Thévenot, M., 66
Tipler, F. J., 298–299
Tolomeo, 49
Tommaso d'Aquino, S., 65, 107, 139, 150, 159, 172, 188, 191, 192, 196, 198, 200, 233, 236, 238, 242, 249, 270, 276, 288, 301, 308, 309, 329
Toulmin, S., 176
Tschermak, E. von, 87

Tse–Tung, Mao, 26, 27

U

Unsöld, A., 320
Urbano VIII, Papa, 74

V

Vagaggini, Dom C., 13
Vilenkin, A., 224
Virgilio, presbitero, 276
Viviani, V., 66
Volta, A., 87
Vries, H. de, 87

W

Wallace, A. R., 296
Wallace, W. A., 174
Watson, E., 286
Watson, J. D., 266
Weinberg, S., 17
Wells, J., 289
Whitehead, A. N., 88, 191
Whitrow, G. J., 296
Whittaker, Sir E., 107, 322
Wickramasinghe, C., 266
Wigner, E., 181
Wilms, G., 53
Wilson, A. C., 286
Wilson, R. W., 106, 208
Winslow, J., 70
Wirtz, C. W., 206
Witelo, 173

Wright, J., 71
Wright, T., 278

Z

Zaccaria, Papa, 276
Zeh, H. D., 183
Zucchi, padre N., 83

www.ingramcontent.com/pod-product-compliance
Lightning Source LLC
Chambersburg PA
CBHW020941230426
43666CB00005B/117